明解C语言

TURING
图灵程序
设计丛书

第3版 入门篇

[日] 柴田望洋 / 著　管杰 罗勇 杜晓静 / 译

人民邮电出版社
北京

图书在版编目（CIP）数据

明解C语言：第3版. 入门篇 /（日）柴田望洋著；
管杰，罗勇，杜晓静译. -- 2版. -- 北京：人民邮电出
版社，2015.11
（图灵程序设计丛书）
ISBN 978-7-115-40482-4

Ⅰ.①明… Ⅱ.①柴… ②管… ③罗… ④杜… Ⅲ.
①C语言－程序设计－教材 Ⅳ.①TP312

中国版本图书馆CIP数据核字（2015）第226046号

内 容 提 要

本书是日本的C语言经典教材，自出版以来不断重印、修订，被誉为"C语言圣经"。本书图文
并茂，示例丰富，设有205段代码和220幅图表，对C语言的基础知识进行了彻底剖析，内容涉及数组、
函数、指针、文件操作等。对于C语言语法以及一些难以理解的概念，均以精心绘制的示意图，清晰、
通俗地进行讲解。

本书适合C语言初学者阅读。

◆ 著　　　　[日] 柴田望洋
　 译　　　　管 杰　罗 勇　杜晓静
　 责任编辑　乐 馨
　 执行编辑　杜晓静
　 责任印制　杨林杰
◆ 人民邮电出版社出版发行　　北京市丰台区成寿寺路11号
　 邮编　100164　　电子邮件　315@ptpress.com.cn
　 网址　https://www.ptpress.com.cn
　 北京七彩京通数码快印有限公司印刷
◆ 开本：800×1000　1/16
　 印张：26　　　　　　　　2015年11月第2版
　 字数：407千字　　　　　2025年1月北京第43次印刷
　 著作权合同登记号　图字：01-2015-3955号

定价：89.00元
读者服务热线：(010)84084456-6009　印装质量热线：(010)81055316
反盗版热线：(010)81055315
广告经营许可证：京东市监广登字20170147号

前言

大家好！

本书是讲解 C 语言基础知识的教材。为帮助大家理解，书中使用了大量的代码和图表。

请大家回忆一下学习英文时的情形。除了单词和语法之外，是不是还学习了很多在具体对话和文章中的应用示例呢？

学习编程语言时也有着类似的情况。首先，对关键字和库函数等语句和语法规则的学习至关重要。我们知道，仅仅了解单词和语法，并不能写出文章或者与人对话；同样，如果只有一些知识碎片，是不能编写程序的。

为了帮助大家学习真正的 C 语言程序，本书中提供了 205 段完整的代码。另外，通过 220 幅图表，对语法和难懂的概念进行了详细的讲解。

示例程序较多，就相当于外语教材中表示单词和语法的用法的对话和例句较多。请大家通过这为数众多的程序和帮助加深理解的图表，开启你的 C 语言编程之路吧！

笔者在编写本书时使用了口语化的语言。如果读者在阅读时能感觉到像是在听笔者讲课，那笔者将倍感荣幸。

2014 年 7 月
柴田望洋

目录
Content

第1章 初识C语言

第2章 运算和数据类型

第3章　分支结构程序

第4章　程序的循环控制

第5章　数组

第6章　函数

第7章 基本数据类型

第8章 动手编写各种程序吧

第9章 字符串的基本知识

第10章 指针

第11章 字符串和指针

第12章 结构体

第13章 文件处理

附录 C语言简介

第1章
初识C语言

  如果说熟悉了一件事就能大幅进步的话，那么长期从事这件事并已完全熟练的人就应该是高手了。但现实并非如此，就拿体育训练来说，假如训练的方式是错误的，只会越练习越差。编程也是如此，仅仅熟练是不够的。

  不过，任何事情在开始的时候，都需要先试试水。本章就带领大家尝试一下简单的 C 语言编程。

1-1 显示计算结果

即使是用计算机进行计算，计算结果如果不显示在画面上，我们也无法知晓。本节就来学习将计算结果显示在画面上的方法。

计算整数的和并显示结果

电脑也称为电子计算机，对它来说，任何任务都是通过计算来完成的。那么就让我们使用 C 语言来进行下面的计算吧。

计算整数 15 和 37 的和，并显示结果。

在编辑器中键入如代码清单 1-1 所示的程序代码。C 语言程序是区分大小写和全半角字符的，请大家在书写的时候特别注意。

chap01/list0101.c

代码清单 1-1

```
/*
    显示整数 15 和 37 的和
*/
                                            注意不要和 studio 混淆。
#include <stdio.h>

int main(void)
{
    printf("%d", 15 + 37);    /* 用十进制数显示整数 15 和 37 的和 */

    return 0;    空白部分通过 Tab 键或空格键输入（注意不可用全角空格）。
}
```

运 行 结 果
52

▶ 程序中的空白和引号（"）等符号不可用全角输入。空白部分应通过空格键或 Tab 键输入（详见 4-5 节）。

另外，本书中的示例代码都可以从图灵社区的支持页面下载[①]。各代码清单右上角显示的是包括文件夹名在内的文件名。

程序和编译

如代码清单 1-1 所示，人们通过**字符**序列创建出的程序称为**源程序**（source program），用来保存源程序的文件称为**源文件**（source file）。

————————————————

① 打开http://www.ituring.com.cn/book/1671，点击"随书下载"。

▶ source 是 "原始" 的意思，因此源程序也叫作原始程序。

习惯上我们把 C 语言源文件的扩展名定为 ".c"，例如我们可以把源文件命名为 list0101.c，并保存在 chap01 这个文件夹中。

*

通过字符序列创建出的程序，需要转换为计算机能够理解的位序列，也就是 0 和 1 的序列。源程序通常需要进行如图 1-1 所示的翻译操作之后才能执行（关于位的介绍请参考第 7 章）。

完成这些翻译工作之后运行程序，屏幕上就能显示出结果 52 了。

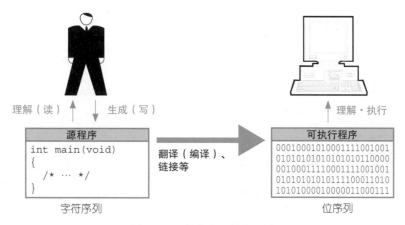

图 1-1 源程序和可执行程序

▶ 编译器和运行环境不同时，翻译的步骤和程序的执行方法也不同，请大家参考各自编译器的说明书。在后面的专题 1-1 中会对翻译和编译器等术语进行说明。

源程序中如果有拼写错误，翻译的时候就会发生错误，并显示出相应的**诊断消息**（diagnostic message）。出现这种情况时请仔细检查键入的程序代码，纠正错误之后再进行编译。

程序中有着大量 **#** 和 **{** 等符号，大家可能不理解它们的意思。不过没关系，我们慢慢来，一点一点学习。

▶ 稍后我们还会对符号的称呼进行总结。

注释

源程序中 /* 和 */ 之间的部分，称为**注释**①（comment）。有没有注释以及注释的内容如何，

① C99 支持单行注释，即 "//……" 这种形式，"//" 之后直到行尾的内容为注释。（本书脚注均为译者注。）

其实对程序的运行并没有什么影响。编程者用简洁明了的语言将程序想要表达的意思标注在程序旁，这样能提高程序的可读性。

> ■ 注 意 ■
>
> 请大家在源程序中，用简洁的语言把想要表达的意思以**注释**的形式记录下来。

从程序中可以看出，注释也可以是多行的。但是请大家注意不要把结束注释用的符号误写成 /*，否则后面的程序都会被解释为注释。

固定代码

删除程序中注释后的状态如图 1-2 所示。白底以外的部分是一段固定代码，它的含义之后会详细介绍，请大家牢记这段代码。

现阶段我们暂时先照搬这段代码，其余的部分由自己编写。

```
#include   <stdio.h>

int main(void)
{
    printf("%d", 15 + 37);

    return 0;
}
```

图 1-2 程序和固定代码

▶ stdio 是 standard I/O（标准输入输出）的缩写。请注意不要与 studio 混淆。

printf 函数：格式化输出函数

printf 函数可以在显示器上进行输出操作（末尾的 f 源自 format（格式化）这个单词）。

如果想要使用某个函数的功能，就必须通过**函数调用**（function call）来实现。调用**printf**函数显示15和37的和的过程如图1-3所示。

图 1-3 调用 printf 函数在画面上显示结果

调用此函数即发出了"显示这些内容"的请求，然后通过括号中的**实参**（argument）来传递想要显示的内容。另外，如本例所示，当实参超过两个时，需要用逗号隔开。

printf 函数的第一个实参 **"%d"** 指定了输出格式，它告诉程序：以十进制数的形式显示后面的实参。因此，通过调用 *printf* 函数显示出了第二个实参 15+37 的值，即 15 与 37 的和 52。

▶ **"%d"** 的 d 源自 decimal（十进制数）。关于十进制以外的数和显示等，我们将在第 7 章详细讲述。另外，关于 *printf* 函数的详情，请参考 13-3 节。

■ 注 意 ■

函数调用是申请进行处理的请求，而调用函数时的一些辅助指示则通过**实参**来发出。

语句

请大家仔细观察之前的程序代码，调用 *printf* 函数的时候使用了分号，那段固定代码（**return 0;**）中也使用了分号。这里的分号就相当于中文里的句号。

正如在句子末尾加上句号才能构成完整的一句话，C 语言中也需要在末尾加上分号来构成正确的**语句**（statement）。

■ 注 意 ■

原则上语句必须以**分号**结尾。

开始执行程序后，固定代码中 { 和 } 之间的语句会被按顺序执行（详情请参考第 6 章）。

计算并显示整数的差

代码清单 1-2 所示程序的功能是计算并显示 15 减去 37 的差。

将加法运算的程序变为减法运算是很容易的。比如计算 15 减去 37 的差并显示结果的程序如代码清单 1-2 所示。

▶ 只需复制代码清单 1-1，并改变不同的地方，即可快速地生成程序。

chap01/list0102.c

代码清单 1-2

```
/*
    显示整数 15 减去 37 的差
*/

#include <stdio.h>

int main(void)
{
    printf("%d", 15 - 37);        /* 用十进制数显示整数 15 减去 37 的值 */

    return 0;
}
```

运 行 结 果

-22

运行程序就会显示结果 –22。可以看到当计算结果为负数时，数字前面会自动加上负号。

专题 1-1　翻译阶段和编译

运行 C 语言之前，理论上要经过 8 个**翻译阶段**（translation phase）。另外，运行源代码还需要安装必要的软件环境，也就是**编译器**[①]。

大多数 C 语言编译器都是通过**编译方式**（如本文中描述的方式）把源代码翻译成计算机能够直接理解执行的形式。但是也存在逐行解释然后执行的**解释方式**（执行速度比较缓慢）。

格式化字符串和转换说明

程序运行的时候如果只显示和或者差的值，理解上会比较困难，接下来我们让结果显示得更加人性化一些，请看代码清单 1-3 所示程序。

这次我们把 **printf** 函数的第一个实参设置得更长更复杂一些。

---

① 即符合C语言规范的实现（implementation）。

代码清单 1-3 chap01/list0103.c

```
/*
    人性化地显示 15 与 37 的和
*/

#include <stdio.h>

int main(void)
{
    printf("15 与 37 的和是 %d。\n", 15 + 37);        /* 显示结果后换行 */

    return 0;
}
```

> **运 行 结 果**
> 15 与 37 的和是 52。

关于符号 \，请注意参考下页的说明！！

代码清单中的蓝色底纹部分是 *printf* 函数的第一个实参，称为**格式化字符串**（format string）。

格式化字符串中的 **%d** 指定了实参要以十进制数的形式显示，这就是**转换说明**（conversion specification）。格式化字符串中没有指定转换说明的字符基本上都会原样输出。

格式化字符串结尾的 **\n** 是代表**换行**（new line）的符号，\ 和 n 组成了一个特殊的**换行符**。

▶ 画面中不会显示 \ 和 n，而是会输出一个（看不见的）换行符。

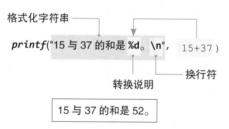

图 1-4 格式化字符串和转换说明和换行符

专题 1-2 换行的必要性

右方上图所示为代码清单 **1-1** 的运行情况（▷ 是操作系统的提示符，例如 >、% 等符号）。

在大多数运行环境中，程序执行后，程序的输出结果 52 后面都会紧跟着提示符。

> ▷list0101⏎
> 52▷

如代码清单 **1-3** 所示，若在程序的最后输出了换行符，则不会紧跟着提示符（右方下图）。

> ▷list0103⏎
> 15与37的和是52。
> ▷

符号的称呼

C 语言里符号的称呼如表 1-1 所示。

■ 表 1-1 符号的称呼

符号	称呼	符号	称呼
+	加号、正号、加	{	左大括号
–	减号、负号、连字符、减	}	右大括号
*	星号、乘号、米号、星	[	左方括号、左中括号
/	斜线、除号	]	右方括号、右中括号
\	反斜线	<	小于
¥	货币符号	>	大于
%	百分号	?	问号
.	点	!	感叹号
,	逗号	&	and 符
:	冒号	~	波浪线
;	分号	^	音调符号
'	单引号	#	井号
"	双引号	_	下划线
(	左括号、左圆括号、左小括号	=	等号、等于
)	右括号、右圆括号、右小括号			竖线

▶ 本书中使用反斜线（\）代替货币符号（¥）。

● 练习 1-1

　　编写一段程序，计算出 15 减去 37 的结果，并以"15 减去 37 的结果是 –22。"的格式进行显示。

无格式化输出

　　调用 *printf* 函数的时候也可以只使用一个参数。这时，格式化字符串内的字符将按照原样显示。显示"您好！我叫柴田望洋。"的程序如代码清单 1-4 所示。

▶ 大家在编写程序时可以将这里的"柴田望洋"改为自己的名字。

代码清单 1-4　　　　　　　　　　　　　　　　　　　　　　chap01/list0104.c

```
/*
    打招呼并进行自我介绍
*/

#include <stdio.h>

int main(void)                        ——— 换为自己的名字！！
{
    printf(" 您好！我叫柴田望洋。\n");  /* 显示后换行 */

    return 0;
}
```

运 行 结 果

您好！我叫柴田望洋。

1

下面我们稍微把程序修改一下，让"您好！"和"我叫柴田望洋。"分别在两行显示。修改后的程序如代码清单 1-5 所示。

代码清单 1-5　　　　　　　　　　　　　　　　　　　　　　chap01/list0105.c

```
/*
    打招呼并进行自我介绍（打招呼和自我介绍分行显示·其 1）
*/

#include <stdio.h>

int main(void)
{
    printf(" 您好！\n 我叫柴田望洋。\n");   /* 中间和最后换行 */

    return 0;
}
```

运 行 结 果

您好！
我叫柴田望洋。

在格式化字符串中间插入 **\n** 就可以实现换行操作。而像代码清单 1-6 那样，调用两次 *printf* 函数也可以得到同样的效果。

代码清单 1-6　　　　　　　　　　　　　　　　　　　　　　chap01/list0106.c

```
/*
    打招呼并进行自我介绍（打招呼和自我介绍分行显示·其 2）
*/

#include <stdio.h>

int main(void)
{
    printf(" 您好！\n");              /* 显示后换行 */
    printf(" 我叫柴田望洋。\n");       /* 显示后换行 */

    return 0;
}
```

运 行 结 果

您好！
我叫柴田望洋。

▶　这样程序是不是更易读了呢？

字符串常量

像 **"ABC"** 和 **"** 您好！**"** 这样用双引号（**"**）括起来的一连串连续排列的文字，称为**字符串常量**（string literal）。

> ▶ 原本在字符串常量中使用汉字等全角文字是违反规定的。但在日本使用的编译器大部分都已经支持全角文字了，所以为了让读者更容易理解，本书中也使用了全角文字。

转义字符

我们已经介绍了能够实现换行的特殊符号 **\n**，像这样的特殊符号称为**转义字符**（escape sequence）。

响铃（alert）的转义字符是 **\a**。代码清单 1-7 中的程序，在显示"您好！"之后响铃 3 次。

chap01/list0107.c

代码清单 1-7

```
/*
    打招呼并响铃 3 次
*/

#include <stdio.h>

int main(void)
{
    printf("您好！ \a\a\a\n");    /* 在显示的同时发出 3 次响铃 */

    return 0;                       \a 表示响铃，\n 表示换行。
}
```

运 行 结 果

您好！♪♪♪

> ▶ 程序在某些环境下运行时可能不响铃（通常情况下都是发出蜂鸣音，即"哔"的声音，但有时并不发出声音，而是通过视觉来发出警报）或者连续响铃 3 次。

另外，在本书中，程序执行结果中用♪表示响铃。

● **练习 1-2**

编写一段程序，调用一次 *printf* 函数，显示右侧内容。

天
地
人

● **练习 1-3**

编写一段程序，调用一次 *printf* 函数，显示右侧内容。

喂！

您好！
再见。

1-2　变量

为了记录下计算过程中的结果以及最终结果，需要使用变量。本节我们就来学习变量的使用方法。

变量和声明

到目前为止，我们都是对传入程序中的**常量**（constant）进行求和、求差等操作，并显示出计算结果。如果遇到比较复杂的计算，为了在中途记录结果就需要使用**变量**（variable）了。

听到"变量"这个词，不喜欢数学的人可能会联想到上中学时学到的方程式，产生畏难情绪。其实并不用担心，请看下文。

　变量其实就是用来放置数值和字符等的"盒子"。

在用来存放数值的魔法盒——变量中放入数值后，只要该盒子还在，值就会一直被保存，而且还可以自由地取出或替换数值。

要想使用变量，必须遵循一定的流程。首先需要进行如下**声明**（declaration）。

　　int n; /* 声明一个 int 类型的变量 n */

如图 1-5 所示，我们通过声明准备出了一个名为 n 的变量（盒子）。这个变量只能用来存放整数值，因此变量 n 就称为**整型**（**int** 型）。

▶ int 是表示整数的英文单词 integer 的缩写。关于数据类型，我们将在第 2 章和第 7 章详述。

本例中的变量名是 n，但其实变量可以自由命名。而且作为变量名的字符的个数（在一定程度上）也是自由的，比如变量名为 i、no 或 $year$ 都是可以的。

▶ 关于命名规则，请参考 4-5 节。

　■ 注 意 ■

　　要使用变量，必须通过声明明确其类型和名称。

让我们考虑下面这个问题，实际使用变量编写一段程序。

给两个变量赋上合适的值并显示。

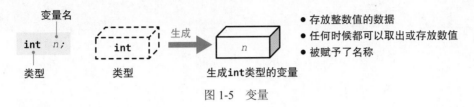

图 1-5 变量

写成的程序如代码清单 1-8 所示。

代码清单 1-8   chap01/list0108.c

```
/*
    为两个变量赋整数值并显示
*/

#include <stdio.h>

int main(void)
{
    int vx, vy;                    /* vx 和 vy 是 int 类型的变量 */

 ①→vx = 57;                        /* 把 57 赋给 vx */
 ②→vy = vx + 10;                   /* 把 vx+10 赋给 vy */

    printf("vx 的值是 %d。\n", vx);    /* 显示 vx 的值 */
    printf("vy 的值是 %d。\n", vy);    /* 显示 vy 的值 */

    return 0;
}
```

运 行 结 果

vx 的值是 57。
vy 的值是 67。

上述程序在一行中声明了两个变量 vx 和 vy，并通过逗号分隔，这样就创建了名为 vx 的变量和名为 vy 的变量。

当然也可以像右边这样分行声明两个变量。

```
int vx; /* 变量（其1）*/
int vy; /* 变量（其2）*/
```

▶   分行声明变量更便于添加注释，并且也能更容易地添加和删除声明，但是程序的代码行数会有所增加。所以请大家根据实际情况灵活使用这两种声明方式。

另外，本程序中在声明之后并未书写任何内容，而是空出一行，这样增加了程序的可读性。

赋值

在本程序中我们第一次使用了等号 "="，它表示把右侧的值赋给左侧的变量。因此，首先会在 ① 处把 57 赋给变量 vx（图 1-6）。

▶   需要注意，这里的等号并不像数学中那样代表 vx 和 57 相等之意。

另外，任何时候都可以取出变量的值。在 **2** 处，我们取出了 *vx* 的值并加上 10，然后再赋值给 *vy*，这样 *vy* 的值就变成了 67。

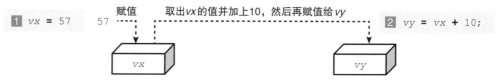

图 1-6 　为变量赋值并将值取出

初始化

下面让我们做个试验，从上面的程序中删除为变量赋值的部分，看看结果会怎么样。首先来执行代码清单 1-9。

代码清单 1-9   chap01/list0109.c

```
/*
    在不为两个变量赋值的情况下显示
*/

#include <stdio.h>

int main(void)
{
    int  vx,vy;                 /* vx 和 vy 都是 int 型的变量 */

    printf("vx 的值是 %d。\n", vx); /* 显示 vx 的值 */
    printf("vy 的值是 %d。\n", vy); /* 显示 vy 的值 */

    return 0;
}
```

执行结果示例

vx 的值是 **3535**。
vy 的值是 **938**。

变量 *vx* 和 *vy* 变成了奇怪的值。这是因为在生成变量的时候，变量会被放入一个不确定的值，即**垃圾值**（图 1-7）。

变量在生成时被放入不确定的值

图 1-7 　生成时变量的值

因此，如果从没有设定值的变量中取出数值，结果就会变得出乎意料。

▶ 　根据运行环境和编译器的不同，显示的值也不同（有时会发生运行时错误，导致程序运行中断）。即使是相同的运行环境，每次执行程序时也有可能显示的值都有所不同。

另外，只有被赋予静态存储期的变量，在生成时值为 0。关于这一点，我们将在第 6 章详述。

声明时初始化

如果事先已经知道了变量中要存放的值，就应该首先将该值赋给变量。现在我们对上述程序进行修改，修改后的程序如代码清单 1-10 所示。

通过蓝色底纹部分的声明，变量 *vx* 和 *vy* 分别被**初始化**（initialize）为了 57 和 *vx* + 10（即 67）。变量声明中等号右边的部分，用来指定变量生成时的值，称为**初始值**（initializer）（图 1-8 **a**）。

之前我们把变量比作了放置数值的盒子，如果我们已经知道了其中应该存放的数值，那么自然就可以在制作这个盒子的同时把它也放进去。

■ 注 意 ■

　　变量在生成的时候会被放入不确定的值。因此，在声明变量的时候，除了有特别的要求之外，一定要对其进行初始化。

chap01/list0110.c

代码清单 1-10

```
/*
    对两个变量进行初始化并显示
*/

#include <stdio.h>

int main(void)
{
    int vx = 57;              /* vx 是 int 型的变量（初始化为 57） */
    int vy = vx + 10;         /* vy 是 int 型的变量（初始化为 vx+10） */

    printf("vx 的值是 %d。\n", vx);        /* 显示 vx 的值 */
    printf("vy 的值是 %d。\n", vy);        /* 显示 vy 的值 */

    return 0;
}
```

执 行 结 果

vx 的值是 57。
vy 的值是 67。

初始化和赋值

本程序中进行的初始化，和代码清单 1-8 中进行的赋值，它们在变量中放入数值的时间是不同的。可以像下面这样理解（图 1-8）。

初始化：在生成变量的时候放入数值。

赋值：在已生成的变量中放入数值。

► 为了以示区分，本书中用细的=表示初始化，用粗体的 **=** 表示赋值。

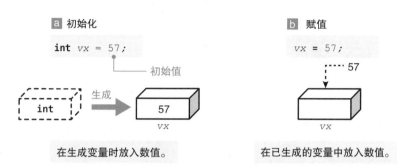

图 1-8　初始化和赋值

● 练习 1-4

　　如果在 **int** 型变量的声明中为变量赋一个实数值的初始值（如 3.14 或 5.7 等）会怎样呢？请试着生成程序并确认。

1-3 输入和显示

本节中将介绍如何读取通过键盘输入的整数值,并将其存放在变量中。

通过键盘进行输入

仅仅输出显示没有什么意思,下面我们来读取通过键盘输入的值,模拟人机对话。

> 读取一个整数值,并显示出来进行确认。

程序如代码清单 1-11 所示。

代码清单 1-11   chap01/list0111.c

```
/*
      显示并确认输入的整数值
*/

#include  <stdio.h>

int main(void)
{
    int   no;

    printf("请输入一个整数:");
    scanf("%d", &no);                      /* 读取整数值 */

    printf("您输入的是 %d。\n", no);

    return 0;
}
```

运 行 结 果

请输入一个整数: 37 ⏎
您输入的是 **37**。

显示的值会随着输入值的变化而变化。
请试着输入各种各样的数值!!

和 printf 不同,此处需要 & !!

格式化输入函数 scanf

如图 1-9 所示,**scanf** 函数可以从键盘读取输入的信息。

这里同样可以像 **printf** 函数那样,通过转换说明 **"%d"** 来限制函数只能读取十进制数。因此,上述程序就向计算机传达了这样一个指令:

> 从键盘读取输入的十进制数,并把它保存到 *no* 中。

另外，下面一点需要注意。

■ **注 意** ■

　　与 *printf* 函数不同，在使用 *scanf* 函数进行读取时，变量名前必须加上一个特殊的符号 **&**。

▶ **&** 的具体含义会在第 10 章进行说明。另外，由于 **int** 型能够存储的数值是有限的，因此不能读取极其大的数值或非常小的负数（详见第 7 章）。

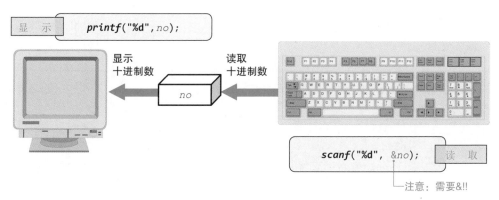

图 1-9　输出函数 printf 和输入函数 scanf

这样一来，程序中首先就会显示"请输入一个整数："，提示输入整数值。*scanf* 函数读取结束后，就会显示"您输入的是○○。"（变量 *no* 中读入的数值显示为○○）。

乘法运算

下面让我们来改写程序，读取一个整数，但并不将其直接显示出来，而是显示其 5 倍数的值。该程序如代码清单 1-12 所示。

代码清单 1-12

```
/*
    读取一个整数并显示其 5 倍数的值
*/

#include <stdio.h>

int main(void)
{
    int  no;

    printf("请输入一个整数:");
    scanf("%d", &no);              /* 读取整数值 */

    printf("它的 5 倍数是 %d。\n", 5 * no);

    return 0;
}
```

运 行 结 果
请输入一个整数: 357 ⏎
它的 5 倍数是 **1785**。

大家在这里第一次接触到了符号 *，它是乘法运算的运算符。当然，把程序中的 5 * *no* 改为 *no* * 5，所得的结果也是一样的。

● **练习 1-5**

编写一段程序，像右面那样读取一个整数并显示该整数加上 12 之后的结果。

请输入一个整数: 57 ⏎
该整数加上 12 的结果是 **69**。

● **练习 1-6**

编写一段程序，像右面那样读取一个整数并显示该整数减去 6 之后的结果。

请输入一个整数: 57 ⏎
该整数减去 6 的结果是 **51**。

输出函数 puts

接下来让我们利用变量来解决稍微复杂一些的问题。

读取两个整数的值，显示它们的和。

程序如代码清单 1-13 所示。

代码清单 1-13   chap01/list0113.c

```
/*
    显示出读取到的两个整数的和
*/

#include <stdio.h>

int main(void)
{
    int n1, n2;

    puts("请输入两个整数。");
    printf("整数 1：");    scanf("%d", &n1);
    printf("整数 2：");    scanf("%d", &n2);

    printf("它们的和是%d。\n", n1 + n2);    /* 显示和 */

    return 0;
}
```

运 行 结 果

请输入两个整数。
整数 1：27 ⏎
整数 2：35 ⏎
它们的和是 **62**。

▶ 如本例蓝色底纹部分所示，C 语言允许在同一行中书写多条语句（同一条语句也可以分成多行书写）。程序的书写格式将在第 4 章进行说明。

本例中第一次使用到了 *puts* 函数（末尾的 s 取自 string）。

puts 函数可以按顺序输出作为实参的字符串，并在结尾换行。也就是说，*puts*("...") 与 *printf*("...\n") 的功能基本相同（如图 1-10 所示）。

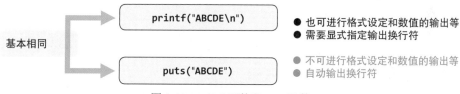

图 1-10　printf 函数和 puts 函数

在需要换行且不用进行格式化输出的时候，就可以使用 *puts* 函数来代替 *printf* 函数。

▶ *puts* 函数的实参只能有一个。另外，符号 **%** 的显示方法和 *printf* 函数有所不同（详见 2-1 节）。

对本例中的程序进行一些修改（代码清单 1-14），把读取出的整数的和保存在变量 *wa* 中，然后显示出 *wa* 的值。程序的结果和代码清单 1-13 是完全一样的。

chap01/list0114.c

代码清单 1-14

```
/*
    显示出读取到的两个整数的和
*/

#include <stdio.h>

int main(void)
{
    int  n1, n2;
    int  wa;                    /* 和 */

    puts("请输入两个整数。");
    printf("整数 1：");     scanf("%d", &n1);
    printf("整数 2：");     scanf("%d", &n2);

    wa = n1 + n2;                       /* 把 n1 与 n2 的和赋给变量 wa */

    printf("它们的和是 %d。\n", wa);      /* 显示和 */

    return 0;
}
```

运 行 结 果

请输入两个整数。
整数 1：27 ⏎
整数 2：35 ⏎
它们的和是 **62**。

因为本程序中仅仅是显示加法运算的结果，所以引入变量 wa 的优势并没有显现出来。但是，如果在加法运算的基础上再进行别的运算，引入变量的优势就十分明显了。

● **练习 1-7**

编写一段程序，使其显示"天""地""人"。注意用 **puts** 函数而非 **printf** 函数来进行显示。

天
地
人

● **练习 1-8**

编写一段程序，像右面这样显示读取到的两个整数的乘积。

请输入两个整数。
整数 1：27 ⏎
整数 2：35 ⏎
它们的乘积是 **945**。

● **练习 1-9**

编写一段程序，像右面这样显示读取到的三个整数的和。

请输入三个整数。
整数 1：7 ⏎
整数 2：15 ⏎
整数 3：23 ⏎
它们的和是 **45**。

总结

- 源程序是人们作为字符序列创建出来的，不能直接执行，需要进行编译（翻译），将其变为可执行程序。

- 源程序中 /* 和 */ 之间的部分是注释。注释可以有多行。在创建程序时，应用简洁的语言在注释中记录下恰当的内容，以供读程序的人参考，包括自己。

- 右边程序中白底以外的内容是固定代码，请大家牢记。

```
#include <stdio.h>
int main(void)
{
    printf("%d", 15 + 37);
    return 0;
}
```

- 请注意不要把 stdio.h 和 studio.h 混淆。

- 语句的末尾原则上需要加上分号。

- 执行程序时，{ 和 } 之间的语句会被按顺序执行。

- 表示换行符的转义字符是 \n，表示响铃（通常发出蜂鸣音）的转义字符是 \a。我们一般使用反斜线 \ 代替货币符号 ¥。

- 像 "ABC"、"您好！" 这样用双引号括起来的一连串连续排列的文字，称为字符串常量，用来表示字符序列。

- 能够自由地读取和写入数值等数据的变量，是根据"类型"生成的实体。要使用变量，需要声明变量的类型和名称。int 型表示整数。

- 变量在生成的时候会被放入不确定的值。因此在声明变量时，除了有特别要求之外，一定要为其赋初始值，进行初始化。

- 同是在变量中放入数值，"初始化"和"赋值"的区别如下所示。

  初始化：在生成变量的时候放入数值。

  赋值：在已生成的变量中放入数值。

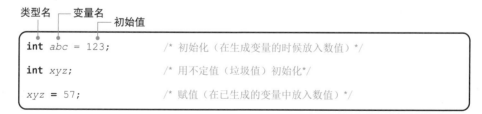

```
类型名  变量名  初始值
int abc = 123;        /* 初始化（在生成变量的时候放入数值）*/
int xyz;              /* 用不定值（垃圾值）初始化*/
xyz = 57;             /* 赋值（在已生成的变量中放入数值）*/
```

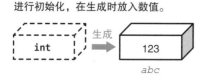

进行初始化，在生成时放入数值。

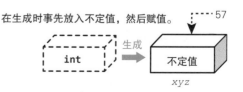

在生成时事先放入不定值，然后赋值。

1

- 一次声明多个变量时，用逗号分隔变量名，比如 **int** *a,b;*。
- 函数调用就是发出进行某种处理的请求。此时括号中的实参起到了"辅助性的指示"作用。当实参有多个时，需要用逗号隔开。
- 用于显示的函数有 *printf* 函数和 *puts* 函数。
- *printf* 函数的第一个实参是格式化字符串。格式化字符串中可以包含用来指定实参的格式的转换说明。格式化字符串中转化说明以外的字符，基本上都会原样输出。

  转换说明 **%d** 指定了实参要以十进制数的形式显示。

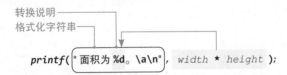

- *puts* 函数在输出字符串后，还会输出换行符。
- *scanf* 函数是读取通过键盘输入的数值并将其存储在变量中的函数。使用 *scanf* 函数时，变量名前需要加上 **&**。

  转换说明 **%d** 指定了读取十进制数。

- 进行加法运算的符号是 **+**，进行减法运算的符号是 **-**，进行乘法运算的符号是 *****。

保存源程序的源文件的扩展名为 .c   chap01/summary.c

```
/*
     求长方形的面积
*/

#include <stdio.h>

int main(void)
{
    int  width;          /* 长方形的长 */
    int  height;         /* 长方形的宽 */    —— 变量声明。

    puts("求长方形的面积。");  ——————————————— 显示后换行。

    printf("长:");  ————————————————————————— 显示后不换行。
    scanf("%d",&width);
                         ———————————————————— 读取十进制整数。
    printf("宽:");
    scanf("%d",&height);
                         ———————————————————— 注意不要忘记 &。
                         ———————————————————— 显示十进制整数。
    /* 显示 */
    printf("面积是 %d。\a\n",width * height);
                         —— 进行乘法运算。
    return 0;
}     ———— \a 和 \n 分别是表示响铃和换行的转义字符。
```

运 行 结 果

求长方形的面积。
长:7 ⏎
宽:5 ⏎
面积是 35。♪

各语句按顺序执行。

第2章
运算和数据类型

　　如果有人问你的身高和体重是多少，你会怎么回答呢？也许你会说，我身高 175 厘米，体重 60 公斤。但这些数据都是准确的吗？你的身高正好是 175 厘米吗？即使用身高测量仪测出 175.3 厘米这样的数值，恐怕也是不精确的。你的实际身高可能应该是 175.2869758…厘米（而且这个数值还会随着时间不断地变化）。但是通常情况下我们说身高 175 厘米，体重 60 公斤就可以了，毕竟不需要精确到那种地步。在程序的世界里也是这样，有时并没有必要表示出精确的实际数值。

　　本章中将会为大家介绍 C 语言进行数值计算时所必备的运算和数据类型等知识。

2-1 运算

进行加法运算的 **+** 和进行乘法运算的 ***** 等符号，称为运算符。本节我们就来学习基本的运算符。

运算符和操作数

前一章我们进行了加法、减法和乘法运算，下面我们来尝试除法运算。

> 读取两个整数的值，然后显示出它们的和、差、积、商和余数。

程序如代码清单 2-1 所示。

chap02/list0201.c

代码清单 2-1

```
/*
    读取两个整数的值，然后显示出它们的和、差、积、商和余数
*/

#include    <stdio.h>

int main(void)
{
    int    vx, vy;

    puts("请输入两个整数。");
    printf(" 整数 vx：");  scanf("%d", &vx);
    printf(" 整数 vy：");  scanf("%d", &vy);

    printf("vx + vy = %d\n",   vx + vy);
    printf("vx - vy = %d\n",   vx - vy);
    printf("vx * vy = %d\n",   vx * vy);
    printf("vx / vy = %d\n",   vx / vy);
    printf("vx %% vy = %d\n",  vx % vy);

    return 0;
}
```

运行结果

请输入两个整数。
整数 *vx*：57 ↵
整数 *vy*：21 ↵
vx + *vy* = **78**
vx - *vy* = **36**
vx * *vy* = **1197**
vx / *vy* = **2**
vx % *vy* = **15**

——格式化字符串内如果连续有两个 **%** 符号，则只显示一个。

▶ *vx* - *vy*，只是算出从 *vx* 中减去 *vy* 的值，并不是真正的求差运算。也就是说，如果 *vy* 比 *vx* 大的话，*vx* - *vy* 的值就是负数。求差运算的程序会在第 3 章进行介绍。

像 **+**、***** 这样可以进行运算的符号称为**运算符**（operator），作为运算对象的变量或常量称为**操作数**（operand）（图 2-1）。

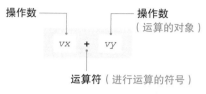

图 2-1 运算符和操作数

例如在加法运算 vx + vy 中，+ 就是运算符，vx 和 vy 就是操作数。

运算符左侧的操作数称为**第一操作数**或者**左操作数**，运算符右侧的操作数称为**第二操作数**或者**右操作数**。

▶ C 语言中有很多运算符，7-4 节为大家提供了所有运算符的一览表。

乘除运算符和加减运算符

本程序中使用的五个运算符，可以大致区分为表 2-1 所示的**乘除运算符**（multiplicative operator）和表 2-2 所示的**加减运算符**（additive operator）。

请大家牢记这些运算符的名称。

■ 表 2-1　乘除运算符

双目 * 运算符	$a * b$	a 和 b 的积
/ 运算符	a / b	a 除以 b 所得到的商（整数之间运算的时候需要舍弃小数点之后的值）
% 运算符	$a \% b$	a 除以 b 所得到的余数（a 和 b 都必须是整数）

■ 表 2-2　加减运算符

双目 + 运算符	$a + b$	a 和 b 的和
双目 − 运算符	$a - b$	a 减去 b 的值

▶ 乘除运算符的英文名称是 binary * operator、/ operator、% operator，加减运算符的英文名称是 binary + operator、binary - operator。

除法运算的商和余数

除法运算符有两种。通过除法求商的运算符是 **/**。

整数 / 整数	商的整数部分

如上所示，除法运算只取商的整数部分，也就是说会**舍弃小数点以后的部分**。例如，5/3 的结果是 1，3/5 的结果是 0。

整数 % 整数	余数

"**%**" 是求余运算符。例如，**5%3** 的结果是 2，**3%5** 的结果是 3。

▶　关于这两种运算符，请参考专题 2-1。

使用 printf 函数输出 %

让我们来看一下程序中输出余数的地方（蓝色底纹部分）。格式化字符串中写的是 **%%**。这里的格式化字符串中的 **%** 符号具有转换说明的功能。因此，当不需要进行转换说明，而只想输出 **%** 的时候，就必须写成 **%%**。

▶　当使用不具有转换说明功能的 *puts* 函数来进行输出的时候，就不能写成 **%%**（这样会输出 **%%** 的）。

获取整数的最后一位数字

通过灵活地运用求余运算符，我们可以解决下面的问题。

　　显示读取出的整数的最后一位数字。

程序如代码清单 2-2 所示。

chap02/list0202.c

代码清单 2-2

```
/*
    显示读取出的整数的最后一位数字
*/

#include <stdio.h>

int main(void)
{
    int  no;

    printf("请输入一个整数：");
    scanf("%d", &no);             /* 读取整数的值 */

    printf("最后一位是 %d。\n", no % 10);

    return 0;
}
```

运 行 结 果 ▮
请输入一个整数：1357 ⏎
最后一位是 7。

运 行 结 果 ▮
请输入一个整数：1780 ⏎
最后一位是 0。

no 除以 10 所得的余数。

专题 2-1　除法运算的结果

进行除法运算的 **/** 运算符和 **%** 运算符的运算结果是依赖于编译器的。

■ 两个操作数都是正时

不管是哪种编译器，商和余数都是正数。举例如下。

	x **/** *y*	*x* **%** *y*
正÷正　例*x*=22，*y*=5	4	2

■ 两个操作数中至少有一个为负时

至于 **/** 运算符的结果是"小于代数商的最大整数"还是"大于代数商的最小整数"，要取决于编译器。举例如下。

	x **/** *y*	*x* **%** *y*	
负÷负　例*x*=-22，*y*=-5	4	-2	} 取决于编译器
	5	3	
负÷正　例*x*=-22，*y*=5	-4	-2	} 取决于编译器
	-5	3	
正÷负　例*x*=22，*y*=-5	-4	2	} 取决于编译器
	-5	-3	

※ 和 *x*、*y* 的符号无关（只要 *y* 不是 0），(*x* **/** *y*) ***** *y* **+** *x* **%** *y* 的值和 *x* 一致。

多个转换说明

读取两个整数，并显示它们的商和余数。程序如代码清单 2-3 所示。

代码清单 2-3　　　　　　　　　　　　　chap02/list0203.c

```
/*
    读取两个整数，显示它们的商和余数
*/

#include <stdio.h>

int main(void)
{
    int a, b;

    puts("请输入两个整数。");
    printf("整数a:");  scanf("%d", &a);
    printf("整数b:");  scanf("%d", &b);

    printf("a 除以 b 得 %d 余 %d。\n", a / b, a % b);
                              转换说明有两个。

    return 0;
}
```

运 行 结 果

请输入两个整数。
整数 a : 57 ⏎
整数 b : 21 ⏎
a 除以 b 得 **2** 余 **15**。

　　程序中蓝色底纹部分中包含两个转换说明 **%d**。如图 2-2 所示，这些转换说明分别对应从左边数第二个和第三个参数。

▶ 需要同时显示两个以上格式化数值时，可以像这样在格式化字符串中使用多个转换说明。

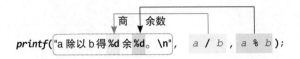

图 2-2　通过 printf 函数显示两个格式化的值

　　另外，使用 *scanf* 函数为变量输入数值时，也可以指定两个以上的转换说明。如下所示为为 **int** 类型的变量 *a* 和 *b* 输入整数值。

```
scanf("%d%d", &a, &b);              /* 按顺序为 a 和 b 输入十进制数 */
```

● 练习 2-1

　　编写一段程序，像右面那样读取两个整数，然后显示出前者是后者的百分之几。

请输入两个整数。
整数x: 54 ⏎
整数y: 84 ⏎
x的值是y的64%。

● 练习 2-2

　　编写一段程序，像右面那样读取两个整数，然后输出它们的和以及积。

请输入两个整数。
整数a: 54 ⏎
整数b: 12 ⏎
它们的和是66，积是648。

单目运算符

　　我们来考虑一下下面这个问题。

　　对读取的整数值进行符号取反操作，并输出结果。

　　也就是说，输入 75 就显示 -75，输入 -64 就显示 64。程序如代码清单 2-4 所示。

代码清单 2-4   chap02/list0204.c

```c
/*
     对读取的整数值进行符号取反操作，并输出结果
*/

#include <stdio.h>

int main(void)
{
    int  num;

    printf("请输入一个整数：");
    scanf("%d", &num);                    /* 读取整数值 */

    printf("符号取反之后的值是 %d。\n", -num);    /* 单目－运算符 */

    return 0;
}
```

运行结果 1

请输入一个整数：75␍
符号取反之后的值是
-75。

运行结果 2

请输入一个整数：-64␍
符号取反之后的值是
64。

到目前为止我们用到的运算符都需要两个操作数，这样的运算符称为**双目运算符**（binary operator）。在 C 语言中，还有只需要一个操作数的**单目运算符**（unary operator），以及需要三个操作数的**三目运算符**（ternary operator）。

在这里第一次出现的运算符就是单目运算符中的**单目－运算符**（unary - operator）。可能大家都很清楚，它的功能就是对操作数进行符号取反操作。另外还有一个跟它成对的运算符——**单目＋运算符**（unary + operator），具体请参考表 2-3。

■ 表 2-3   单目＋运算符和单目－运算符

单目＋运算符	+a	a 的值
单目－运算符	-a	对 a 进行符号取反后的值

对 ＋ 和 － 来说，存在双目和单目两个版本。单目 ＋ 运算符实际上并没有进行什么运算，只是为了对应单目 － 运算符而准备的。

另外，单目 ＋ 运算符、单目 － 运算符、! 运算符（4-1 节）和 ~ 运算符（7-2 节）这四个运算符统称为**单目算术运算符**（unary arithmetic operator）。

赋值运算符

在我们前面所列举的示例程序中，有些用到了**基本赋值运算符**（simple assignment operator）=，如表 2-4 所示。

■ 表 2-4　基本赋值运算符

基本赋值运算符	*a = b*	把 *b* 的值赋给 *a*

由于基本赋值运算符一般简称为**赋值运算符**，因此本书中也这么称呼。

▶　但是，在和第 4 章中介绍的**复合赋值运算符**进行对比等时，为了以示区分，需要严格称为基本赋值运算符。

表达式和赋值表达式

表达式（expression）由变量和常量，以及连接它们的运算符组成。例如，在

$$vx + 32 \qquad\qquad 进行加法运算的表达式$$

中，*vx*、32 和 *vx* + 32 都是表达式。

$$vc = vx + 32 \qquad\qquad 赋值表达式$$

中，*vc*、*vx*、32、*vx* + 32 和 *vc* = *vx* + 32 都可以看作表达式。当然，*vc* 是赋值运算符 =
的第一操作数，*vx* + 32 是第二操作数。

一般情况下，使用〇〇运算符的表达式，称为〇〇表达式。因此，使用赋值运算符的表达式，就称为**赋值表达式**（assignment expression）。

表达式语句

我们在 1-1 节中介绍过，C 语言规定语句必须要以分号结尾，因此前面提到的赋值表达式写成如下形式，才能成为正确的语句。

$$vc = vx + 32; \qquad /* 表达式语句 */$$

这种由表达式和分号组成的语句称为**表达式语句**（expression statement）。

▶　第 6 章中会对表达式语句进行详细介绍，从下一章开始，将带领大家学习 **if** 语句和 **while** 语句等表达式语句之外的语句形式。

2-2 数据类型

到目前为止，我们所使用的 **int** 类型是仅处理整数的数据类型。而除了 **int** 类型之外，还有很多种数据类型。本节我们就来学习处理实数的 **double** 类型等。

求平均值

让我们来考虑一下这个问题：

读取两个整数，求出它们的平均值。

程序如代码清单 2-5 所示。

代码清单 2-5   chap02/list0205.c

```
/*
    读取两个整数，显示出它们的平均值
*/

#include <stdio.h>

int main(void)
{
    int a, b;

    puts("请输入两个整数。");
    printf("整数a：");   scanf("%d", &a);
    printf("整数b：");   scanf("%d", &b);

    printf("它们的平均值是 %d。\n",(a + b) / 2);

    return 0;
}
```

运 行 结 果

请输入两个整数。
整数 a：41 ⏎
整数 b：44 ⏎
它们的平均值是 42。

将表达式 $a+b$ 括起来的 **( )**，是优先运算的标记。如果该表达式是

$a + b / 2$

就变成了求 a 和 $b / 2$ 的和（图 2-3）。这实际上与我们平时所做的数学计算相同，即要遵循先乘除后加减的顺序。

▶ 关于所有运算符的优先级，我们将在表 7-11 中加以总结。

a 求a和b的平均值　　　　　　　　　　　　　b 给a加上b/2

$(a + b) / 2$　　　　　　　　　　　　　$a + b / 2$

先进行加法运算。①　　　　　　　　　　　　　　　①先进行除法运算。

②　　　　　　　　　　　　　　　　　　②

后进行除法运算。　　　　　　　　　　　后进行加法运算。

图 2-3　( ) 造成的运算顺序的变化

2 数据类型

通过运行实例我们可以发现输出的平均值并不是 42.5 而是 42，也就是说，小数点以后的部分被舍弃了。只处理**数值**的整数部分——这就是 **int 类型**（type）的特征。

C 语言中以**浮点数**（floating-point number）的形式来表示实数，浮点数有几种不同的类型，这里我们来学习一下 **double**（双精度浮点数）类型。让我们通过代码清单 2-6 来看看 **int** 型整数和 **double** 型浮点数之间的区别。

chap02/list0206.c

代码清单 2-6

```
/*
    整数和浮点数
*/

#include <stdio.h>

int main(void)
{
    int     n; /* 整数 */
    double  x; /* 浮点数 */

    n = 9.99;
    x = 9.99;

    printf(" int    型变量n 的值:%d\n", n);       /*    9        */
    printf("          n / 2 :%d\n", n / 2);        /*   9 / 2    */

    printf(" double 型变量 x 的值:%f\n", x);       /*  9.99       */
    printf("         x / 2.0 :%f\n", x / 2.0);     /*  9.99 / 2.0 */

    return 0;
}
```

运 行 结 果
int 　型变量 n 的值:9
n / 2 : 4
double 型变量 x 的值:9.990000
x/2.0 : 4.995000

—— double 类型的显示使用 **%f**，而非 **%d**。

我们声明一个 **int** 型变量 n 和一个 **double** 型变量 x，并把 9.99 作为值赋给它们。如图 2-4 所示，把实数值赋给 **int** 型变量时，小数点以后的部分会被舍弃，因此存储在 n 中的值就变成了 9。

当然，对于 $n/2$，也就是 $9/2$ 来说，由于是整数 / 整数运算，所以结果的小数点后的部分也被舍弃了。

另外需要注意的是，在使用 ***printf*** 函数输出 **double** 型值的时候，转换说明不能使用 **%d**，

而要使用 **%f**。

> ▶ 转换说明 **%f** 中的 **f** 就是浮点数 floating-point 的首字母。**%f** 默认显示小数点后 6 位数字，变更显示位数的方法将会在后面介绍。

图 2-4　整数和浮点数

数据类型和对象

接下来我们进一步学习数据类型和变量。

在图 2-5 中，数据类型 **int** 和 **double** 放在虚线框中，它们对应的变量 n 和变量 x 放在实线框中。代表数据类型的虚线框和代表它们对应变量的实线框的大小是一样的。

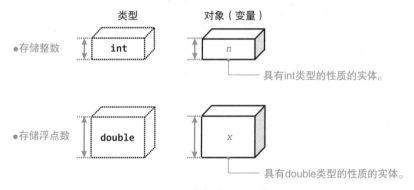

图 2-5　数据类型和对象

从前面的程序可以看出，**int** 类型只能用来存储整数，即使把实数值赋给它，也只能保留整数部分。与之相对，浮点数中的 **double** 类型可以用来存储包含小数的实数值。

C 语言中有很多种数据类型，在第 7 章将会进行详细介绍。

不过，每种类型可存储的值都是有范围的。例如，**int** 类型的取值范围是 −32767 到 32767。

> ▶ 编译器不同，取值范围也可能更大。具体请参考 7-2 节。

这些数据类型都有一些固有的属性，继承了这些属性而创建出来的实体变量称为**对象**

（object）。换句话说，我们还可以像下面这样理解。

> **■ 注 意 ■**
>
> 　　数据类型实际上相当于隐藏着各种属性的一个设计蓝图（可以想象成做章鱼小丸
> 子用的模具），包含某个类型的对象（变量），就是根据这个设计蓝图创建出的实体（相
> 当于用模具做出来的真正的章鱼小丸子）。

　　另外，"变量"这个词应用广泛，听起来比"对象"更习惯一些，加之本书对专业术语不想
太过拘泥，所以本书中统一使用"变量"这个称呼。

整型常量和浮点型常量

　　直接在程序中指定数值的常量也有类型的区别。像 5 和 37 这样的常量，它们都是整数类
型的，所以称为**整型常量**（integer constant）。像 3.14 这样包含小数的常量，称为**浮点型常量**
（floating constant）。

　　通常整型常量都是 **int** 类型，而浮点型常量都是 **double** 类型。

　　▶　当数值过大，或者有特殊需求的时候，也可以使用其他类型。请参考第 7 章。

double 类型的运算

　　编写一段程序，读取两个实数值，显示出它们的和、差、积、商。具体如代码清单 2-7 所示。

chap02/list0207.c

代码清单 2-7

```
/*
    读取两个实数值，用实数显示出它们的和、差、积、商
*/

#include <stdio.h>

int main(void)
{
    double  vx, vy;      /* 浮点数 */

    puts("请输入两个数。");
    printf("实数 vx："); scanf("%lf", &vx);
    printf("实数 vy："); scanf("%lf", &vy);
                                   └────── 小写英文字母 l。
    printf("vx + vy = %f\n", vx + vy);
    printf("vx - vy = %f\n", vx - vy);
    printf("vx * vy = %f\n", vx * vy);
    printf("vx / vy = %f\n", vx / vy);

    return 0;
}
```

运 行 结 果

请输入两个数。
实数 vx：45.77 ⏎
实数 vy：35.3 ⏎
vx + vy = 81.070000
vx - vy = 10.470000
vx * vy = 1615.681000
vx / vy = 1.296601

※ double 类型不能使用求余数的运算符 **%**。

如表 2-5 所示，**double** 类型的变量通过 *scanf* 函数赋值的时候需要使用格式字符串 **%lf**，请注意这一点。

■ 表 2-5 转换说明

	int 类型	double 类型
使用*printf*函数显示	*printf*("%d", *no*)	*printf*("%f", *no*)
使用*scanf*函数读取	*scanf*("%d", &*no*)	*scanf*("%lf", &*no*)

● 练习 2-3

编写一段程序，像右面那样显示出读取的实数的值。

请输入一个实数：57.3 ⏎
你输入的是**57.300000**。

数据类型和运算

进行整数 / 整数运算的时候，商的小数部分会被舍弃，但是浮点数之间的运算，就不会进行舍弃处理。

▶ 运算符 % 本身的特性决定了它只能用于整数之间的运算，而不能用于浮点数之间的运算。

如图 2-6 所示，像 a "**int/int**" 和 b "**double/double**" 这样两个类型相同的操作数之间的运算，所得结果的数据类型和运算对象的数据类型是一致的。

另外，像 c "**double/int**" 和 d "**int/double**" 这样一个操作数是 **int** 类型，另一个操作数是 **double** 类型的情况，**int** 类型的操作数会进行**隐式类型转换**，自动向上转型为 **double** 类型，运算演变为 **double** 类型之间的运算。因此，运算的结果也就变成了 **double** 类型。

当然，这样的规则对于 **+** 或者 ***** 等其他运算也适用。

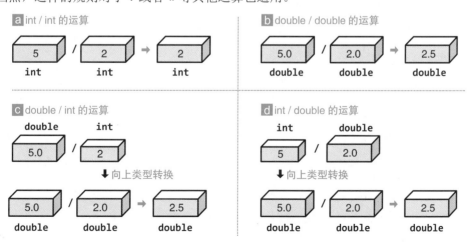

图 2-6 操作数的类型和运算结果的类型

由于 C 语言包含了很多种数据类型，详细的规则非常复杂，因此我们可以大致理解如下（详细的规则会在 7-4 节进行介绍）。

■ 注 意 ■

> 运算对象，即操作数的类型不同时，较小的数据类型的操作数会转换为较大的数据类型（范围更大），然后再进行运算。

▶ 所谓的 "较大的数据类型"，并不是说 **double** 类型实际上比 **int** 类型更大，而是说它还可以保存小数点之后的部分。

让我们通过代码清单 2-8 所示的程序来验证一下这一规则。

代码清单 2-8   chap02/list0208.c

```
/*
    验证数据类型和运算
*/

#include <stdio.h>

int main (void)
{
    int     n1, n2, n3, n4;    /* 整数 */
    double  d1, d2, d3, d4;    /* 浮点数 */

    n1 = 5   / 2;              /* n1 ← 2   */
    n2 = 5.0 / 2.0;            /* n2 ← 2.5 （赋值时舍弃小数点以后的部分）*/
    n3 = 5.0 / 2;             /* n3 ← 2.5 （赋值时舍弃小数点以后的部分）*/
    n4 = 5   / 2.0;           /* n4 ← 2.5 （赋值时舍弃小数点以后的部分）*/

    d1 = 5   / 2;             /* d1 ← 2   */
    d2 = 5.0 / 2.0;           /* d2 ← 2.5 */
    d3 = 5.0 / 2;            /* d3 ← 2.5 */
    d4 = 5   / 2.0;          /* d4 ← 2.5 */

    printf("n1 = %d\n", n1);
    printf("n2 = %d\n", n2);
    printf("n3 = %d\n", n3);
    printf("n4 = %d\n\n", n4);
                                     ┌── 输出空行。
    printf("d1 = %f\n", d1);
    printf("d2 = %f\n", d2);
    printf("d3 = %f\n", d3);
    printf("d4 = %f\n", d4);

    return 0;
}
```

运 行 结 果

```
n1 = 2
n2 = 2
n3 = 2
n4 = 2


d1 = 2.000000
d2 = 2.500000
d3 = 2.500000
d4 = 2.500000
```

本程序中所进行的赋值操作如下所示。

● int 型变量的赋值

把 2 赋给 **int** 型变量 n1，把 2.5 分别赋给 n2、n3 和 n4。由于在赋值的时候会舍弃掉小数点之后的部分，因此最后这四个变量的值都是 2。

● double 型变量的赋值

把 2 赋值给 **double** 型变量 d1(但是因为 d1 是 **double** 型，所以 2 会被解释为 2.0)。把 2.5 分别赋给 d2、d3 和 d4 的时候，它们都能把这些值完整地保存起来。

● 练习 2-4

编写程序对整型常量、浮点型常量、**int** 型变量和 **double** 型变量进行乘除等各种运算，从而验证本节介绍的规则。

类型转换

代码清单 2-5 是计算两个整数的平均值的程序，只是输出了平均值的整数部分。这次我们尝试将小数部分也一起输出。程序如代码清单 2-9 所示。

代码清单 2-9   chap02/list0209.c

```
/*
    读取两个整数并用浮点数显示出它们平均值
*/

#include <stdio.h>

int main(void)
{
    int a, b;

    puts("请输入两个整数。");
    printf("整数a："); scanf("%d", &a);
    printf("整数b："); scanf("%d", &b);

    printf("它们的平均值是 %f。\n", (a + b) / 2.0);
                                 └──── int/double 的运算。

    return 0;
}
```

运 行 结 果

请输入两个整数。
整数 a：41 ⏎
整数 b：44 ⏎
它们的平均值是 42.500000。

让我们来看一下求平均值的表达式（蓝色底纹部分）。

首先计算的是括号内的 a + b 部分。由于该运算是 "**int + int**" 的运算，所以结果也是 **int** 型整数。因此，蓝色底纹部分整体的运算如下所示。

int/double	整数除以实数

运算结果是 **double** 型。程序执行后将求出 41 和 44 的平均值 42.5。

*

但是，日常生活中计算平均值的时候，我们都会说"除以 2"，而不会说"除以 2.0"。
将两个整数的和转换为实数，然后再除以 2 计算平均值的程序如代码清单 2-10 所示。
/ 运算符左边的操作数——表达式 **(double)**（a + b）的形式如下。

(数据类型) 表达式	类型转换表达式

通常这种形式的表达式会把表达式的值转换为该数据类型对应的值。

例如，**(int)**5.7 会把浮点数 5.7 的小数部分舍去，从而转换为 **int** 类型的 5 ；**(double)**5
会将整数 5 转换为 **double** 类型的 5.0。

▶ 将这些转换用图来表示，就是图 3-7。

代码清单 2-10   chap02/list0210.c

```
/*
    读取两个整数并用实数显示出它们的平均值（类型转换）
*/

#include <stdio.h>

int main(void)
{
    int a, b;

    puts("请输入两个整数。");
    printf("整数 a :");  scanf("%d", &a);
    printf("整数 b :");  scanf("%d", &b);

    printf("它们的平均值是 %f。\n", (double) (a + b) / 2);   /* 类型转换 */
                                         └─────── double/int 的运算。
    return 0;
}
```

运 行 结 果
请输入两个整数。
整数 a : 41 ↵
整数 b : 44 ↵
它们的平均值是 42.500000。

这样的显式转换就称为**类型转换**（cast），**()** 称为**类型转换运算符**（cast operator），如表 2-6
所示。

▶ 英语的 cast 有很多种意思。比如，作为动词来说，有"扮演某角色""投掷""使转向""计算""使弯曲"
等意思。

■ 表2-6 类型转换运算符

类型转换运算符	（类型名）a	把 a 的值转换为指定数据类型对应的值

在求平均值的时候，首先根据

（double） (a + b)	类型转换表达式：将 a + b 的结果转换为 **double** 类型

把 a + b 的值转换为 **double** 类型的值（例如整数 85 会转换为浮点数 85.0）。

由于表达式（a + b）的运算结果会被转换为 **double** 类型，因此求平均值的运算就变成了下面这样。

double/int	实数除以整数

这时，**int** 类型的右操作数会向上转型为 **double** 类型。变成 "**double/double**" 的除法运算，所得的运算结果是 **double** 类型的实数。

● 练习 2-5

编写一段程序，像右边那样读取两个整数的值，计算出前者是后者的百分之几，并用实数输出结果。

> 请输入两个整数。
> 整数a: 54 ⏎
> 整数b: 84 ⏎
> a是b的64.285714%。

转换说明

读取三个整数，并显示它们的和以及平均值的程序如代码清单 2-11 所示。和前面的程序一样，在求平均值的时候进行了类型转换。

chap02/list0211.c

代码清单 2-11

```
/*
    读取三个整数，并显示出它们的合计值和平均值
*/

#include <stdio.h>

int main(void)
{
    int      a, b, c;
    int      sum;                    /* 合计值 */
    double   ave;                    /* 平均值 */

    puts("请输入三个整数。");
    printf("整数 a：");   scanf("%d", &a);
    printf("整数 b：");   scanf("%d", &b);
    printf("整数 c：");   scanf("%d", &c);

    sum = a + b + c;
    ave = (double)sum / 3;           /* 类型转换 */

    printf("它们的合计值是 %5d。\n", sum);          /* 输出 99999 */
    printf("它们的平均值是 %5.1f。\n", ave);        /* 输出 999.9 */

    return 0;
}
```

```
运 行 结 果
请输入三个整数。
整数 a：87 ↵
整数 b：45 ↵
整数 c：59 ↵
它们的合计值是    191。
它们的平均值是  63.7。
```

在这个程序中，传递给 *printf* 函数的格式化字符串中的两个转换说明 **%5d** 和 **%5.1f** 的含义分别如下所示。

> **%5d** … 显示至少 5 位的十进制整数。
>
> **%5.1f** … 显示至少 5 位的浮点数。但是，小数点后只显示 1 位。

转换说明的形式通常如图 2-7 所示。也就是说，包括 **%** 和 **.** 在内，总共由六部分构成。请对比代码清单 2-12 的运行结果来理解。

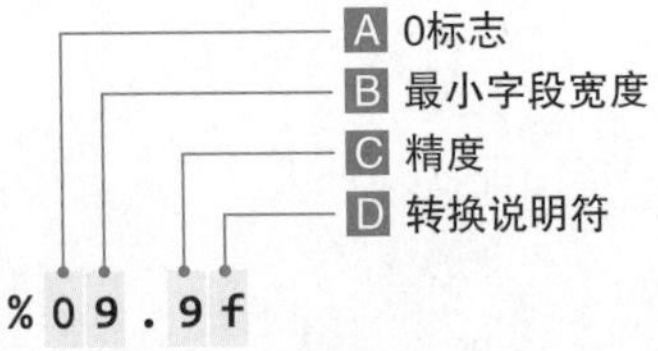

A 0 标志

设定了 0 标志之后，如果数值的前面有空余位，则用 0 补齐位数（如果省略了 0 标志，则会用空白补齐位数）。

B 最小字段宽度

也就是至少要显示出的字符位数。不设定该位数或者显示数值的实际位数超过它的时候，会根据数值显示出必要的位数。

```
                              A 0标志
                              B 最小字段宽度
                              C 精度
                              D 转换说明符
% 0 9 . 9 f
```

图 2-7 转换说明的结构

另外，如果设定了 "-"，数据会左对齐显示，未设定则会右对齐显示。

代码清单 2-12　　　　　　　　　　　　　　　　　　　　　　　　　chap02/list0212.c

```c
/*
    格式化整数和浮点数并显示
*/

#include  <stdio.h>

int  main(void)
{
    printf("[%d]\n",       123);
    printf("[%.4d]\n",     123);
    printf("[%4d]\n",      123);
    printf("[%04d]\n",     123);
    printf("[%-4d]\n\n",   123);

    printf("[%d]\n",       12345);
    printf("[%.3d]\n",     12345);
    printf("[%3d]\n",      12345);
    printf("[%03d]\n",     12345);
    printf("[%-3d]\n\n",   12345);

    printf("[%f]\n",       123.13);
    printf("[%.1f]\n",     123.13);
    printf("[%6.1f]\n\n",  123.13);

    printf("[%f]\n",       123.13);
    printf("[%.1f]\n",     123.13);
    printf("[%4.1f]\n\n",  123.13);

    return 0;
}
```

运 行 结 果
[123]
[0123]
[123]
[0123]
[123]
[12345]
[12345]
[12345]
[12345]
[12345]
[123.130000]
[123.1]
[123.1]
[123.130000]
[123.1]
[123.1]

Ⓒ **精度**

　　指定显示的最小位数，如果不指定，则整数的时候默认为 1，浮点数的时候默认为 6。

Ⓓ **转换说明符**

　　d … 显示十进制的 **int** 型整数。

　　f … 显示十进制的 **double** 型浮点数。

▶　　这里介绍的只是转换说明的一部分内容，关于 *printf* 函数的详细说明请参考本书 13-3 小节。

● **练习 2-6**

　　编写一段程序，像右面那样读取表示身高的整数值，显示出标准体重的实数值。标准体重根据公式（身高 - 100）× 0.9 进行计算，所得结果保留一位小数。

> 请输入您的身高：175 ↵
> 您的标准体重是67.5公斤。

总结

- +、* 等可以进行运算的符号称为运算符。根据运算对象——操作数的个数，运算符大致可分为单目运算符、双目运算符、三目运算符三类。

- 各运算符的优先级有所不同。例如，乘除运算要先于加减运算进行。如果要优先执行某个特定的运算，可以用（）将该运算括起来。

- 乘除运算符有双目 * 运算符、/ 运算符、% 运算符三个。双目 * 运算符求两个操作数的积。求商的运算符 / 和求余数的运算符 %，只要操作数中有一个是负数，运算结果就要取决于编译器。另外，% 运算符的操作数的类型必须是整数。

- 加减运算符有进行加法运算的双目 + 运算符和进行减法运算的双目 - 运算符两个。

- 单目 + 运算符的功能就是输出操作数本身的值；单目 - 运算符的功能就是对运算符进行符号取反操作。

- 将右操作数的值赋给左操作数的 =，称为（基本）赋值运算符。

- 由变量和常量，以及连接它们的运算符所构成的是表达式。

- 在表达式的后面加上分号（;），就形成了表达式语句。

- 使用"○○运算符"的表达式，其名称就是"○○表达式"。例如，使用赋值运算符 = 的表达式 $a = b$，就称为赋值表达式。

- 数据类型实际上相当于一个隐藏着各种属性的设计蓝图（可以想象成做章鱼小丸子用的模具），包含某个类型的对象（变量），就是根据这个设计蓝图创建出来的实体（相当于用模具做出来的章鱼小丸子）。

- 整数型的 **int** 类型，只能表示整数。即使被赋给含有小数的值，小数部分也会被舍去。像 5 和 37 这样的常量，称为整型常量。

- 浮点型的 **double** 类型，只能表示浮点数（带有小数部分的实数值）。像 3.14 这样的包含小数的常量，称为浮点型常量。

- 整数之间的运算结果是整数；浮点数之间的运算结果是浮点数。

- 如果一个运算中有不同类型的操作数，就会进行"隐式类型转换"。运算对象——操作数的类型不同时，较小的数据类型的操作数会转换为较大的数据类型，然后再进行运算。因此，当一个运算中既有 **int** 类型又有 **double** 类型时，各操作数都会被转换为 **double** 类型。

- 若要将某个表达式的值转换为别的数据类型所对应的值，需要使用类型转换运算符 **()** 进行类型转换。例如，**(double)**5 就表示将 **int** 类型的整型常量 5 转换为 **double** 类型的 5.0。

- 当用 *printf* 函数来显示 **double** 类型的值时，转换说明是 **%f**；当用 *scanf* 函数来读取时，转换说明是 **%lf**。

- 传递给 *printf* 函数和 *scanf* 函数的格式化字符串中可以包含多个转换说明。各转换说明从头开始依次对应第 2 个实参、第 3 个实参……

    printf("**a** 和 **b** 的和是 **%d**，积是 **%d**。\n", *a* + *b*, *a* * *b*);

    scanf("**%d%d**", &*a*, &*b*);

- 转换说明由 0 标志、最小字段宽度、精度、转换说明符等构成。

- 若要在 *printf* 函数中显示 **%** 字符，需要在格式化字符串中写入 **%%**。

chap02/summary.c

```
/*
    第 2 章总结
*/

#include  <stdio.h>

int main(void)
{
    int a;              int 表示整数。
    int b;
                        double 表示浮点数（实数）。
    double r; /* 半径 */

    printf(" 整数 a 和 b 的值: ");
    scanf("%d%d", &a, &b);

    printf("a + b = %d\n", a + b);        /* 加法运算: 双目 + 运算符 */
    printf("a - b = %d\n", a - b);        /* 减法运算: 双目 - 运算符 */
    printf("a * b = %d\n", a * b);        /* 乘法运算: 双目 * 运算符 */
    printf("a / b = %d\n", a / b);        /* 商: / 运算符 */
    printf("a %% b = %d\n", a % b);       /* 余数: % 运算符 */

                                          ※int/int 的结果是 int。

    printf("(a + b)/2 = %d\n", (a + b)/2);

                                          ※double/int 的结果是 double。

    printf(" 平均值 = %f\n\n", (double)(a + b)/2);
                         小写的 f。        类型转换表达式。
    printf(" 半径: ");
    scanf("%lf", &r);
                         小写的 l 和 f。
    printf(" 半径为 %.3f 的圆的面积是 %.3f。\n", r, 3.14 * r * r);
                                          小数点后显示 3 位。

    return 0;
}
```

运行结果

整数 a 和 b 的值: 5 2 ⏎
a + b = 7
a - b = 3
a * b = 10
a / b = 2
a % b = 1
(a + b)/2 = 3
平均值 = 3.500000

半径: 4.25 ⏎
半径为 4.250 的圆的面积
是 56.716。

第3章
分支结构程序

程序并不会总是执行同样的处理。例如，按下某个键的时候执行 A 处理，按下其他键的时候执行 B 处理……像这样，程序通过条件判断的结果选择性地执行某种处理的情况是非常多见的。

本章将会带领大家学习根据条件改变程序流程的基本方法。

3-1   if语句

几乎没有只会按照预先设计好的流程执行的程序。本章就来学习通过条件来改变程序流程的方法。

if 语句 · 其 1

大家的每一天都是怎样度过的呢？应该不会是日复一日地按照同样的生活模式度过吧。不管大家是否已经意识到了，其实我们都是通过某种判断来决定自己的行动的。例如，因为今天好像要下雨，所以必须要带伞。这就是一个很好的例子。

下面我们就通过程序来进行判断。首先考虑下面这个问题。

> 如果输入的整数不能被 5 整除，就显示出相应的信息。

程序如代码清单 3-1 所示。

chap03/list0301.c

代码清单 3-1

```
/*
    输入的整数能被 5 整除吗
*/

#include <stdio.h>

int main(void)
{
    int no;

    printf("请输入一个整数:");
    scanf("%d", &no);

    if (no % 5)
        puts("输入的整数不能被5整除。");  ←—— no 不能被 5 整除时执行。

    return 0;
}
```

运行结果 1

请输入一个整数: 17 ⏎
输入的整数不能被 5 整除。

运行结果 2

请输入一个整数: 35 ⏎

首先我们来看一下程序中蓝色底纹的部分。这里的 **if** 和英语中的一样，是"如果"的意思。这部分的格式如下所示。

> **if**（表达式）语句

这样的语句称为 **if** 语句（if statement）。

if 语句会让程序执行如下处理。

> 判断**表达式**的值，如果结果不为 0，则执行相应的**语句**。

▶ 关于"判断"这个术语，我们稍后会进行详细说明。

也就是说，**if** 语句控制程序的流程如图 3-1 所示。

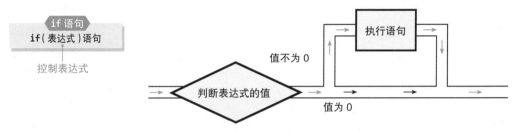

图 3-1　if 语句控制程序的流程（其 1）

括号内对条件进行判断的表达式称为**控制表达式**（control expression）。本程序中对控制表达式 *no* **%** 5 的判断结果为 *no* 除以 5 的余数。只有当这个余数不为 0，也就是 *no* 的值不能被 5 整除时，才会执行下列语句。

> **puts**(" 输入的整数不能被 5 整除。");

而当输入的整数能被 5 整除的时候，后续语句则不会执行，屏幕上不会显示任何内容。

奇数的判定

通过判断输入的整数能否被 2 整除，就可以确认该整数是不是奇数了。程序如代码清单 3-2 所示。

代码清单 3-2　　　　　　　　　　　　　　　　　　　　　　　chap03/list0302.c

```
/*
    输入的整数是奇数吗
*/

#include <stdio.h>

int main(void)
{
    int no;

    printf(" 请输入一个整数: ");
    scanf("%d", &no);

    if (no% 2)
        puts(" 输入的整数是奇数。");

    return 0;
}
```

运 行 结 果 **1**

请输入一个整数: 17 ⏎
输入的整数是奇数。

运 行 结 果 **2**

请输入一个整数: 36 ⏎

▶ 如果变量 *no* 中输入的值是偶数，则什么也不显示。

if 语句·其 2

执行代码清单 3-1 中的程序时，当输入的值能被 5 整除时不输出任何信息。这样很可能会让使用者不放心，所以这次我们来修改一下程序，让它在输入能被 5 整除的整数时也显示出相应的信息。程序如代码清单 3-3 所示。

代码清单 3-3　　　　　　　　　　　　　　　　　　　　　　　chap03/list0303.c

```
/*
    输入的整数能被 5 整除吗
*/

#include <stdio.h>

int main(void)
{
    int no;

    printf("请输入一个整数：");
    scanf("%d", &no);

    if (no % 5)
        puts("该整数不能被5整除。");  ——— no 不能被 5 整除时执行。
    else
        puts("该整数能被5整除。");  ——— no 能被 5 整除时执行。

    return 0;
}
```

运 行 结 果 ❶

请输入一个整数：17 ⏎
该整数不能被 5 整除。

运 行 结 果 ❷

请输入一个整数：35 ⏎
该整数能被 5 整除。

本程序中使用的是下面这种形式的 **if** 语句。

> **if**（表达式）　语句₁，**else** 语句₂

当然，**else** 是"否则"的意思。

当**表达式**的值不为 0 的时候执行**语句**₁，当**表达式**的值为 0 的时候执行**语句**₂。这样就可以像图 3-2 那样选择执行语句了。

当输入的值能被 5 整除的时候，也要输出相应的信息，这样我们就能清晰地通过运行结果来判断了。

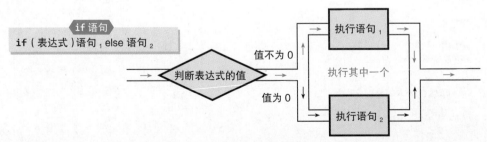

图 3-2　if 语句控制程序的流程（其 2）

奇数·偶数的判断

如果前面的内容能够理解的话，那么生成一个对输入的整数值是奇数还是偶数进行判断并显示结果的程序就并非难事。该程序如代码清单 3-4 所示。

代码清单 3-4   chap03/list0304.c

```
/*
    输入的整数值是奇数还是偶数
*/

#include <stdio.h>

int main(void)
{
    int no;

    printf("请输入一个整数:");
    scanf("%d", &no);

    if (no % 2)
        puts("该整数是奇数。");    ←── no 不能被 2 整除时执行。
    else
        puts("该整数是偶数。");    ←── no 能被 2 整除时执行。

    return 0;
}
```

运 行 结 果 **1**

请输入一个整数: 17 ⏎
该整数是奇数。

运 行 结 果 **2**

请输入一个整数: 36 ⏎
该整数是偶数。

3

至此我们已经学习了两种 **if** 语句。下面对其进行一下总结。

■ 注 意 ■

如果只有当某条件成立时才进行处理，则使用不加 **else** 的 **if** 语句；而如果是根据某条件的成立与否进行不同的处理，则使用带有 **else** 的 **if** 语句。

● 练习 3-1

编写一段程序，像右面这样输入两个整数值，如果后者是前者的约数，则显示 "B 是 A 的约数"。如果不是，则显示 "B 不是 A 的约数"。

请输入两个整数。

整数A: 17 ⏎
整数B: 5 ⏎
B不是A的约数。

非 0 的判断

判断输入的值是否为 0 的程序如代码清单 3-5 所示。

chap03/list0305.c

代码清单 3-5

```
/*
    输入的整数值是否为 0
*/

#include <stdio.h>

int main(void)
{
    int  num;

    printf(" 请输入一个整数：");
    scanf("%d", &num);

    if (num)
        puts("该整数不是0。");       ← num 不为 0 时执行。
    else
        puts("该整数是0。");         ← num 为 0 时执行。

    return 0;
}
```

运 行 结 果 **1**

请输入一个整数：15 ↵
该整数不是 0。

运 行 结 果 **2**

请输入一个整数：0 ↵
该整数是 0。

if 语句根据控制表达式的值是否为 0 来控制程序的流程。上述程序中的控制表达式是 *num*。因此，如果变量 *num* 的值不为 0，则调用第一个 *puts* 函数；而如果变量 *num* 的值为 0，则调用后一个 *puts* 函数。

if 语句的结构图

截止到目前，我们用到了两种 **if** 语句。将这两种 **if** 语句结合起来的结构图（表示语法上的形式的图）如图 3-3 所示。

▶ 关于结构图的详细说明请参考专题 3-1。

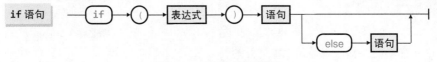

图 3-3 if 语句的结构图

如果不满足上述结构就会出现错误。例如下面两个语句在编译的时候会发生错误，当然也就无法执行。

```
if  va % vb    puts("va 不能被 vb 整除。");   /* 错误：表达式缺少括号 */
if  (cx / dx) else  d = 3;                     /* 错误：缺少最开始的语句 */
```

专题 3-1　语法结构图

本书中使用的结构图都是通过箭头把各个元素连接起来。结构图中的元素,既有用圆形表示的,也有用方形表示的。

圆形:像 if 这样的关键字或者"("这样的分隔符,都必须按照这种形式书写,不能写成"如果"或"["。这样的内容要使用圆形表示。

方形:在程序中,**表达式**或语句要写成"$n > 7$"或"$a = 5$"这样具体的形式。这种情况就使用方形来表示。

结构图的阅读方法

阅读结构图的时候,要沿着箭头的走向理解,从左边开始,到右边结束。遇到分支点,可以选择任意分支继续理解。

图 3C-1　if语句的结构图

由于①是分支点,因此在上面的 if 语句的结构图中,从左到右的路径有以下两种。

　　　if（表达式）语句
　　　if（表达式）语句 **else** 语句

这就是 **if** 语句的格式,或者说结构。例如,代码清单 3-1 中的 **if** 语句如下所示。

　　　if（*no* % 5）*puts*（"该整数不能被 5 整除。"）;
　　　if（表达式）　　　　　语句

代码清单 3-3 中的 **if** 语句如下所示。

　　　if（*no* % 5）*puts*（"该整数不能被 5 整除。"）; **else**　*puts*（"该整数能被 5 整除。"）;
　　　if（表达式）　　　　　语句　　　　　　else　　　　　语句

它们都符合 **if** 语句的语法结构。

我们再来看一下图 3C-2 的例子。

Ⓐ 有两条路径:一条是从头走到尾结束程序;另一条是从分支点向下,经过"语句"。

　表示"0 个或 1 个语句"。

Ⓑ 首先,从头走到尾结束程序的路径和Ⓐ的情况一样。另外,如果从分支点向下走的话,经过"语句"后又会回到起点。像这样回到起点后,还可以继续走到终点结束程序,也可以再次从分支点向下经过"语句"而回到起点。

　表示"0 个以上的任意个数的语句"。

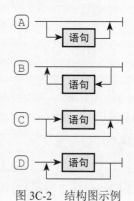

图 3C-2　结构图示例

Ⓒ 该结构图和Ⓐ一样。

　　表示 "0 个或 1 个语句"。

Ⓓ 从起点到终点的途中存在 "语句"。另外，从分支点向下走的话会回到起点。回到起点后，既可以再次经过 "语句" 结束程序，也可以再次从分支点向下回到起点。

　　表示 "1 个以上的任意个数的语句"。

相等运算符

接下来让我们考虑一下下面的问题。

输入两个整数值，判断它们是否相等。

程序如代码清单 3-6 所示。

代码清单 3-6　　　　　　　　　　　　　　　　　　　　　　　chap03/list0306.c

```
/*
    输入的两个整数相等吗
*/

#include  <stdio.h>

int main(void)
{
    int  n1, n2;

    puts("请输入两个整数。");
    printf("整数 1 ："); scanf("%d", &n1);
    printf("整数 2 ："); scanf("%d", &n2);

    if (n1 == n2)
        puts("它们相等。");        ← 1
    else
        puts("它们不相等。");      ← 2

    return 0;
}
```

运行结果 **1**

请输入两个整数。
整数 1：−5 ⏎
整数 2：−5 ⏎
它们相等。

运行结果 **2**

请输入两个整数。
整数 1：40 ⏎
整数 2：45 ⏎
它们不相等。

　　让我们来看一下 **if** 语句的控制表达式。本书中第一次出现的 **==** **运算符**，会对左右两侧的操作数进行比较，如果它们相等则结果为 1，如果不相等则结果为 0（结果是 **int** 型整数）。在上述程序中，如果 n1 和 n2 相等，控制表达式 n1 == n2 的值为 1，否则为 0。

　　因此，当变量 n1 的值和 n2 的值相等时，就执行语句**1**，否则就执行语句**2**。

　　与 **==** 运算符相反，用来判断两个操作数是否不相等的是 **!=** **运算符**。这两种运算符统称为相等运算符（equality operator）（表 3-1）。

■ 表 3-1 相等运算符

== 运算符	$a == b$	如果 a 和 b 的值相等则为 1，不等则为 0（结果的类型是 **int**）
!= 运算符	$a != b$	如果 a 和 b 的值不相等则为 1，相等则为 0（结果的类型是 **int**）

另外，== 和 != 分别是一个运算符。因此，如果在 = 和 = 之间，或者 ! 和 = 之间加上空格，使其变为 = = 或 ! =，那是不行的。

*

使用 != 运算符修改后的程序如代码清单 3-7 所示。

代码清单 3-7   chap03/list0307.c

```
/*
    输入的两个整数相等吗（其2）
*/

#include <stdio.h>

int main(void)
{
    int n1, n2;

    puts("请输入两个整数。");
    printf("整数1："); scanf("%d", &n1);
    printf("整数2："); scanf("%d", &n2);

    if (n1 != n2)
        puts("它们不相等。");
    else
        puts("它们相等。");

    return 0;
}
```

和代码清单 3-6 顺序相反。

运 行 结 果 **1**

请输入两个整数。
整数1：-5 ↵
整数2：-5 ↵
它们相等。

运 行 结 果 **2**

请输入两个整数。
整数1：40 ↵
整数2：45 ↵
它们不相等。

随着 **if** 语句的控制表达式由 $n1==n2$ 变为 $n1!=n2$，调用 **puts** 函数的两个语句的执行顺序颠倒了。

虽然程序的内容有所不同，但是结果却完全一样。

余数的判断

判断所输入的整数的个位数是否为 5 并显示相应信息的程序如代码清单 3-8 所示。

chap03/list0308.c

代码清单 3-8

```
/*
    个位数是 5 吗
*/

#include <stdio.h>

int main(void)
{
    int   num;

    printf("请输入一个整数:");
    scanf("%d", &num);

    if ((num % 10) == 5)
        puts("该整数的个位数是5。");
    else
        puts("该整数的个位数不是5。");

    return 0;
}
```

> **运行结果 1**
>
> 请输入一个整数:15 ⏎
> 该整数的个位数是 5。

> **运行结果 2**
>
> 请输入一个整数:37 ⏎
> 该整数的个位数不是 5。

▶　由于 **%** 的优先级比运算符 **==** 高，因此 *num* **% 10** 两边的 **( )** 可以省略。

关系运算符

到目前为止，我们已经见过了包含两个分支的程序流程，现在来看看三个分支的情况。请大家考虑一下下面的问题。

输入一个整数，判断该整数的符号。

程序如代码清单 3-9 所示。

chap03/list0309.c

代码清单 3-9

```
/*
    判断输入的整数的符号
*/

#include <stdio.h>

int main(void)
{
    int   no;

    printf("请输入一个整数:");
    scanf("%d", &no);

    if (no == 0)
        puts("该整数为0。");
    else if(no > 0)
        puts("该整数为正数。");
    else
        puts("该整数为负数。");

    return 0;
}
```

> **运行结果 1**
>
> 请输入一个整数:0 ⏎
> 该整数为 0。

> **运行结果 2**
>
> 请输入一个整数:35 ⏎
> 该整数为正数。

> **运行结果 3**
>
> 请输入一个整数:-4 ⏎
> 该整数为负数。

在本程序中我们第一次接触到了 **＞运算符**，该运算符对左右两侧操作数的值进行比较，如果第一操作数大于第二操作数，则结果为 1，反之结果为 0（结果为 **int** 型整数）。也就是说，如果 *no* 大于 0，表达式 *no* ＞ 0 的结果为 1，否则为 0。

*

比较两个操作数大小关系的运算符称为**关系运算符**（relational operator），该类运算符共有四种，如表 3-2 所示。

■ 表 3-2 关系运算符

＜ 运算符	*a* ＜ *b*	*a* 小于 *b* 时结果为 1，反之为 0（结果的类型为 **int**）
＞ 运算符	*a* ＞ *b*	*a* 大于 *b* 时结果为 1，反之为 0（结果的类型为 **int**）
＜= 运算符	*a* ＜= *b*	*a* 小于等于 *b* 时结果为 1，反之为 0（结果的类型为 **int**）
＞= 运算符	*a* ＞= *b*	*a* 大于等于 *b* 时结果为 1，反之为 0（结果的类型为 **int**）

请大家注意，将 **＜=** 运算符和 **＞=** 运算符中的等号放在左侧（**=＜** 和 **=＞**），或者在 **＜** 与 **=** 之间有空格都是不对的。

嵌套的 if 语句

如前所述，**if** 语句有以下两种形式。

> **if（表达式）语句**
>
> **if（表达式）语句 else 语句**

虽然本程序中用到了 …else if…，但这并不是标准的语法结构。**if** 语句，顾名思义，是一种语句，因此 **else** 控制的语句也可以是 **if** 语句。

程序中蓝色底纹部分的结构如图 3-4 所示。**if** 语句中又嵌入了 **if** 语句，形成了嵌套结构。

图 3-4 嵌套的 if 语句（其 1）

● 练习 3-2

请考虑一下，如果把代码清单 3-9 最后的 **else** 变为 **else if**（*no* ＜ 0），结果会怎样呢？

● 练习 3-3

编写一段程序，像右面这样输入一个整数值，显示
出它的绝对值。

请输入一个整数：-8 ⏎
绝对值是8。

● 练习 3-4

编写一段程序，像右面这样输入两个整数，如果两
数值相等，则显示"A 和 B 相等。"。如果 A 大于 B，则显
示"A 大于 B。"。如果 A 小于 B，则显示"A 小于 B。"。

请输入两个整数。
整数A：54 ⏎
整数B：12 ⏎
A大于B。

代码清单 3-10 所示为使用嵌套的 **if** 语句的另一个程序示例。

chap03/list0310.c

代码清单 3-10

```
/*
    如果输入的整数值为正，则判断该值的奇偶性并显示
*/

#include  <stdio.h>

int main(void)
{
    int  no;

    printf(" 请输入一个整数:");
    scanf("%d", &no);

    if (no > 0)
        if (no % 2 ==0)
            puts("该整数为偶数。");
        else
            puts("该整数为奇数。");
    else
        puts(" 您输入的不是正数。\a\n");
                            └──── \a 是响铃，\n 是换行。
    return  0;
}
```

运行结果 **1**

请输入一个整数：12 ⏎
该整数为偶数。

运行结果 **2**

请输入一个整数：35 ⏎
该整数为奇数。

运行结果 **3**

请输入一个整数：-4 ⏎
您输入的不是正数。♪

如果输入的整数值为正，则显示该值为奇数或偶数；否则，就和响铃一起显示相应的信息。
图 3-5 所示为该程序中 **if** 语句的结构。

图 3-5 嵌套的 if 语句（其 2）

▶ if 语句成为了嵌套的语句这一点和之前的程序相同，只是嵌套语句的结构不同。

另外，利用本节后面将要讲述的复合语句，就可以按如下方式实现该程序中的 **if** 语句，这样会更加易读。

```
if (no > 0) {
    if (no % 2 ==0)
        puts("该整数为偶数。");
    else
        puts("该整数为奇数。");
} else {
        puts("您输入的不是正数。\a\n");
}
```

判断

表达式（极少部分特殊情况除外）都有值。程序执行时会对表达式的值进行检测，这就称为**判断**（evaluation）。

图 3-6 表示的就是进行判断的大致情形。本书中使用类似于数字温度计的图来表示判断结果。左边的小字部分表示类型，右边的大字部分表示判断所得的值。

图 3-6 判断表达式的情形

这里假定变量 n 是 **int** 类型，值为 51。当然 n、135、$n+135$ 都是表达式。对这些表达式进行判断的结果分别为 51、135、186，都是 **int** 类型。

■ 注 意 ■

表达式都有值。程序执行时会对表达式的值进行判断。

图 3-7 是对表达式进行判断的几个具体示例（假设 n 都是 **int** 类型，值为 51）。

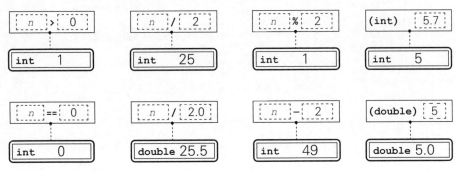

图 3-7　表达式和判断示例

● **练习 3-5**

编写一段程序，确认相等运算符和关系运算符的运算结果是 1 和 0。

计算较大值

输入两个整数，显示出其中较大的值。具体程序如代码清单 3-11 所示。

chap03/list0311.c

代码清单 3-11

```
/*
    显示所输入的两个整数中较大的数
*/

#include  <stdio.h>

int main(void)
{
    int  n1, n2;

    puts("请输入两个整数。");
    printf("整数 1：");    scanf("%d", &n1);
    printf("整数 2：");    scanf("%d", &n2);

    if (n1 > n2)
        printf("较大的数是%d。\n", n1);
    else
        printf("较大的数是%d。\n", n2);

    return 0;
}
```

运 行 结 果 **1**

请输入两个整数。
整数 1：83␛
整数 2：45␛
较大的数是 83。

运 行 结 果 **2**

请输入两个整数。
整数 1：37␛
整数 2：45␛
较大的数是 45。

程序中 ***printf*** 函数被调用了两次。

下面我们来改写一下上述程序，首先把两个数中较大的值存入变量，然后再进行显示。程序如代码清单 3-12 所示。

代码清单 3-12   chap03/list0312.c

```
/*
      显示所输入的两个整数中较大的数（其2）
*/

#include <stdio.h>

int main(void)
{
    int n1, n2, max;

    puts("请输入两个整数。");
    printf("整数1：");      scanf("%d", &n1);
    printf("整数2：");      scanf("%d", &n2);

    if (n1 > n2) max = n1; else max = n2;

    printf("较大的数是%d。\n", max);

    return 0;
}
```

运行结果 **1**

请输入两个整数。
整数1：83 ⏎
整数2：45 ⏎
较大的数是 83。

运行结果 **2**

请输入两个整数。
整数1：37 ⏎
整数2：45 ⏎
较大的数是 45。

该程序中，**if** 语句写在了一行之内。如果是较短的 **if** 语句，这种写法也没什么问题。但如果 **if** 语句较长，这种写法就显得比较挤，导致易读性变差。

计算三个数的最大值

这次我们输入三个整数，显示出其中的最大值。程序如代码清单 3-13 所示。

代码清单 3-13   chap03/list0313.c

```
/*
      计算所输入的三个整数中的最大值并显示
*/

#include <stdio.h>

int main(void)
{
    int n1, n2, n3, max;

    puts("请输入三个整数。");
    printf("整数1：");      scanf("%d", &n1);
    printf("整数2：");      scanf("%d", &n2);
    printf("整数3：");      scanf("%d", &n3);

    max = n1;                    1
    if (n2 > max) max = n2;      2
    if (n3 > max) max = n3;      3

    printf("最大值是%d。\n", max);

    return 0;
}
```

运行结果

请输入三个整数。
整数1：45 ⏎
整数2：83 ⏎
整数3：62 ⏎
最大值是 83。

我们来看一下程序中求三个数的最大值的部分。

1 把 *n1* 的值保存到变量 *max* 中。

2 如果 *n2* 的值大于 *max*，则将 *n2* 的值赋给变量 *max*。

　　※　如果 *n2* 小于 *max*，则不对 *max* 赋值。

3 如果 *n3* 的值大于 *max*，则将 *n3* 的值赋给变量 *max*。

　　※　如果 *n3* 小于 *max*，则不对 *max* 赋值。

完成以上操作之后，变量 *max* 中的值就是 *n1*、*n2*、*n3* 中的最大值了。

图 3-8 所示为变量 *max* 变化的情形示例。

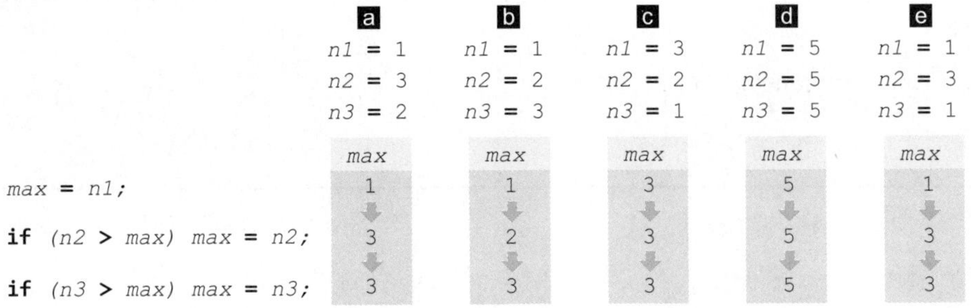

图 3-8　求三个数的最大值的过程中变量的变化

条件运算符

代码清单 3-14 所示为用别的方法来实现代码清单 3-12（计算输入的两个整数中较大的数）的结果。

chap03/list0314.c

代码清单 3-14

```
/*
    显示所输入的两个整数中较大的数（其 3：条件运算符）
*/

#include <stdio.h>

int main(void)
{
    int n1, n2, max;

    puts("请输入两个整数。");
    printf("整数 1："); scanf("%d", &n1);
    printf("整数 2："); scanf("%d", &n2);

    max = (n1 > n2) ? n1:n2;              /* 将较大的值赋给 max */

    printf("较大的数是 %d。\n", max);

    return 0;
}
```

运 行 结 果

请输入两个整数。
整数 1：83 ↵
整数 2：45 ↵
较大的数是 83。

上述程序中使用了表 3-3 中的**条件运算符**（conditional operator）。该运算符是需要三个操作数的三目运算符。

▶ 只有条件运算符属于三目运算符，其他的运算符都是单目或者双目运算符。

■ 表 3-3　条件运算符

条件运算符	a ? b : c	如果 a 不为 0，则结果是 b 的值，否则结果为 c 的值

图 3-9 向我们展示了如何判断使用了条件运算符的**条件表达式**（conditional expression）。对程序中蓝色底纹部分的表达式进行判断，就会得到 *n1*、*n2* 中值较大的一个。这个较大的值会被赋给 *max*。

3

对条件表达式

$$\text{表达式}_1 ? \text{表达式}_2 : \text{表达式}_3$$

进行判断所得的值如下所示。
首先判断表达式₁，如果
a 其值不是 0，则最终结果为判断表达式₂所得的值。
b 其值是 0，则最终结果为判断表达式₃所得的值。

a n1为83、n2为45时

结果为判断该表达式所得的值。

b n1为37、n2为45时

结果为判断该表达式所得的值。

图 3-9　条件表达式的判断

差值计算

使用条件运算符计算输入的两个整数差值的程序如代码清单 3-15 所示。

代码清单 3-15   chap03/list0315.c

```
/*
    计算输入的两个整数的差并显示（条件运算符）
*/

#include <stdio.h>

int main(void)
{
    int n1, n2;

    puts("请输入两个整数。");
    printf("整数 1 :"); scanf("%d", &n1);
    printf("整数 2 :"); scanf("%d", &n2);

    printf("它们的差是 %d。\n", (n1 > n2) ? n1 - n2 : n2 - n1);

    return 0;
}
```

运 行 结 果

请输入两个整数。
整数 1 : 15 ↵
整数 2 : 32 ↵
它们的差是 17。

对蓝底部分的表达式进行判断所得的值如下所示。

●如果 *n1* > *n2*，则为判断表达式 *n1* - *n2* 所得的值。

●否则为判断表达式 *n2* - *n1* 所得的值。

也就是说，最终结果为大值减去小值所得的结果。

● 练习 3-6

编写一段程序，计算出输入的三个整数中的最小值并显示。

※ 注意使用 **if** 语句。

● 练习 3-7

编写一段程序，计算出输入的四个整数中的最大值并显示。

※ 注意使用 **if** 语句。

● 练习 3-8

使用 **if** 语句替换代码清单 3-15 程序中的条件运算符，实现同样的功能。

● 练习 3-9

使用条件运算符替换练习 3-6 的程序中的 **if** 语句，实现同样的功能。

复合语句（程序块）

计算输入的两个整数中的较大值和较小值的程序如代码清单 3-16 所示。

代码清单 3-16   chap03/list0316.c

```
/*
    计算所输入的两个整数中的较大数和较小数并显示
*/

#include <stdio.h>

int main(void)
{
    int n1, n2, max, min;

    puts("请输入两个整数。");
    printf("整数 1：");   scanf("%d", &n1);
    printf("整数 2：");   scanf("%d", &n2);

    if (n1 > n2) {
        max = n1;        ← 复合语句：在结构上被看作是单一的语句。
        min = n2;
    } else {
        max = n2;        ← 复合语句：在结构上被看作是单一的语句。
        min = n1;
    }
    printf("较大的数是 %d。\n", max);
    printf("较小的数是 %d。\n", min);

    return 0;
}
```

运 行 结 果 ■

请输入两个整数。
整数 1：83 ↵
整数 2：45 ↵
较大的数是 83。
较小的数是 45。

运 行 结 果 ■

请输入两个整数。
整数 1：37 ↵
整数 2：45 ↵
较大的数是 45。
较小的数是 37。

本程序中的 **if** 语句，当 n1 大于 n2 的时候，执行 ■ 处的

    { max = n1; min = n2;}

否则则执行 ■ 处的

    { max = n2; min = n1;}

像 ■ 和 ■ 这样在大括号内并排书写的语句称为**复合语句**（compound statement）或者**程序块**（block）。复合语句的结构如图 3-10 所示，其中不仅可以包含语句，也可以包含声明（但是一定要把声明放在最开始的位置[①]）。

图 3-10　复合语句（程序块）的结构图

▶　简单来说就是 { 0 个以上的声明 0 个以上的语句 } 这样的结构。如果不明白如何读结构图，请回过头去复习专题 3-1。

例如，以下这些全都属于复合语句。

――――――――――

① C99标准允许在任何地方定义变量。

```
{}                                                          { }
{ printf("ABC\n");}                                         {语句}
{ int x; x = 5;}                                            {声明 语句}
{ int x; x = 5;  printf("%d", x); }                         {声明 语句 语句}
{ int x; int y;  x = 5; y = 3; printf("%d", x); }    {声明 声明 语句 语句 语句}
```

复合语句在结构上会被看作是单一的语句。

在这里，让我们回想一下 **if** 语句的语法结构。**if** 语句的形式为下列形式之一。

> **if** （表达式） 语句
>
> **if** （表达式） 语句 **else** 语句

也就是说，**if** 语句是控制流程的语句，只能有一种选择结果（**else** 也只有一种选择）。所以说本程序中的 **if** 语句完全符合这样的语法结构。

```
if (n1 > n2) { max = n1; min = n2;}  else { max = n2; min = n1;}
if （表达式）       语句              else        语句
```

下面我们来看一下把 **if** 语句中的两个 {} 删掉后会怎样。

```
if （表达式）     语句                ⬇ 无法理解 !!
if (n1 < n2) max = n1; min = n2;  else  max = n2; min = n1;
      if 语句          语句            语句        语句
```

其中灰色底纹部分会被看作 **if** 语句。接下来的 min=n2; 则是单一的语句。其后的 **else** 和 **if** 不成对应关系。因此会出现编译错误。

> ■ **注 意** ■
>
> 在需要单一语句的位置，如果一定要使用多个语句，可以把它们组合成复合语句（程序块）来实现。

用 {} 将一个语句括起来的复合语句，也会被看作是单一的语句。因此，代码清单 3-12 中的 **if** 语句，也可以像下面这样实现。

```
if (n1 > n2) {
    max = n1;
  } else {
    max = n2
  }
```

▶　像这样，**if** 控制的语句无论是单一语句还是复合语句，都必须用 { } 括起来。不会随着语句的增减而加上或去掉 { }。

　　　　但是在本书中，为了节约程序占用的空间，选择了尽量不使用
｛｝的写法。

*

　　到目前为止，所有的程序都是图 3-11 这样的形式。

　　图中白底部分，也就是 { 和 } 之间的部分，是复合语
句。大家注意到了吗？

　　虽然直到现在我们才第一次对复合语句进行说明，但
其实大家从最初的程序开始就已经一直在使用复合语句了。

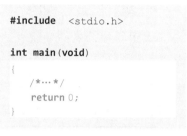

```
#include <stdio.h>

int main(void)
{
    /*...*/
    return 0;
}
```

图 3-11　程序中的复合语句

逻辑运算符

　　这次让我们来思考下面的问题。

　　显示出所输入的月份所处的季节。

　　也就是说，根据输入的整数月份，显示成下面这样。

▶　其中 X 是代表月份的数值。

> 显示形式如下所示。
>
> 　3，　4，　　5 ……　　X 月是春季
>
> 　6，　7，　　8 ……　　X 月是夏季
>
> 　9，10，　11 ……　　X 月是秋季
>
> 12，　1，　　2 ……　　X 月是冬季
>
> 其他　　　　　……　　X 月不存在！！

　　如果可以像代码清单 3-9 中的程序那样恰当地使用 **if... else if...** 语句，就可以实现这样
的功能。

　　程序如代码清单 3-17 所示。

*

　　这里使用的 **&&** 称为**逻辑与运算符**（logical AND operator）。

　　如图 3-12 **a** 所示，对使用该运算符的表达式 a **&&** b 进行判断，如果 a 和 b 的值都不为 0，
则结果为 1，否则结果为 0（结果的类型为 **int**）。大家可以把它理解为 a 并且 b。

▶　也就是说，把非 0 看作是"真"，把 0 看作是"假"。

    if 语句最开始的判断表达式为：*month* >= 3 && *month* <= 5。当 *month* 的值大于等于 3 并且小于等于 5 的时候，判断结果为 1，继续执行 "*printf* ("**%d** 月是春天。\n", *month*)；"这一语句。对夏天和秋天的判断也是如此。

a 逻辑与　　　若二者均不为0，则结果为1

a	*b*	*a* && *b*
非0	非0	1
非0	0	0
0	非0	0
0	0	0

b 逻辑或　　　只要有一方不为0，则结果就为1

a	*b*	*a* || *b*
非0	非0	1
非0	0	1
0	非0	1
0	0	0

图 3-12　逻辑与运算符和逻辑或运算符

    图中蓝色底纹部分是对冬天的判断。这里用到的 || 称为**逻辑或运算符**（logical OR operator）。

    如图 **b** 所示，对使用该运算符的表达式 *a*||*b* 进行判断，如果 *a* 和 *b* 都为 0，则表达式的结果为 0，否则结果为 1（结果的类型为 **int**）。大家可以把它理解为 *a* 或者 *b*。

▶　我们平时说到"我或者他会去"的时候，表示"我"和"他"中只有一个人会去。但是 || 运算符表达的却是有一个即可的意思，请大家特别注意。

chap03/list0317.c

代码清单 3-17

```
/*
    显示所输入的月份所处的季节
*/

#include <stdio.h>

int main(void)
{
    int  month;                /* 月 */

    printf("请输入月份：");
    scanf("%d", &month);

    if (month >= 3 && month <= 5)        ← 逻辑与运算符："且"的判断
        printf("%d 月是春季。\n", month);
    else if (month >= 6 && month <= 8)
        printf("%d 月是夏季。\n", month);
    else if (month >= 9 && month <= 11)  ← 逻辑或运算符："或"的判断
        printf("%d 月是秋季。\n", month);
    else if (month == 1 || month == 2 || month == 12)
        printf("%d 月是冬季。\n", month);
    else
        printf("%d 月不存在 !!\a\n", month);

    return 0;
}
```

运 行 结 果 1

请输入月份：5 ⏎
5 月是春天。

运 行 结 果 2

请输入月份：8 ⏎
8 月是夏天。

一般情况下，正如加法运算表达式 a+b+c 会被视为（a+b）+c 一样，逻辑表达式 a||b||c 也会被视为（a||b）||c。因此，只要 a、b、c 中有一个不为 0，a||b||c 的判断结果就为 1。

▶ 比如，当 month 为 2 时，表达式 month == 1||month == 2 的判断结果为 1。

因此，蓝色底纹部分就变为了计算 1 和 month == 12 的逻辑或的结果的 1||month == 12 运算。因为操作数为 1，不为 0，所以其结果也为 1。

逻辑与运算符和逻辑或运算符总称为**逻辑运算符**（表 3-4）。第 7 章将要学习的 **&** 和 **|** 运算符和逻辑运算符非常相似，注意不要混淆。

■ 表 3-4 逻辑运算符

| 逻辑与运算符 | a && b | 如果 a 和 b 都不为 0，则表达式的结果为 1，否则结果为 0（结果的类型为 **int**） |
| 逻辑或运算符 | a \|\| b | 如果 a 和 b 中有一个不为 0，则表达式的结果为 1，否则结果为 0（结果的类型为 **int**） |

▶ **&&** 运算符在 a 的判断结果为 0 时不会对 b 进行判断。而 **||** 运算符则相反，当 a 的判断结果不为 0 时不会对 b 进行判断。

以上这种情况称为短路求值。下一小节我们就来对其进行介绍。

另外，关于本程序的另一种理解方法，请参考本章最后的总结。

短路求值

if 语句首先进行的是判断季节是否为"春季"。这里假设变量 month 的值为 2，我们来判断下述表达式。

> month >= 3 **&&** month <= 5

左操作数 month >= 3 的判断结果为 0。这样的话即使不判断右操作数 month <= 5，整个表达式的判断结果也显然为 0（不是春季）。

也就是说，**&&** 运算符在左操作数的判断结果为 0 时不对右操作数进行判断。

|| 运算符怎样呢？这里我们结合下面这个判断季节是否是"冬季"的表达式来看。

> month == 1 **||** month == 2 **||** month == 12

如果 month 为 1，则根本不用判断 month 为 2 月或 12 月的情况，整个表达式的判断结果就为 1（是冬季）。

也就是说，**||** 运算符在左操作数的判断结果不为 0 时不会对右操作数进行判断。

▶ 假设 *month* 为 1。对于表达式 *month* == 1||*month* == 2，因为左操作数为 1，不为 0，所以不用对右操作数进行判断，也可知该表达式的判断结果为 1。因此，对"是否是冬季"进行判断的表达式整体就变成了计算 1 和 *month* == 12 的逻辑或的表达式 1||*month* == 12。在这个表达式中，因为左操作数为 1，不为 0，所以不用对右操作数进行判断，也可知表达式的判断结果为 1。

像这样，在仅根据左操作数的判断结果就可知逻辑表达式的判断结果的情况下，不会对右操作数进行判断，这就称为**短路求值**（short circuit evaluation）。

■ **注 意** ■

在逻辑与运算符 **&&** 和逻辑或运算符 **||** 的判断中会进行短路求值（根据左操作数的判断结果省略对右操作数的判断）。

● **练习 3-10**

编写一段程序，像右面这样输入三个整数，如果三个数都相等，则显示"三个值都相等"。如果其中任意两个值相等，则显示"有两个值相等"。如果上述两种情况都不满足，则显示"三个值各不相同"。

> 请输入三个整数。
> 整数A: 12 ⏎
> 整数B: 35 ⏎
> 整数C: 12 ⏎
> 有两个值相等。

● **练习 3-11**

编写一段程序，像右面这样输入两个整数，如果它们的差值小于等于 10，则显示"它们的差小于等于 10"。否则，显示"它们的差大于等于 11"。

请使用逻辑或运算符。

> 请输入两个整数。
> 整数A: 12 ⏎
> 整数B: 7 ⏎
> 它们的差小于等于10。

专题 3-2 容易出错的 if 语句

下面列举几个容易出错的 **if** 语句示例。

● **在括起控制表达式的) 后面加分号**

请看下面的 **if** 语句。

```
if (n > 0);
    printf ("值为正。\n");
```

若执行该 **if** 语句，无论 *n* 是什么值（正值、负值或 0），结果都会显示"值为正。"原因就在于（*n* > 0）后面的分号。

我们后面会讲到，只有一个分号的语句叫作空语句（执行空语句后什么也不会发生），因此可以像下面这样理解。

if (*n* > 0)

    ; ——————————————— 如果 n 为正则执行空语句（什么也不做的语句）。

printf ("值为正。\n"); ——————— 和 if 语句无关的语句。一定会执行。

● **判断相等性时使用 =**

请注意不要把判断相等性（是否相等）时使用的 == 运算符和 = 混淆。

　误 **if** (*a* = 0) 语句

　正 **if** (*a* == 0) 语句

在第一个错误的例子中，变量 *a* 会被赋值为 0。另外，不管 *a* 的值如何，该语句都不会被执行。

● **判断三个变量的相等性时使用 ==**

下面是判断变量 *a*、*b*、*c* 的值是否相等的例子。

　误 **if** (*a* == *b* == *c*)

　正 **if** (*a* == *b* **&&** *b* == *c*)

因为相等运算符 == 是双目运算符，所以 *a* == *b* == *c* 不能实现对三个变量的判断。

● **两个条件的判断不使用 && 或 ‖**

和上一个例子的情况一样。例如，下面是判断变量 *a* 是否大于等于 3 小于等于 5 的例子。

　误 **if** (3 **<=** *a* **<=** 5)

　正 **if** (*a* **>=** 3 **&&** *a* **<=** 5)

● **使用以 bit 为单位的逻辑运算符代替逻辑运算符**

和上个例子一样，下面也是判断变量 *a* 是否大于等于 3 小于等于 5 的例子。

　误 **if** (*a* **>=** 3 **&** *a* **<=** 5)

　正 **if** (*a* **>=** 3 **&&** *a* **<=** 5)

逻辑运算中使用的是 **&&** 或 **‖** 运算符。请注意不要和 **&**、**‖** 混淆，它们是不同的（关于 **&** 和 **‖** 的详情请参考第 7 章）。

3-2　switch语句

if 语句会根据对某个条件的判断结果，将程序的流程分为两支。而本节将要介绍的 **switch** 语句，则会将程序分为多个分支。

switch 语句和 break 语句

显示输入的整数除以 3 所得余数的程序如代码清单 3-18 所示。

chap03/list0318.c

代码清单 3-18

```
/*
    显示所输入的整数除以 3 的余数
*/

#include <stdio.h>

int main(void)
{
    int  no;

    printf("请输入一个整数:");
    scanf("%d", &no);

    if (no % 3 == 0)
        puts("该数能被 3 整除。");
    else if (no % 3 == 1)
        puts("该数除以 3 的余数是 1。");
    else
        puts("该数除以 3 的余数是 2。");

    return 0;
}
```

再次执行已经执行过一次的除法。

运行结果 **1**

请输入一个整数: 6 ↵
该数能被 3 整除。

运行结果 **2**

请输入一个整数: 38 ↵
该数除以 3 的余数是 2。

本程序中使用了两次计算 *no* 除以 3 的余数的表达式 *no* % 3，多次输入同一个表达式，容易造成输入错误。不仅如此，同一个除法执行两次也会使程序略显冗长。

▶ 例如，假设 *no* 为 5，可以确定第一个 *no* % 3 的结果为 2，不等于 0；而第二个 *no* % 3 的结果为 2，也不等于 1。

通过某一单一表达式的值，将程序分为多个分支的时候，可以使用 **switch** 语句，这样能让程序更简洁。

*

switch 语句的语法结构如图 3-13 所示，括号内的控制表达式必须是整数类型。

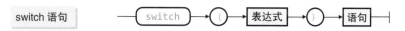

图 3-13 switch 语句的结构图

使用 **switch** 语句修改后的程序如代码清单 3-19 所示。

代码清单 3-19   chap03/list0319.c

```
/*
    显示所输入的整数除以 3 的余数（switch 语句）
*/

#include  <stdio.h>

int main(void)
{
    int  no;

    printf("请输入一个整数:");
    scanf("%d", &no);

    switch(no % 3){
     case 0 : puts("该数能被 3 整除。");            break;
     case 1 : puts("该数除以 3 的余数是 1。");        break;
     case 2 : puts("该数除以 3 的余数是 2。");        break;
    }

    return 0;
}
```

运 行 结 果 **1**

请输入一个整数: 37 ⏎
该数除以 3 的余数是 1。

—— 此处的空格可以省略。
—— 此处的空格不可省略（否则会被认为是 case2）。

如果 *no* **%** 3 的值为 1，则程序会转向"**case** 1 **:**"（图 3-14）。

```
switch (no % 3){
 case 0 : puts("该数能被3整除。");            break;
 case 1 : puts("该数除以3的余数是1。"); ——▶break;
 case 2 : puts("该数除以3的余数是2。");        break;
}
```

脱离switch语句!

图 3-14 代码清单 3-19 中程序的流程

像"**case** 1 **:**"这样用来表示程序跳转的标识称为**标签**（label）。

▶ 1和:之间有没有空格都可以。但是 **case** 和 1 之间必须有空格，不可不加空格写成 **case**1。

标签的值必须为常量，不可为变量。另外，不允许多个标签同为一个值。程序跳到该标签后，会按顺序执行其后的语句，因此画面中会显示"该数除以 3 的余数是 1。"。

当程序执行到结构图如图 3-15 所示的 **break** 语句（break statement）时，**switch** 语句执行结束。

图 3-15　break 语句的结构图

break 有"打破""脱离"之意。执行 **break** 语句之后，程序就会跳出将它围起来的
switch 语句。

复杂的 switch 语句

代码清单 3-20 中的 **switch** 语句比较复杂。下面我们就以该程序为例，来加深对 **switch**
语句中的标签和 **break** 语句的动作的理解。

chap03/list0320.c

代码清单 3-20

```c
/*
    确认 switch 语句动作的程序
*/

#include <stdio.h>

int main(void)
{
    int sw;

    printf(" 整数：");
    scanf("%d", &sw);

    switch (sw) {
     case 1  : puts("A");         puts("B");          break;
     case 2  : puts("C");
     case 5  : puts("D");         break;
     case 6  :
     case 7  : puts("E");         break;
     default : puts("F");         break;
    }

    return 0;
}
```

注意没有 break 语句。

运行结果 1
整数：1⏎
A
B

运行结果 2
整数：2⏎
C
D

运行结果 3
整数：3⏎
F

运行结果 4
整数：5⏎
D

运行结果 5
整数：6⏎
E

当控制表达式的判断结果与任何一个 **case** 都不一致的时候，程序就会跳转到"**default** ："
继续执行。

因此，本程序的执行流程就如图 3-16 所示。

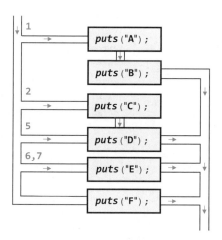

图 3-16　switch 语句的流程

如该图所示，在没有 **break** 语句的时候，程序会"落到"下一条语句上。

▶　如果改变本程序 **switch** 语句中标签的顺序，程序的执行结果也会发生改变，所以在使用 **switch** 语句的时候，一定要正确书写标签的顺序。

下图所示为根据变量 *sw* 的值改变颜色名称的 **switch** 语句。如果 *sw* 的值为 4，使其显示"黑色"。为此，仅添加"**case 4** ：*printf*("黑色")；"是不够的。因为必须在"**case 3** ："的末尾加上 **break** 语句。

```
switch (sw) {
  case 1 : printf("红色"); break;
  case 2 : printf("蓝色"); break;
  case 3 : printf("白色");
}
```

switch 语句和 if 语句

请大家看一下如下方左侧所示的 **if** 语句。能实现同样功能的 **switch** 语句如下方右侧所示。

如果在最后一个 **case** 的末尾也加上 **break** 语句的话，就可以灵活应对 **case** 的增加或删除了。

```
if (p == 1)
    c = 3;
else if (p == 2)
    c = 5;
else if (p == 3)
    c = 7;
else if (q == 4)
    c = 9;
```

```
/* 对左侧的 if 语句进行修改的 switch 语句 */
switch (p) {
case 1  : c = 3;  break;
case 2  : c = 5;  break;
case 3  : c = 7;  break;
default : if (q == 4) c = 9;
}
```

首先来看一下 **if** 语句。前三个 **if** 语句会对 p 的值进行判断，最后一个 **if** 语句会对 q 的值进行判断。当 p 不是 1、2、3 中的任何一个，并且 q 的值为 4 的时候，变量 c 会被赋值为 9。

对于连续的 **if** 语句来说，实现分支操作的比较对象并不仅仅限于单一的表达式。肯定会有人把 **if** 语句的最后一个判断看成 **if**（p == 4）或者在书写的时候写成 **if**（p == 4）。

从这个方面来看，**switch** 语句的格式更加清晰，阅读程序的人就很少会遇到上述问题。

■ 注 意 ■

通过**单一表达式**来控制程序流程分支的时候，使用 **switch** 语句的效果通常要比使用 **if** 语句的更好。

选择语句

本章学习的 **if** 语句和 **switch** 语句，都是用来实现程序流程的选择性分支的，因此统称为**选择语句**（selection statement）。

● 练习 3-12

对代码清单 3-4 中的程序进行修改，不使用 **if** 语句，而是改用 **switch** 语句来实现。

● 练习 3-13

对代码清单 3-17 中的程序进行修改，不使用 **if** 语句，而是改用 **switch** 语句来实现。

总结

- 程序执行时会对表达式进行判断。对表达式进行判断后会得到表达式的类型和值。

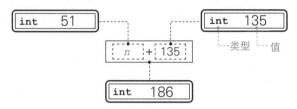

- 对左右操作数的相等性进行判断的是相等运算符 **==** 和 **!=**。前者判断二者是否相等，后者判断二者是否不相等。无论是哪一个，当判断成立时结果都为 **int** 类型的 1，否则就为 0。

- 对左右操作数的大小关系进行判断的是关系运算符 **<**、**>**、**<=**、**>=**。
  无论是哪一个，当判断成立时结果都为 **int** 类型的 1，否则就为 0。

- 对左右操作数进行逻辑与（若二者都为真则结果为真）和逻辑或（只要一方为真则结果就为真）的逻辑运算的是逻辑与运算符 **&&** 和逻辑或运算符 **||**。
  无论是哪一个，当判断成立时结果都为 **int** 类型的 1，否则就为 0。

- 逻辑或运算符会进行短路求值，所以如果左操作数的判断结果为 1，则不对右操作数进行判断（这是因为即使不判断，表达式的判断结果也显然为真）。

- 如果仅在某条件成立时（控制表达式的判断结果不为 0 时）进行处理的话，则使用不带 **else** 的 **if** 语句；而如果是根据某条件成立与否进行不同的处理的话，则使用带 **else** 的 **if** 语句。

- 在需要单一语句的位置，如果一定要使用多个语句，可以把它们组合成复合语句（程序块）来实现。

- 使用条件运算符 **?:** 就可以将 **if** 语句的功能凝缩在一个单一语句中。根据第 1 个操作数的判断结果，只对第 2、第 3 个操作数中的一个进行判断。

  ```
  min = a < b ? a : b;      /* 将 a 和 b 中较小的一个赋值给 min */
  ```

- 根据某一整数类型的单一表达式的值，需要将程序分为多个分支的时候，可以使用 **switch** 语句。根据判断结果，程序会跳转到（整数类型的常量指定的）相应的标签处。如果没有相应的标签，程序则会跳转到 **default** 处。

- 在 **switch** 语句中，**break** 语句执行后，**switch** 语句便执行结束。如果没有 **break** 语句，程序将落到下一条语句上。

- **if** 语句和 **switch** 语句统称为选择语句。

3

● if 语句

```
if (表达式)
    语句
```

若表达式的判断结果不为0，则执行语句。

控制表达式

表达式 — 0
非0
语句

● if 语句（有else部分）

```
if (表达式)
    语句₁
else
    语句₂
```

若表达式的判断结果不为0，则执行语句₁；若为0，则执行语句₂。

表达式 — 0
非0
语句₁　语句₂

● switch语句

```
switch (条件) {
  case 0 : 语句₁ 语句₂ break;
  case 4 : 语句₃
  case 6 : 语句₄ break;
  case 8 :
  case 9 : 语句₅ break;
  default: 语句₆ break;
}
```

break语句
……执行后，switch语句执行结束。

表达式

根据表达式的判断结果跳转到相应的标签。

0　语句₁
语句₂
4　语句₃
6　语句₄
8,9　语句₅
语句₆

● 复合语句（程序块）

```
{声明 声明 语句 语句 …}
```

用{ }将0个以上的声明和0个以上的语句括起来。

chap03/summary1.c

```
if (month < 1 || month > 12)
    printf("%d 月不存在 !!\a\n", month);
else if (month <= 2 || month == 12)
    printf("%d 月是冬季。\n", month);
else if (month >= 9)
    printf("%d 月是秋季。\n", month);
else if (month >= 6)
    printf("%d 月是夏季。\n", month);
else
    printf("%d 月是春季。\n", month);
```

chap03/summary2.c

```
switch (sw) {
  case 1 : printf("红色");  break;
  case 2 : printf("蓝色");  break;
  case 3 : printf("白色");  break;
}
```

chap03/summary3.c

```
if (n1 > n2){
    printf("较大的数是 n1。\n");
    printf("它们的差是 %d。\n", n1 - n2 );
} else {
    printf("较大的数是 n2。\n");
    printf("它们的差是 %d。\n", n2 - n1 );
}
```

此处只显示了一部分代码。
完整的代码请从图灵社区下载。
※其他章节也一样。

第4章
程序的循环控制

　　人生就是日复一日地不断重复，既有相同的事情，也有相似的事情，却无论如何也无法回到最初。要想在生活的每一刻都能有新的发现，恐怕只是一个美好的愿望。

　　本章将会为大家介绍程序中的重复流程——循环。

4-1 do 语句

C 语言中提供了 3 种循环执行程序语句。首先我们来看一下 **do** 语句。

do 语句

首先我们对上一章介绍的代码清单 3-4 中的程序（显示出输入的整数是奇数还是偶数）进行如下修改。

> 输入一个整数，显示出它是奇数还是偶数。然后询问是否重复同样的操作，并按要求进行处理。

修改之后，无需重新启动，我们就可以按照自己的意愿循环执行该程序了。修改后的程序如代码清单 4-1 所示。

chap04/list0401.c

代码清单 4-1

```
/*
     输入的整数是奇数还是偶数呢（按照自己的意愿进行循环操作）
*/

#include <stdio.h>

int main(void)
{
    int retry;      /* 要继续吗 */

    do {
        int no;

        printf("请输入一个整数:");
        scanf("%d", &no);

        if (no % 2)
            puts("这个整数是奇数。");
        else
            puts("这个整数是偶数。");      ── 和代码清单 3-4 一样

        printf("要重复一次吗? 【Yes…0 / No…9】:");
        scanf("%d", &retry);
    } while (retry == 0);

    return 0;
}
```

运 行 结 果
请输入一个整数: 17 ⏎
这个整数是奇数。
要重复一次吗? 【Yes…0/No…9】: 0 ⏎
请输入一个整数: 36 ⏎
这个整数是偶数。
要重复一次吗? 【Yes…0/No…9】: 9 ⏎

程序中灰底部分可以按照自己的意愿任意循环执行，这就是 **do 语句**（do statement），其结构图如图 4-1 所示。

图 4-1 do 语句的结构图

do 是 "执行" 的意思，while 是 "在⋯⋯期间" 的意思。根据 **do** 语句的处理流程，只要
（）中的表达式（控制表达式）的判断结果不是 0，语句就会循环执行。也就是说，程序的执行
流程如图 4-2 所示。

另外，**do** 语句循环的对象语句称为 **循环体**（loop body）。

▶ 今后将要学习的 **while** 语句和 **for** 语句所循环的语句也称为循环体。

本程序中 **do** 语句的循环体是 { 和 } 之间的复合语句（程序块）。

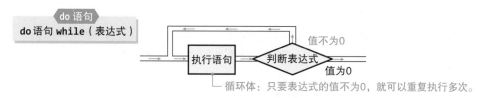

图 4-2 do 语句的处理流程

本程序的情况下，如果读取到的变量 $retry$ 的值为 0，那么控制表达式 $retry == 0$ 的判
断结果就为 1。因为 1 不等于 0，所以身为复合语句的循环
体会再次执行（图 4-3）。

▶ 也就是说，判断结果不为 0 的话，程序会返回到复合语句的开
头，然后重新执行复合语句。

如果读取到的变量 $retry$ 的值不为 0，那么控制表达
式 $retry == 0$ 的判断结果就为 0，**do** 语句就结束了。

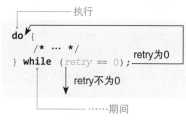

图 4-3 本程序中的 do 语句

复合语句（程序块）中的声明

上例中的变量 no 是在 **do** 语句中的复合语句部分进行声明的。需要注意的是，仅在复合语
句中使用的变量通常要在复合语句中进行声明。

■ 注 意 ■

仅在复合语句中使用的变量要在该复合语句中进行声明。

▶ 复合语句是由 { 0 个以上的声明 0 个以上的语句 } 组成的（请参考第 3 章）。

读取一定范围内的值

使用 **do** 语句的话，从键盘读取的数值是有限制的。代码清单 4-2 就是一个程序示例。

代码清单 4-2　　　　　　　　　　　　　　　　　　　　　　　chap04/list0402.c

```
/*
    根据读取的整数值显示所出的拳（只接收 0、1、2）
*/

#include <stdio.h>

int main(void)
{
    int hand;    /* 出拳 */
    do {
        printf("请选择出什么拳【0…石头 /1…剪刀 /2…布】:");
        scanf("%d", &hand);
    } while (hand < 0 || hand > 2);

    printf ("你选择了");
    switch (hand) {
     case 0: printf("石头。\n");    break;
     case 1: printf("剪刀。\n");    break;
     case 2: printf("布。\n");    break;
    }

    return 0;
}
```

运 行 结 果
请选择出什么拳【0…石头 /1…剪刀 /2…布】: 3 ↵
请选择出什么拳【0…石头 /1…剪刀 /2…布】: −2 ↵
请选择出什么拳【0…石头 /1…剪刀 /2…布】: 1 ↵
你选择了剪刀。

chap04/list0402a.c
或者 ! (hand >= 0 && hand <= 2)

hand 的值为 0、1、2 中的一个。

首先来执行一下。如果读取的数值是 0、1、2 这些"合法的值"，就会显示"石头""剪刀""布"。而如果输入 3 或 −2 这样"非法的值"，就会提醒你再次输入。

然后我们来看一下判断 **do** 语句的循环是否继续的控制表达式（蓝色底纹部分）。

> hand < 0 || hand > 2　　　　/* hand 小于 0 或 hand 大于 2 */

如果变量 hand 的值为非法值（比 0 小或者比 2 大，即除 0、1、2 之外的非法值，比如 3 或 −2），那么该判断成立（控制表达式的判断结果为 **int** 类型的 1）。于是作为循环体的复合语句会再次执行，并显示如下信息。

请选择出什么拳【0…石头 /1…剪刀 /2…布】

提醒你进行输入。

如果 hand 的值是 0、1、2 中的一个，则 **do** 语句执行结束。换句话说，**do** 语句执行结束时，hand 的值一定是 0、1、2 中的一个。

▶ **do** 语句后面的 **switch** 语句会根据变量 **hand** 的值显示所出的拳。

逻辑非运算符·德摩根定律

do 语句的循环条件，其意思就是"如果 *hand* 不是合法值（大于等于 0 小于等于 2）……"，即代码清单 4-2 中"或者"处的表达式。将 **do** 语句的控制表达式替换为"或者"处的表达式，程序的执行结果也是一样的。

▶　使用"或者"处的表达式的程序也包含在下载文件中。文件名的最后会加上一个 a（本程序的情况下就是 list0402a.c）。

被称为**逻辑非运算符**（logical negation operator）的 ! 运算符是判断操作数是否等于 0 的单目运算符，如表 4-1 所示。

■　表 4-1　逻辑非运算符

逻辑非运算符	! *a*	当 *a* 的值是 0 的时候值为 1，当 *a* 的值不是 0 的时候值为 0（它的结果是 **int** 类型）

德摩根定律

对各条件取非，然后将逻辑与变为逻辑或、逻辑或变为逻辑与，然后再取其否定，结果和原条件一样。这称为**德摩根定律**（De Morgan's theorem）。该定律一般表示为下面这样。

　　x **&&** *y* 和 **!**(**!***x* **||** **!***y*) 相等。

　　x **||** *y* 和 **!**(**!***x* **&&** **!***y*) 相等。

如图 4-4 **a** 所示，表达式 **1** 是循环继续执行的**继续条件**。

另一方面，如图 **b** 所示，使用逻辑非运算符 **!** 对其进行改写的表达式 **2**，是结束循环的**终止条件的否定**。

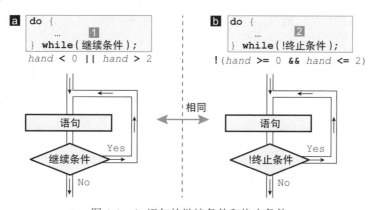

图 4-4　do 语句的继续条件和终止条件

求多个整数的和及平均值

请考虑下面这个问题。

不停地输入整数，显示其和及平均值。

该程序如代码清单 4-3 所示。

代码清单 4-3

```
/*
      不停地输入整数，显示其和及平均值
*/
#include <stdio.h>

int  main(void)
{
      int sum = 0;          /* 和 */
      int cnt = 0;          /* 整数个数 */
      int retry;            /* 是否继续处理 */

      do {
          int t;

          printf("请输入一个整数 :");
          scanf("%d", &t) ;
          sum = sum + t;       /* 将 sum 加 t 的结果赋值给 sum（sum 加 t）*/
          cnt = cnt + 1;       /* 将 cnt 加 1 的结果赋值 cnt（cnt 加 1）*/

          printf("是否继续？ <Yes…0/No…9>:");
          scanf("%d", &retry);
      } while (retry == 0);

      printf(" 和为 %d，平均值为 %.2f。\n", sum, (double)sum / cnt);

      return 0;
}
```

运 行 结 果

```
请输入一个整数: 21 ⏎
是否继续？ <Yes…0/No…9>: 0 ⏎
请输入一个整数: 7 ⏎
是否继续？ <Yes…0/No…9>: 0 ⏎
请输入一个整数: 23 ⏎
是否继续？ <Yes…0/No…9>: 0 ⏎
请输入一个整数: 12 ⏎
是否继续？ <Yes…0/No…9>: 9 ⏎
和为63，平均值为15.75。
```

—— 小数部分显示两位。   —— 类型转换表达式。

该程序中的 **do** 语句的结构和代码清单 4-1 相同。也就是说，只要变量 *retry* 的值为 0，就继续进行循环。

下面就让我们结合运行结果和图 4-5，来看一下求和的过程。

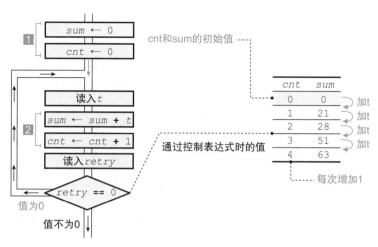

图 4-5　求和的程序流程

1 准备（初始化和及个数）

首先进行求和的准备工作。假设变量 *cnt* 存储着读取的整数值的个数，变量 *sum* 存储着整数值的和，它们的初始值均为 0。

2 更新和及个数

在循环体中，首先为变量 *t* 读入整数值。之后执行以下赋值。

> *sum* = *sum* + *t*;

即 "将 *sum* 加 *t* 的结果赋值给 *sum*"，因此 *sum* 会被赋值为 0 + 21 = 21。

接下来的赋值也是同样的形式，相信大家都能够理解。

> *cnt* = *cnt* + 1;

这样一来，*cnt* 的值就会加 1，从而变为 1。

接着，因为变量 *retry* 中读入的值为 0，所以会再次执行循环体。下面来考虑第二次的循环。将整数 7 读入到 *t* 后，

> *sum* = *sum* + *t*;

sum 会被赋值为 21 + 7 = 28。另外，

> *cnt* = *cnt* + 1;

根据上式，*cnt* 的值将加 1，从而变为 2。

只要 *retry* 中读入的值为 0，上述处理就会一直循环进行。

执行示例中共进行了 4 次循环。不断地加上从键盘输入的 *t* 的值，并将和存储在变量 *sum*

中。另外，每进行一次循环，变量 *cnt* 的值就加 1，其中存储着读入的数值个数。

● 练习 4-1

　　代码清单 3-9 是判断所输入的整数值的符号的程序，请将其改写为可以将输入·显示这一过程循环任意次。

● 练习 4-2

　　编写一段程序，像右面这样读取两个整数的值，然后计算出它们之间所有整数的和。

> 请输入两个整数。
> 整数 a：37 ↵
> 整数 b：28 ↵
> 大于等于28小于等于37的所有整数的和是325。

复合赋值运算符

　　下面我们对上一节中的程序稍加改造，如代码清单 4-4 所示。

　　1 处使用的 **+=** 称为**复合赋值运算符**（compound assignment operator）。如图 4-6 所示，这是一个同时进行加法运算 **+** 和赋值 **=** 的运算符。

几乎相同
> *sum = sum + t*　/* 将*sum*加*t*的结果赋值给*sum* */
> *sum += t*　　　　/* *sum*加*t* */
> 好处：减少输入次数（变量名sum只需输入一次即可）
> 能够更加简洁地显示所进行的运算。

图 4-6　使用复合赋值运算符进行加法运算

　　包括 **+=** 在内，复合赋值运算符一共有 10 个。如表 4-2 所示，对于 *****、**/**、**%**、**+**、**-**、**<<**、**>>**、**&**、**^**、**|** 这些运算符来说，*a* **@=** *b* 和 *a* = *a* **@** *b*[①] 的效果是一样的。运算符 **<<**、**>>**、**&**、**^**、**|** 将会在第 7 章进行讲解。

---

① 这里的**@**指代前面提到的各种运算符。

代码清单 4-4 chap04/list0404.c

```c
/*
    不停地输入整数，显示其和及平均值（其2）
    ※ 使用复合赋值运算符和后置递增运算符
*/

#include <stdio.h>

int main(void)
{
    int sum = 0;              /* 和 */
    int cnt = 0;              /* 整数个数 */
    int retry;                /* 是否继续处理 */

    do {
        int t;

        printf("请输入一个整数:");
        scanf("%d", &t);
        sum += t;             /* sum 加 t */
        cnt++;                /* cnt 的值递增 */

        printf("是否继续? <Yes…0/No…9>:");
        scanf("%d", &retry);
    } while (retry == 0);

    printf("和为 %d, 平均值为 %.2f。\n", sum, (double)sum / cnt);

    return 0;
}
```

运 行 结 果

```
请输入一个整数：21⏎
是否继续？<Yes…0/No…9>：0⏎
请输入一个整数：7⏎
是否继续？<Yes…0/No…9>：0⏎
请输入一个整数：23⏎
是否继续？<Yes…0/No…9>：0⏎
请输入一个整数：12⏎
是否继续？<Yes…0/No…9>：9⏎
和为63，平均值为15.75。
```

■ 表 4-2　复合赋值运算符

| 复合赋值运算符 | $a @= b$ | 和 $a = a @ b$ 一样（只是对 a 的判断仅进行一次） @= 是这其中的一个： *= /= %= += -= <<= >>= &= ^= \|= |

后置递增运算符和后置递减运算符

②处使用的 **++** 是**后置递增运算符**（postfixed increment operator）（表 4-3）。使用该运算符的表达式 a**++**，能够使操作数的值仅增加 1。这种只增加 1 的情况，我们称之为**递增**。

■ 表 4-3　后置递增运算符和后置递减运算符

后置递增运算符	a**++**	使 a 的值增加 1（该表达式的值是增加前的值）
后置递减运算符	a**--**	使 a 的值减少 1（该表达式的值是减小前的值）

如上表所示，使操作数的值减 1（递减）的 **--** 运算符是**后置递减运算符**（postfixed decrement operator）。

▶　之后会给大家介绍后置递减运算符的应用示例。

这两个运算符的功能如图 4-7 所示。

几乎相同
```
a = a + 1   /* 将a加1的结果赋值给a */
a++         /* a的值递增（a加1）*/
```

几乎相同
```
a = a - 1   /* 将a减1的结果赋值给a */
a--         /* a的值递减（a减1）*/
```

图 4-7　后置递增运算符和后置递减运算符

由于复合赋值运算符和后置递增运算符、后置递减运算符在一般的数学计算中不会使用，因此可能会觉得比较难。但熟悉之后，其实是很简单的。

■ 注 意 ■

使用复合赋值运算符和后置递增运算符、后置递减运算符，能够使程序更简洁、更易读。

后置递增运算符和后置递减运算符的名称中之所以有"后置"二字，是因为 **++**、**--** 等运算符位于操作数的后面。

▶　将 **++**、**--** 置于操作数之前的前置递增运算符 **++** 和前置递减运算符，我们之后会进行介绍。

4-2 while语句

和上一节介绍的 **do** 语句不同，在循环体执行前对循环的继续条件进行判断的是 **while** 语句。

while 语句

输入一个整数值，显示出从它开始递减到 0 的每一个整数的程序如代码清单 4-5 所示。

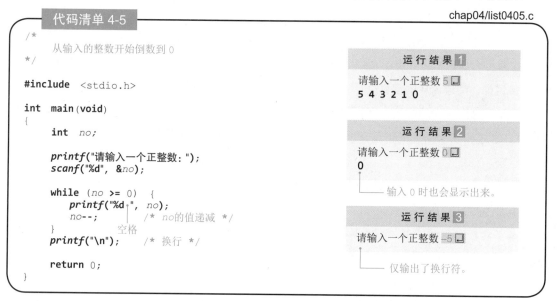

```c
/*
    从输入的整数开始倒数到 0
*/

#include <stdio.h>

int main(void)
{
    int no;

    printf("请输入一个正整数: ");
    scanf("%d", &no);

    while (no >= 0) {
        printf("%d", no);
        no--;           /* no的值递减 */
    }               空格
    printf("\n");       /* 换行 */

    return 0;
}
```

chap04/list0405.c

运行结果 1
请输入一个正整数5↵
5 4 3 2 1 0

运行结果 2
请输入一个正整数0↵
0
└── 输入 0 时也会显示出来。

运行结果 3
请输入一个正整数 -5↵
└── 仅输出了换行符。

这里为了实现递减而使用了 **while** 语句（while statement），其结构图如图 4-8 所示。

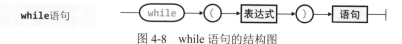

图 4-8　while 语句的结构图

while 语句会在表达式的值达到 0 之前循环执行其中的语句。程序的流程如图 4-9 所示。

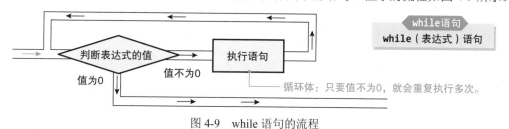

图 4-9　while 语句的流程

我们以 *no* 的值等于 5 为例，结合图 4-10 来分析一下程序的运行过程。

首先对控制表达式 *no* >= 0 的值进行判断，结果为 1，不为 0，所以循环体中的语句会被执行。先通过 ***printf*("%d ",** *no***)**; 语句在屏幕上显示出 5 （5 后面跟着一个空格）。接下来执行 *no*--; 语句，由于后置递减运算符的作用，*no* 的值递减为 4。

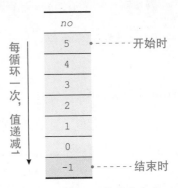
图 4-10 no 的值的变化

这样循环体就执行结束了，程序会再次回到控制表达式。

然后再对循环是否继续执行进行判断。由于表达式 *no* **>=** 0 仍然成立（判断结果为 1），因此循环体会被执行。于是屏幕上会显示出 4，并且 *no* 的值递减为 3。

像这样，通过循环的反复执行，*no* 的值会不断递减，并在屏幕上显示相应的数字。

当 *no* 的值为 0 的时候，在屏幕上显示出 0，接下来通过后置递减运算符使 *no* 的值递减为 –1。这之后判断循环是否继续执行的控制表达式 *no* **>=** 0 就不再成立了（判断结果为 0），循环结束。

需要注意的是，虽然最后显示在屏幕上的 *no* 的值是 0，但其实 **while** 语句结束的时候，它的值已经变成了 –1。

最初对控制表达式进行判断时，如果判断结果为 0，则循环体一次也不会执行。因此，如果 *no* 的值是负的话，**while** 语句就会被跳过。

另外，不管变量 *no* 的值如何，**while** 语句后面的 "***printf*("\n");**" 都会被执行，因此如果变量 *no* 的值为负，那么就会只输出换行符。

● 练习 4-3

　　对代码清单 4-5 中的程序进行修改，当输入的值为负数的时候不执行换行操作。

用递减运算符简化程序代码

下面让我们灵活运用后置递减运算符的特性进一步简化倒计数的程序，如代码清单 4-6 所示。

代码清单 4-6   chap04/list0406.c

```c
/*
    从输入的整数开始倒数到 0（其 2）
*/

#include <stdio.h>

int main(void)
{
    int no;

    printf("请输入一个正整数: ");
    scanf("%d", &no);

    while (no >= 0)
        printf("%d ", no--);          /* no 的值在显示之后递减 */

    printf("\n");                      /* 换行 */

    return 0;
}
```

运 行 结 果
请输入一个正整数: 11 ↵
11 10 9 8 7 6 5 4 3 2 1 0

让我们再仔细看一下表 4-3 中关于后置递增运算符和后置递减运算符的介绍。其中对于 *a--* 的说明是：使 *a* 的值减小 1（该表达式的值是减小前的值）。也就是说，对表达式 *a--* 进行判定的时候，它还是递减之前的值。例如，当 *no* 的值是 11 的时候，表达式 *no--* 的结果还是 *no* 的值 11，而不是 10（图 4-11）。

因此，调用 **printf** 函数显示 *no--* 的值的时候会按照如下步骤执行。

1 显示 *no* 的值。

2 然后对 *no* 的值进行递减操作。

也就是说，在显示 *no* 的值之后，立刻对其进行递减操作。

判断时得到的是递减前的值。

※假设no的值为11。

得到11后进行递减。

图 4-11　对后置递减运算表达式进行判断

● 练习 4-4

对代码清单 4-6 的程序进行修改，使其

- 递减到 1 而非递减到 0。
- 当输入的值小于 0 时，不进行换行。

数据递增

这次我们来编写一段跟之前的程序相反的程序，显示出从 0 开始递增到输入的整数的各个整数。程序如代码清单 4-7 所示。

chap04/list0407.c

代码清单 4-7

```
/*
    递增显示从 0 到输入的正整数为止的各个整数
*/

#include <stdio.h>

int main(void)
{
    int i, no;

    printf("请输入一个正整数: ");
    scanf("%d", &no);

    i = 0;
    while (i <= no)
        printf("%d ", i++);              /* i 的值在显示之后递增 */
    printf("\n");                         /* 换行 */

    return 0;
}
```

运 行 结 果
请输入一个正整数：12 ⏎
0 1 2 3 4 5 6 7 8 9 10 11 12

该程序与之前实现递减的程序最大的不同就是引入了一个新的变量 i。i 的值按照 $0, 1, 2, \cdots$ 的方式逐渐递增。

▶ 循环体最初被执行的时候，首先会显示 i 的值，即 0，然后 i 的值递增，变为 1（第二次显示 i 的值，即 1，然后 i 的值递增，变为 2）。

当显示出与 no 的值相同的数值之后，i 的值递增，变为比 no 的值大 1。这样 **while** 语句的循环就结束了。上述执行示例的情况下，屏幕上会一直显示到 12 为止，但变量 i 最终的值是 13。

● 练习 4-5

对代码清单 4-7 的程序进行如下修改。

· 从 1 开始递增。

· 输入的值小于 0 的时候不换行。

● 练习 4-6

编写一段程序，像右面这样按照升序显示出小于输入值的所有正偶数。

请输入一个整数：19 ⏎

2 4 6 8 10 12 14 16 18

● 练习 4-7

编写一段程序，像右面这样显示出小于输入的整数的所有 2 的乘方。

请输入一个整数：19 ⏎

2 4 8 16

限定次数的循环操作

输入一个整数后，并排连续显示出该整数个 *，具体的程序如代码清单 4-8 所示。

代码清单 4-8   chap04/list0408.c

```
/*
    输入一个整数，连续显示出该整数个 *
*/

#include <stdio.h>

int main(void)
{
    int no;

    printf("正整数:");
    scanf("%d", &no);

    while (no-- > 0)
        putchar('*');
    putchar('\n');

    return 0;
}
```

运 行 结 果 **1**

正整数：15 ⏎

****

运 行 结 果 **2**

正整数：0 ⏎

运 行 结 果 **3**

正整数：−5 ⏎

让我们以 *no* 的值等于 15 为例来考虑一下。首先，对 **while** 语句的控制表达式 *no--* > 0
进行判断。-- 是后置递减运算符，所以会对递减前的 *no* 的值是否大于 0 进行判断。因此该控
制表达式成立（判断结果为 **int** 类型的 1）。之后，*no* 的值递减，变为 14。

像这样，每当程序的流程经过控制表达式，*no* 的值都会递减。当它的值递减为 0 时，表达
式 *no--* > 0 的值第一次为 0，**while** 语句也就结束了。另外，由于在判断的时候变量 *no* 的值
会再次递减，因此 **while** 语句结束的时候 *no* 的值为 −1。

字符常量和 putchar 函数

在 **while** 语句执行的过程中，"*putchar*('*')；" 被执行；**while** 语句结束之后，
"*putchar*('\n')；" 被执行。像 '*' 和 '\n' 这样，用单引号 "'" 括起来的字符称为**字符常量**
（character constant）。字符常量是 **int** 类型。

字符常量 '*' 和字符串常量 "*" 的区别如下所示。

> 字符常量 '*'……表示单一的字符 *。
>
> 字符串常量 "*"……表示单纯由字符 * 构成的一连串连续排列的字符。

> ■ 注 意 ■
>
> 单一的字符使用 '*' 形式的字符常量来表示。

▶ 像 'ab' 这样在 '' 中写入多个字符也是可以的，但是需要编译器支持，所以还是希望大家尽量不要使用（由于 \n
和 \a 这样的转义字符是作为一个字符来使用的，因此没有关系）。

为了显示单一的字符，本程序中使用了 ***putchar*** 函数。（）中的实参，就是需要显示的字
符。本程序中的参数是 '*' 和 '\n'。后者会进行换行。

> ■ 注 意 ■
>
> 通过使用 ***putchar*** 函数，可以显示单一字符。

另一方面，以下代码（程序）都是错误的。

```
putchar("A");    /* 错误：传递给 putchar 的是字符。正确表述为 putchar('A');*/
printf('A');     /* 错误：传递给 printf 的是字符串。正确表述为 printf("A");*/
```

do 语句和 while 语句

执行代码清单 4-8 的程序，像运行结果 **2** 和 **3** 那样，输入 0 或负数。可以发现，无论是哪一种情况，**while** 语句都会被跳过，而仅进行换行。也就是说，一个 ***** 也不会显示出来，仅仅输出换行符。

例如，假设 *no* 的值为 -5，则 **while** 语句 *no-- > 0* 的判断结果为 0，因此循环体一次也不会执行。

这就是 **while** 语句的特征，和 **do** 语句有很大的不同。

■ **注 意** ■

do 语句的循环体至少会执行一次，而 **while** 语句的循环体则有可能一次也不会执行。

另外，在判断循环是否继续执行的时间方面，**do** 语句和 **while** 语句也完全不同。

a **do** 语句……先循环后判断：执行循环体之**后**进行判断。

b **while** 语句……先判断后循环：执行循环体之**前**进行判断。

▶ 下一节要讲的 **for** 语句，也属于先判断后循环的类型。

● **练习 4-8**

改写代码清单 4-8 的程序，当输入的值小于 1 时不输出换行符。

前置递增运算符和前置递减运算符

请大家阅读一下代码清单 4-9 中的程序。首先输入一个整数，然后再依次输入该整数个整数，显示出它们的合计值和平均值。

chap04/list0409.c

代码清单 4-9

```
/*
      输入规定个数个整数并显示出它们的合计值和平均值
*/

#include <stdio.h>

int main(void)
{
    int  i = 0;
    int  sum = 0;                  /* 合计值 */
    int  num, tmp;

    printf("要输入多少个整数:");
    scanf("%d", &num);

    while (i < num) {
        printf("No.%d:", ++i);   /* i 的值递增后显示 */
        scanf("%d", &tmp);
        sum += tmp;
    }

    printf("合计值: %d\n", sum);
    printf("平均值: %.2f\n", (double)sum / num);

    return 0;
}
```

```
运 行 结 果

要输入多少个整数: 6⏎

No.1: 65⏎

No.2: 23⏎

No.3: 47⏎

No.4: 9⏎

No.5: 153⏎

No.6: 777⏎

合计值: 1074

平均值: 179.00
```

　　蓝色底纹部分处使用了表 4-4 中介绍的**前置递增运算符**（prefixed increment operator）。当然也存在与之对应的**前置递减运算符**（prefixed decrement operator）。

■ 表 4-4　前置递增运算符和前置递减运算符

前置递增运算符	++a	使 a 的值增加1（该表达式的值是递增后的值）
前置递减运算符	--a	使 a 的值减少1（该表达式的值是递减后的值）

　　前置递增运算符的作用和后置递增运算符一样，都能使操作数自动增长。不过增长的时间点却有所不同。二者的对比见图 4-12。

　　蓝色底纹部分处显示 ++i 时，经过了以下两个步骤。

1 i 的值递增 1。

2 显示 i 的值。

　　也就是说，"在显示 i 的值之前递增"。因此，最初显示的 i 的值，是 0 递增后得到的 1。

a 前置递增运算表达式

得到递增后的值。

b 后置递增运算表达式

得到递增前的值。

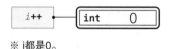

※ i都是0。

图 4-12　递增运算表达式的判断

■ **注 意** ■

对使用后置（前置）递增运算符／递减运算符的表达式进行判断后得到的是递增／递减前（后）的值。

do 语句的显示

因为 **do** 语句和 **while** 语句都使用关键词 **while**，所以有时便很难区分出程序中的 **while** 是 "**do** 语句的一部分" 还是 "**while** 语句的一部分"。

让我们参考着图 4-13 **a** 的代码来看一下。

▶　最初的 **while** 是 "**do** 语句的一部分"，第 2 个 **while** 是 "**while** 语句的一部分"。首先，变量 x 被赋值为 0。然后，在 **do** 语句的作用下，x 的值开始递增，直到变为 5。在接下来的 **while** 语句中，x 的值开始递减并显示。

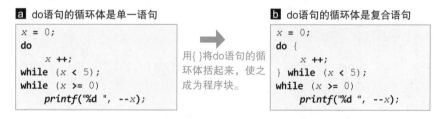

a do语句的循环体是单一语句

```
x = 0;
do
    x ++;
while (x < 5);
while (x >= 0)
    printf("%d ", --x);
```

用{ }将do语句的循环体括起来，使之成为程序块。

b do语句的循环体是复合语句

```
x = 0;
do {
    x ++;
} while (x < 5);
while (x >= 0)
    printf("%d ", --x);
```

图 4-13　do 语句和 while 语句

将 **do** 语句的循环对象——循环体用 { } 括起来，使之成为复合语句的程序如图 **b** 所示。让我们来看一下行的开头，这样就很容易区分了。

}while … 行的开头有 }　　→　**do** 语句的一部分

while … 行的开头没有 }　→　**while** 语句的一部分

据此我们可以得到以下经验。

■ 注 意 ■

　　do 语句的循环体，即使是单一语句，也可以用 {} 括起来使之成为复合语句（程序块），这样程序会更易读。

● 练习 4-9

　　编写一段程序，使之像右边这样交替显示 + 和 −，总个数等于所输入的整数值。另外，当输入 0 以下的整数时，则什么也不显示。

```
正整数：13□
+-+-+-+-+-+-+
```

● 练习 4-10

　　编写一段程序，使之像右边这样连续显示 *，总个数等于所输入的整数值。另外，当输入 0 以下的整数时，则什么也不显示。

```
正整数：3□
*
*
*
```

逆向显示整数值

我们来考虑一下下面这个问题。

　　输入一个非负整数，并进行逆向显示。

也就是说，当输入 1963 的时候，显示出的结果是 3691。当输入非正整数的时候，提示再次输入。程序如代码清单 4-10 所示。

　　第一个 **do** 语句的作用是将输入的值限定为正值。当循环结束的时候，*no* 的值肯定为正，即比 0 大。

　　while 语句的作用是将输入的整数逆向显示。假设 *no* 的值为 1963，则程序的流程如图 4-14 所示。

代码清单 4-10　　　　　　　　　　　　　　　　　　　　　chap04/list0410.c

```
/*
    逆向显示正整数
*/

#include <stdio.h>

int main(void)
{
    int no;

    do {
        printf("请输入一个正整数 :");
        scanf("%d" ,&no);
        if (no <= 0)
            puts("\a 请不要输入非正整数。");
    } while (no <= 0);

    /* no 比 0 大时 */
    printf ("该整数逆向显示的结果是 ");
    while (no > 0) {
        printf("%d", no % 10);      /* 显示最后一位数 */
        no /= 10;                   /* 右移一位 */
    }
    puts("。");

    return 0;
}
```

运 行 结 果 1

请输入一个正整数：-3 ⏎
♪请不要输入非正整数。
请输入一个正整数：1963 ⏎
该整数逆向显示的结果是 3691。

—— do 语句的作用是将输入的值限定为正整数。

首先，先求出 no % 10 的余数，也就是整数的最后一位数字，结果为 3。然后执行以下语句。

显示余数。

| no /= 10;

这里使用的 /= 是我们在 4-1 节中介绍的复合赋值运算符。因为在"整数 / 整数"的运算中，小数点以下会被省略，所以 no/10 的运算结果 196 会被赋值给 no。

由此可见，表达式 no /=10 的作用就是首先取出变量 no 的最后一位数字，然后将其他位的数字右移一位。

因为 no 的值 196 大于 0，所以会再次执行循环体。接下来显示 196 除以 10 的余数（即 1963 的倒数第二位数字），然后用 196 除以 10，变为 19。

用x除以10，直到变为0。

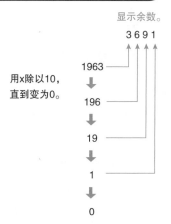

图 4-14　逆向显示十进制数

只要 no 大于 0，同样的处理就会循环执行，这样就完成了逆向显示的整个过程。

当 no 的值为 0 的时候，控制表达式 no > 0 不成立（判断结果为 0），**while** 语句也就执行结束了。

*

以上是利用复合赋值运算符的第二个程序。复合赋值运算符有以下优点。

● **能够简洁地表示要进行的运算**

比起"将 *no* 除以 10 的商赋值给 *no*","将 *no* 除以 10"更加简洁,而且这种表达也易于人们接受。

● **只需写一遍左边的变量名**

在变量名较长的情况下,或者在后面学习的使用数组和结构体的复杂的表达式中,使用复合赋值运算符能够减少输入错误,而且程序也更加易读。

● **左边的判断仅进行一次**

使用复合赋值运算符最大的好处就是**左边的判断仅进行一次**。在以后学习的程序中,该优点会更加明显。比如

```
computer.memory[vec[++i]] += 10;          /*首先使 i 递增,然后加 10 */
```

在上式中,*i* 的值仅递增一次。如果不使用复合赋值运算符来实现的话,就必须分为以下两条语句。

```
++i;                                                /* 首先使 i 递增 */
computer.memory[vec[i]] = computer.memory[vec[i]] + 10; /* 加 10 */
```

▶ 这里使用的 [ ] 运算符我们会在第 5 章学习,. 运算符会在第 12 章学习。

● **练习 4-11**

对代码清单 4-10 的程序进行修改,使其像右边这样在显示结果的同时显示输入的整数值。

> 请输入一个正整数:1963 ⏎
> 1963逆向显示的结果是3691。

● **练习 4-12**

编写一段程序,读取一个正整数,显示其位数。

※ 注意:代码清单 4-10 中 **while** 语句的循环次数和 *no* 的位数一致。

> 请输入一个正整数:1963 ⏎
> 1963的位数是4。

4-3　for语句

比起使用 **while** 语句，使用 **for** 语句实现循环会使程序更加简洁、易读。本节就来学习 **for** 语句。

for 语句

下面我们使用 **for** 语句（for statement）对代码清单 4-7 中的递增程序进行修改，详见代码清单 4-11。

代码清单 4-11　　　　　　　　　　　　　　　　　　　　　　chap04/list0411.c

```
/*
    递增显示从 0 到输入的正整数为止的各个整数（使用 for 语句）
*/

#include <stdio.h>

int main(void)
{
    int i, no;

    printf("请输入一个正整数：");
    scanf("%d", &no);

    for (i = 0; i <= no; i++)
        printf("%d ", i);
    putchar('\n');  /* 换行 */

    return 0;
}
```

```
运 行 结 果
请输入一个正整数：12 ⏎
0 1 2 3 4 5 6 7 8 9 10 11 12

/*--- 参考: List 4-7 ---*/
i = 0;
while (i <= no)
    printf ("%d ", i++);
printf("\n");
```

程序变得更加简洁了。**for** 语句的结构图如图 4-15 所示。**for** 语句后面的括号中由三部分构成，分别用分号隔开。

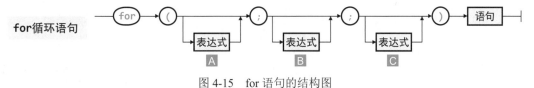

图 4-15　for 语句的结构图

for 语句的流程如图 4-16 所示，用语言表述的话，就像下面这样。

1 作为"预处理"，判断并执行 **A** 部分。

② 如果作为"继续条件"的B部分控制表达式不为 0，则执行语句（循环体）。

③ 执行语句后，判断并执行作为"收尾处理"或"下一个循环的准备处理"的C部分，返回到②。

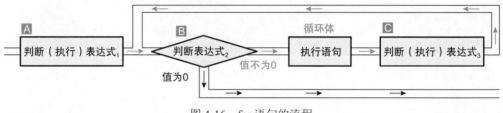

图 4-16　for 语句的流程

图 4-17 是 **for** 语句和 **while** 语句的对比。这里的 **for** 语句和 **while** 语句是等价的。

所有的 **for** 语句都可置换为 **while** 语句，所有的 **while** 语句也都可置换为 **for** 语句。

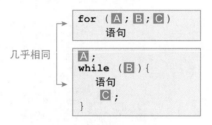

图 4-17　for 语句和 while 语句

关于 **for** 语句中的各表达式，有几点需要注意的地方。

A　预处理

表达式A仅在循环执行之前执行一次。当程序无需预处理的时候，该表达式可以省略。

B　控制表达式

表达式B是用来判定循环操作是否继续执行的表达式。如果该表达式成立(判断结果不为 0)，则执行循环体。

当省略表达式B的时候，通常认为控制表达式的值始终不为 0。因此，除非使用 5-3 节中介绍的 **break** 语句，否则该循环将成为永远执行的**无限循环**。

C　收尾处理

表达式C作为"收尾处理"或"下个循环的准备处理"，会在循环体执行后被判断、执行。

如果没有需要执行的内容，则该表达式可以省略。

▶ 下面是 **while** 语句的无限循环和 **for** 语句的无限循环的执行示例。

```
/* while 语句的无限循环 */          /* for 语句的无限循环 */
while (1)                          for (; ;)
    语句                              语句
```

使用 for 语句实现固定次数的循环

使用 **for** 语句对代码清单 4-8 中的程序进行修改，实现同样的功能（输入一个整数，并排连续显示出该整数个 *****）。程序如代码清单 4-12 所示。

代码清单 4-12   chap04/list0412.c

```
/*
    输入一个整数，连续显示出该整数个 * ( 使用 for 语句 )
*/

#include <stdio.h>

int main(void)
{
    int  i, no;

    printf("正整数: ");
    scanf("%d", &no);

    for (i = 1; i <= no; i++)
        putchar('*');
    putchar('\n');

    return 0;
}
```

```
          运 行 结 果
正整数: 15 ⏎
***************
```

```
/*--- 参考: List 4-8 ---*/
while (no-- > 0)
    putchar('*');
putchar('\n');
```

本程序中的 **for** 语句也可以替换为如下形式。需要注意的是，i 的初始值不同（0 或 1），控制表达式所使用的运算符也不相同（**<** 和 **<=**）。

```
for(i = 0; i < no; i++)
    putchar('*');
```

在使用了 **while** 语句的代码清单 4-8 的程序中，变量 no 的值发生了变化。在循环的过程中，no 的值一直递减。在 **while** 语句结束的时候，no 的值递减为 -1。

图 4-18 所示的 **while** 语句和 **for** 语句都执行了 n 次循环。

代码清单 4-9 是输入规定个数的整数值，并显示它们的合计值及平均值的程序。使用 **for** 语句对其进行修改，结果如代码清单 4-13 所示。

```
for (i = 0; i < n; i++)
    语句
```
循环结束时 i 的值为 n。n 的值不
发生变化。

```
while (n-- > 0)
    语句
```
循环结束时 n 的值为 –1。

```
for (i = 1; i <= n; i++)
    语句
```
循环结束时 i 的值为 n+1。n 的值
不发生变化。

```
while (--n >= 0)
    语句
```
循环结束时 n 的值为 –1。

图 4-18　执行 n 次循环的 for 语句和 while 语句

代码清单 4-13   chap04/list0413.c

```
/*
    输入规定个数个整数并显示出它们的合计值和平均值（使用 for 语句）
*/

#include <stdio.h>

int main(void)
{
    int  i = 0;
    int  sum = 0;                    /* 合计值 */
    int  num, tmp;

    printf("输入多少个整数：");
    scanf("%d", &num);

    for (i = 0; i < num; i++) {
        printf("No.%d:", i + 1);
        scanf("%d", &tmp);       └例 i 为 0 时显示 1。
        sum += tmp;
    }

    printf("合计值：%d\n", sum);
    printf("平均值：%.2f\n", (double)sum / num);

    return 0;
}
```

运 行 结 果

输入多少个整数：6 ⏎

No.1：65 ⏎

No.2：23 ⏎

No.3：47 ⏎

No.4：9 ⏎

No.5：153 ⏎

No.6：777 ⏎

合计值：1074

平均值：179.00

在计算机世界中，数值是从 0 开始递增的，即 0，1，2，…。而在我们的日常生活中，则一般是从 1 开始数数的，即 1，2，3，…。蓝色底纹部分的加法运算，就是对此进行的补正。

● 练习 4-13

编写一段程序，求 1 到 n 的和。n 的值从键盘输入。

n 的值：5 ⏎

1 到 5 的和为 15。

● 练习 4-14

　　编写一段程序，像右面这样根据输入的整数，循环显示 1234567890，显示的位数和输入的整数值相同。

请输入一个整数：25 ⏎

12345678901234567890123457

● 练习 4-15

　　编写一段程序，像右面这样显示出身高和标准体重的对照表。显示的身高范围和间隔由输入的整数值进行控制，标准体重精确到小数点后 2 位。

开始数值（cm）：155 ⏎
结束数值（cm）：190 ⏎
间隔数值（cm）：5 ⏎

155cm　**49.50**kg
160cm　**54.00**kg
…（以下省略）…

4

偶数的枚举

　　下面让我们编写一段程序，实现输入一个整数值，显示该整数值以下的正偶数，如 2，4，…，程序如代码清单 4-14 所示。

代码清单 4-14
chap04/list0414.c

```
/*
    显示输入的整数值以下的偶数
*/

#include <stdio.h>

int main(void)
{
    int i, n;

    printf("整数值：");
    scanf("%d",&n);

    for (i = 2; i <= n; i += 2)
        printf("%d", i);
    putchar('\n' );

    return 0;
}
```

运 行 结 果

整数值：15 ⏎

2 4 6 8 10 12 14

└── i 加 2。

　　for 语句的 i += 2 部分中使用了复合赋值运算符 +=，其作用是将右操作数的值加左操作数的值。

　　因为是将变量 i 加 2，所以每次循环时 i 的值都会加 2。

约数的枚举

下面让我们编写一段程序，实现输入一个整数值，显示该整数值的所有约数，程序如代码清单 4-15 所示。

chap04/list0415.c

代码清单 4-15

```
/*
    显示输入的整数值的所有约数
*/

#include <stdio.h>

int  main(void)
{
    int i, n;

    printf("整数值:");
    scanf("%d",&n);

    for (i = 1; i <= n; i ++)
      if(n % i == 0)
          printf("%d ", i);          ———约数的判断和显示。
    putchar('\n');

    return 0;
}
```

运 行 结 果
整数值: 12 ⏎
1 2 3 4 6 12

for 语句中，变量 i 的值是从 1 到 n 递增的。

如果 n 除以 i 的余数为 0（即 n 能被 i 整除），则判断 i 是 n 的约数，并显示它的值。

表达式语句和空语句

请看下面两行代码，感觉这段代码是要显示变量 n 个 '*****'。

```
for(i = 1; i <= n; i++);
    putchar('*');                    显示 1 个 '*'，而非 n 个。
```

但是，无论 n 是什么值，结果都只显示 1 个 '*****'。

原因在于 i**++**) 后面的分号。只包含一个分号的语句，称为**空语句**（null statement）。执行空语句什么也不会发生。也就是说，上面的代码可以像下面这样理解。

```
for(i = 1; i <= n; i++)      /* for 语句:执行 n 次空语句的循环体 */
    ;                        /*          循环体（空语句）       */
putchar('*');                /* 仅在 for 语句结束后执行一次的语句 */
```
———— 应该是输入错误产生的分号

当然，不仅是 **for** 语句，**while** 语句中也应该注意避免这样的错误。

■注 意■

注意不要在 **for** 语句和 **while** 语句的（）后放置空语句。

正如我们在第 1 章中学到的那样，原则上语句的末尾要加上分号（;）。例如，赋值表达式 $a = c + 5$ 后加上分号，就变成了语句。

像这样，在表达式的末尾加上分号组成的语句称为**表达式语句**（expression statement）。表达式语句的结构图如图 4-19 所示。

图 4-19　表达式语句的结构图

由该结构图可知，表达式是可以省略的。也就是说，即使没有表达式，仅有一个分号，也是表达式语句，即空语句。

循环语句

本章中学习的 **do** 语句、**while** 语句、**for** 语句，都是循环执行程序流程的语句。这样的语句统称为**循环语句**（iteration statement）。

● 练习 4-16

编写一段程序，输入一个整数值，显示该整数值以下的所有奇数。

整数值：15 ↵
1 3 5 7 9 11 13 15

● 练习 4-17

编写一段程序，像右边这样显示 1 到 n 的整数值的二次方。

n的值：3 ↵
1的二次方是1
2的二次方是4
3的二次方是9

● 练习 4-18

编写一段程序，输入一个整数值，显示该整数值个 '*'。每显示 5 个就进行换行。

```
显示多少个*：12
*****
*****
**
```

● 练习 4-19

编写一段程序，对代码清单 4-15 进行修改，在显示所输入的整数值的所有约数之后，显示约数的个数。

```
整数值：4
1
2
4
约数有3个。
```

4-4 多重循环

将循环语句的循环体作为循环语句，就可以进行二重、三重循环。这样的循环称为多重循环。本节就来学习多重循环。

二重循环

之前我们见到的程序中的循环，结构都比较简单。实际上，在一个循环中还可以嵌套另一个循环。根据所嵌套的循环的多少，有**二重循环**、**三重循环**等。它们统称为**多重循环**。

使用二重循环显示九九乘法表的程序如代码清单 4-16 所示。

chap04/list0416.c

代码清单 4-16

```
/*
    显示九九乘法表
*/

#include <stdio.h>

int main(void)
{
    int  i, j;

    for (i = 1; i <= 9; i++) {
        for (j = 1; j <= 9; j++)
            printf("%3d", i * j);
        putchar('\n');              /* 换行 */
    }

    return 0;
}
```

运 行 结 果								
1	2	3	4	5	6	7	8	9
2	4	6	8	10	12	14	16	18
3	6	9	12	15	18	21	24	27
4	8	12	16	20	24	28	32	36
5	10	15	20	25	30	35	40	45
6	12	18	24	30	36	42	48	54
7	14	21	28	35	42	49	56	63
8	16	24	32	40	46	56	64	72
9	18	27	36	45	54	63	72	81

外侧的 **for** 语句的作用是使变量 i 的值从 1 到 9 递增。其循环分别对应乘法表的第 1 行、第 2 行、……、第 9 行，即**纵方向的循环**（图 4-20）。

各行中执行的内侧的 **for** 语句的作用是使变量 j 的值从 1 到 9 递增，这是各行中的**横方向的循环**。

因此，这里的二重循环所进行的处理如下所示。

● 当 i 为 1 的时候：执行 j 从 1 递增到 9 的操作，按 3 位的宽度输出 1*j 并换行。

● 当 i 为 2 的时候：执行 j 从 1 递增到 9 的操作，按 3 位的宽度输出 2*j 并换行。

● 当 i 为 3 的时候：执行 j 从 1 递增到 9 的操作，按 3 位的宽度输出 3*j 并换行。

（中略）

● 当 i 为 9 的时候：执行 j 从 1 递增到 9 的操作，按 3 位的宽度输出 9*j 并换行。

将 i 的值从 1 递增到 9 的外侧循环共执行 9 次。

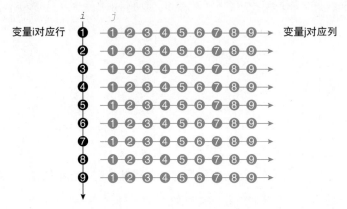

图 4-20　九九乘法表的程序中变量值的变化

在各循环中，变量 j 的值从 1 递增到 9 的内侧循环分别执行了 9 次。内侧循环结束后输出换行符。这是为前进到下一行所做的准备。

像这样，最终会输出 1 × 1 到 9 × 9 共 81 个数。

▶ 请注意格式说明符 %3d 要求所输出的数值 "（至少）应该为 3 位"。

用 break 语句强制结束循环

将本程序中的二重循环进行如下改写。这样一来，就会仅显示 40 以下的值。

```
for (i = 1; i <= 9; i++) {
    for (j = 1; j <= 9; j++) {
        int seki = i * j;
        if (seki > 40)
            break;
        printf("%3d", seki);
    {
    putchar('\n');        /* 换行 */
}
```

chap04/list0416a.c

```
1  2  3  4  5  6  7  8  9
2  4  6  8 10 12 14 16 18
3  6  9 12 15 18 21 24 27
4  8 12 16 20 24 28 32 36
5 10 15 20 25 30 35 40
6 12 18 24 30 36
7 14 21 28 35
8 16 24 32 40
9 18 27 36
```

蓝色底纹部分就是 **break** 语句。之前我们已经了解到在 **switch** 语句中执行 **break** 语句后，程序就会跳出 **switch** 语句。而在循环语句中执行 **break** 语句后，程序就会跳出循环。

然而，在多重循环中执行 **break** 语句时，仅仅会跳出内侧的循环语句（这里是变量 j 控制的 **for** 语句），而不会一下子也跳出外侧的循环语句（即变量 i 控制的 **for** 语句）。

在该程序中，当 i 和 j 的乘积超过 40 时，**break** 语句就会使程序跳出内侧的 **for** 语句。

显示图形

下面我们来显示长方形。代码清单 4-17 是通过 * 的横竖排列来显示长方形的程序。

代码清单 4-17　　　　　　　　　　　　　　　　　　　　chap04/list0417.c

```c
/*
    画一个长方形
*/

#include <stdio.h>

int main(void)
{
    int i, j;
    int height, width;

    puts("让我们来画一个长方形。");
    printf("高:");        scanf("%d", &height);
    printf("宽:");        scanf("%d", &width);

    for (i = 1; i <= height; i++) {       /* 长方形有 height 行 */
        for (j = 1; j <= width; j++)      /* 显示 width 个 '*' */
            putchar('*');
        putchar('\n');                    /* 换行 */
    }
    return 0;
}
```

運 行 結 果

让我们来画一个长方形。

高: 3 ⏎

宽: 7 ⏎

****
****
****

共计 height 行，每一行都显示出 width 个 *，这样就形成了一个长方形。

在画 heigth 为 3、width 为 7 的长方形的过程中，变量 i 和 j 的变化如图 4-21 所示。

变量i和j的变化

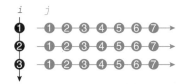

图 4-21　在画长方形的过程中变量的变化

接下来我们来编写显示等腰直角三角形的程序。

程序如代码清单 4-18 和代码清单 4-19 所示。前者直角在左下方，后者直角在右下方。二者都通过变量 len 控制直角三角形的层数。

在上述程序中，在画等腰直角三角形的过程中变量 i 和变量 j 的变化情况如图 4-22 所示。

直角在右下方的等腰直角三角形的程序比较复杂。**for** 语句中嵌套有两个 **for** 语句。这些 **for** 语句的作用如下所示。

- 灰底部分的 **for** 语句……显示空格 ' ' 的循环（显示 *len-i* 个）。
- 蓝底部分的 **for** 语句……显示符号 '*' 的循环（显示 *i* 个）。

代码清单 4-18   chap04/list0418.c

```
/*
     显示直角在左下方的等腰直角三角形
*/

#include <stdio.h>

int main(void)
{
    int i, j, len;

    puts("生成直角在左下方的等腰直角三角形。");
    printf("短边: ");
    scanf("%d", &len);

    for (i = 1; i <= len; i++) {      /* i行 (i = 1, 2, --- , len) */
        for (j = 1; j <= i; j++)      /* 每行显示i个'*' */
            putchar('*');
        putchar('\n');                /* 换行 */
    }

    return 0;
}
```

运 行 结 果
生成直角在左下方的等腰直角 三角形。 短边: 5⏎ * ** *** **** *****

代码清单 4-19   chap04/list0419.c

```
/*
     显示直角在右下方的等腰直角三角形
*/

#include <stdio.h>

int main(void)
{
    int i, j, len;

    puts("生成直角在右下方的等腰直角三角形。");
    printf("短边: ");
    scanf("%d", &len);

    for (i = 1; i <= len; i++) {        /* i行 (i = 1, 2, --- , len) */
        for (j = 1; j <= len-i; j++)    /* 每行显示len-i个' ' */
            putchar(' ');
        for (j = 1; j <= i; j++)        /* 每行显示i个'*' */
            putchar('*');
        putchar('\n');                  /* 换行 */
    }

    return 0;
}
```

运 行 结 果

生成直角在右下方的等腰直角
三角形。
短边: 5⏎
    *
   **
  ***
 ****
*****

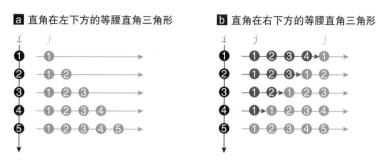

图 4-22　在画等腰直角三角形的过程中变量值的变化

多重循环

前面我们见到的多重循环，都是在 **for** 语句中嵌套 **for** 语句。其实 **do** 语句、**while** 语句和 **for** 语句，都可以通过嵌套结构实现**多重循环**。

程序示例如代码清单 4-20 所示。

代码清单 4-20 　　　　　　　　　　　　　　　　　　　　　chap04/list0420.c

```c
/*
    输入一个整数，显示该整数个 *（循环次数可任意指定）
*/

#include <stdio.h>

int main(void)
{
    int retry;

    do {      ← ※do 语句的结构和代码清单 4-1 相同。
        int i, no;

        do {
            printf("请输入一个正整数：");
            scanf("%d", &no);
            if (no <= 0)
                puts("\a请不要输入非正整数。");
        } while (no <= 0);
                                /* no 的值大于等于 0 */
        for (i = 1; i <= no; i++)
            putchar('*');
        putchar('\n');

        printf("是否继续执行？【Yes…0/No…9】:");
        scanf("%d", &retry);
    } while (retry == 0);

    return 0;
}
```

运行结果

请输入一个正整数：-5 ⏎
♪请不要输入非正整数。
请输入一个正整数：17 ⏎
****
是否继续执行？【Yes…0/No…9】:0 ⏎
请输入一个正整数 5 ⏎
*****
是否继续执行？【Yes…0/No…9】:9 ⏎

和代码清单 4-10 相同。

和代码清单 4-12 相同。

该程序的结构是 **do** 语句中嵌套有 **do** 语句和 **for** 语句，它将之前的几个程序组合在了一起，请大家好好理解一下。

4

● 练习 4-20

编写一段程序，像右面这样为九九乘法表增加横纵标题。

```
  | 1  2  3  4  5  6  7  8  9
---------------------------------
1 | 1  2  3  4  5  6  7  8  9
2 | 2  4  6  8 10 12 14 16 18
3 | 3  6  9 12 15 18 21 24 27
4 | 4  8 12 16 20 24 28 32 36
        …（以下省略）…
```

● 练习 4-21

编写一段程序，像右边这样显示以所输入整数为边长的正方形。

```
生成一个正方形
正方形有几层：3⏎
***
***
***
```

● 练习 4-22

对代码清单 4-17 中的程序进行修改，显示出一个横向较长的长方形。

※ 读取两个边的边长，以较小的数作为行数，以较大的数作为列数。

```
让我们来画一个长方形。
一边：7⏎
另一边：3⏎
*******
*******
*******
```

● 练习 4-23

对代码清单 4-18 和代码清单 4-19 中的程序进行修改，分别显示出直角在左上方和右上方的等腰直角三角形（生成两个程序）。

● 练习 4-24

编写一段程序，输入一个整数，像右面这样显示出输入整数层的金字塔形状。

提示：第 i 行显示 $(i-1) * 2 + 1$ 个 '*'。

```
让我们来画一个金字塔。
金字塔有几层：3⏎
  *
 ***
*****
```

● 练习 4-25

编写一段程序，像右边这样显示输入整数层的向下的金字塔形状。第 i 行显示 $i\%10$ 的结果。

```
让我们来画一个向下的金字塔。
金字塔有几层: 3↵
11111
 222
  3
```

专题 4-1 continue 语句

让我们像下面这样改写代码清单 4-16 的二重循环。这样一来，包含 4 的数值将不再显示。

```c
for (i = 1; i <= 9; i++) {
    for (j = 1; j<= 9; j++) {
        int seki = i * j;
        if (seki % 10 == 4 || seki / 10 == 4) {
            printf("   ");
            continue;
        }
        printf("%3d", seki);
    }
    putchar('\n') ;        /* 换行 */
}
```

chap04/list0416b.c

```
1  2  3     5  6  7  8  9
2     6  8 10 12    16 18
3  6  9 12 15 18 21    27
   8 12 16 20    28 32 36
5 10 15 20 25 30 35
6 12 18    30 36
7    21 28 35    56 63
8 16    32    56    72
9 18 27 36    63 72 81
```

蓝底部分使用的就是 **continue** 语句。执行 **continue** 语句后，循环体的剩余部分（本程序中灰底部分）就会被跳过。

continue 语句的结构图如图 4C-1 所示。

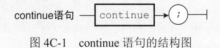

continue语句

图 4C-1　continue 语句的结构图

4-5　程序的组成元素和格式

本节我们来学习程序的各组成元素（关键字、运算符等）和格式相关的内容。

关键字

在 C 语言中，像 **if** 和 **else** 这样的标识符被赋予了特殊的意义。这种具有特殊意义的标识符称为**关键字**（keyword），它们是不能用作变量名的。C 语言中的 32 个关键字如下所示[①]。

■ 表 4-5　C 语言的关键字

auto	break	case	char	const	continue
default	do	double	else	enum	extern
float	for	goto	if	int	long
register	return	short	signed	sizeof	static
struct	switch	typedef	union	unsigned	void
volatile	while				

运算符

目前为止我们已经介绍了 **+** 和 **-** 等**运算符**（operator）。所有运算符的一览表请参考 7-4 节。

▶　>= 和 += 等由多个字符构成的运算符中不可加入空格（即不可写成 > = 和 + = 等）。

标识符

标识符（identifier）是赋予程序中的变量和函数（第 6 章将会学习函数相关的知识）等的名称（专题 4-2）。标识符的结构图如图 4-23 所示。

▶　也就是必须以**非数字**开头，之后可以是非数字和数字的组合。这里的非数字包括大小写字母和下划线。

C 语言区分大小写，*ABC*、*abc* 和 *aBc* 分别代表不同的标识符。
合法的标识符示例如下所示：
　　○ *x1　a　＿＿y　abc_def　max_of_group　xyz　Ax3　If　iF　IF　if3*
非法的标识符示例如下所示：
　　× *if　123　98pc　abc$　abc$xyz　abc@def*

---

① C99标准中又加入了inline、restrict、_Bool、_Complex和_Imaginary等关键字。

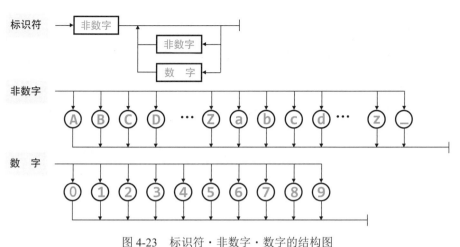

图 4-23　标识符·非数字·数字的结构图

▶　以下划线开头的标识符（如 _x、_comp）和仅有一个大写英文字母的标识符（如 A、Z），有可能是编译器内部使用的，因此最好不要用作变量和函数的标识符。

分隔符

关键字和标识符都可以理解为构成语句的单位，用来分隔这些单位的符号就是**分隔符**（punctuator）。分隔符一共有 13 种，如表 4-6 所示。

■ 表 4-6　分隔符

[ ] ( ) { } * , : = ; … #

常量和字符串常量

字符常量、整数常量、浮点数常量和字符串常量都是程序的构成要素。

专题 4-2　姓名和标识符

顾名思义，"标识符"就是用来和其他字符进行区分的。在那些讲述未来世界的电影中，人类都被分配了唯一的 ID 号码，每个人的 ID 都不会与其他人重复。

所谓的"姓名"也是如此，是分配给每个人的。不过它并不能保证每个人都使用不同的名字，也就是说存在同名同姓的可能。

如果程序中也存在同名同姓的变量将会是件十分麻烦的事情。因此使用专门的"标识符"就是一个非常理想的解决方案。

自由的书写格式

代码清单 4-21 和显示九九乘法表的代码清单 4-16 的程序本质上是一样的，显示的运行结果也一样。

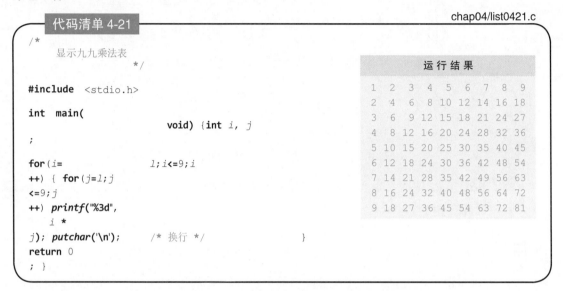

代码清单 4-21   chap04/list0421.c

```
/*
        显示九九乘法表
                          */

#include <stdio.h>

int  main(
                          void) {int  i, j
;

for(i=              l;i<=9;i
++) { for(j=l;j
<=9;j
++) printf("%3d",
     i *
j); putchar('\n');          /* 换行 */                }
return 0
; }
```

运 行 结 果

```
1  2  3  4  5  6  7  8  9
2  4  6  8 10 12 14 16 18
3  6  9 12 15 18 21 24 27
4  8 12 16 20 24 28 32 36
5 10 15 20 25 30 35 40 45
6 12 18 24 30 36 42 48 54
7 14 21 28 35 42 49 56 63
8 16 24 32 40 48 56 64 72
9 18 27 36 45 54 63 72 81
```

C 语言原则上允许开发人员以自由的格式编写程序。它并不像有些编程语言那样，规定了程序中必须从第几个字符开始写，或者每条语句必须写在一行之内等。

上述程序就是一个自由书写的例子。不过再怎么自由也还是有一些限制的。

1 构成语句的单位中间不能插入空格类字符

例如 **int** 和 **return** 这样的关键字，变量 *n1* 和 *n2* 这样的标识符，**+=** 和 **++** 这样的运算符，都是构成语句的单位。在它们中间是不能插入**空格类字符**（空格、制表符、换行等）的。如下的书写格式是不允许的。

```
ret
   urn
```

2 预处理指令中间不能换行

允许使用自由书写格式的 C 语言中也对 **#include** 这样以 **#** 开头的**预处理指令**有特殊要求。原则上这些指令都必须写在一行内。下面这样的方式是不允许的。

```
#include
    <stdio.h>
```

3 字符串常量和字符常量中间不能换行

用双引号括起来的字符串常量 "…" 也是构成语句的单位，因此也不能像下面这样在中间进行换行。

> *puts*（"在很久很久以前有个地方住着一位老公公和一位老婆婆。
>
> 老公公深深地爱着老婆婆。"）；   ✕

连接相邻的字符串常量

可以把被空格类字符以及注释分隔开的相邻字符串常量作为一个整体来看待。例如 "ABC" 和 "DEF"，连接起来就是 "ABCDEF"。

使用这种方法，可以将长的字符串常量写得很易读。就刚才的那个例子而言，可以像下面这样写。

> *puts*（"在很久很久以前有个地方住着一位老公公和一位老婆婆。" /* 在下一行继续书写 */
>
> "老公公深深地爱着老婆婆。"）；

缩进

图 4-24 是从代码清单 4-16 中摘取的一部分。在程序的每一行开头都有 4 位空白。复合语句 {} 中包含一系列的声明和语句，就像我们常说的"段落"一样。

根据经验，在段落中统一向右移几位进行书写，可以更容易地理解程序结构，更方便阅读。像这样以段落为单位向右移动的书写方式称为**缩进**（也称为"分段处理"）。本书中的程序全部使用 4 位缩进。

> ▶ 缩进可以使用 Tab 键或空格键输入。但是根据编辑器及其设定的不同，有时用 Tab 键输入的字符，会和已保存的源文件上的字符不一致。

根据层级的深度缩进（分段）

```
/* --- 参考：代码清单 4-16 节选 --- */
int main(void)
{
——→ int i, j;
——→ for (i = 1; i <= 9; i++){
——→ ——→ for (j = 1; j <= 9; j++)
——→ ——→ ——→ printf("%3d", i * j);
——→ ——→ putchar('\n');
——→ }
    return 0;
}
```

图 4-24　源程序中的缩进

总结

- **do** 语句、**while** 语句和 **for** 语句统称为循环语句。无论哪种循环语句，只要控制表达式的判断结果不为 0，都将执行循环体。另外，循环语句的循环体也可以是循环语句。这种结构的循环语句是多重循环。

- 先循环后判断可以通过 **do** 语句来实现。循环体至少执行一次。即使是单一语句，也可以使之成为程序块，这样程序会更易读。

- 先判断后循环可以通过 **while** 语句和 **for** 语句来实现。循环体有可能一次也不执行。使用单一变量控制的固定类型的循环，可以通过 **for** 语句简单地实现。

- 循环语句中的 **break** 语句会中断该循环语句的执行。循环语句中的 **continue** 语句，会跳过循环体剩余部分的执行。

- 递增运算符 **++** 和递减运算符 **--** 是使操作数的值递增（加一）/ 递减（减一）的运算符。对使用后置（前置）递增运算符 / 递减运算符的表达式进行判断，结果会得到递增 / 递减前（后）的值。

- 表达式后带有分号的语句称为表达式语句。省略表达式，只有分号的表达式语句，称为空语句。

- 复合语句中特有的变量，在该复合语句中声明并使用。

- 对两个条件分别取非，然后将逻辑与变为逻辑或、逻辑或变为逻辑与，然后再取其否定，结果和原条件一样。这称为德摩根定律。

- 使用单引号 **'** 将字符括起来，形成 **'*'** 形式。单一字符就可以通过这种形式的字符常量来表示。通过使用 *putchar* 函数，可以显示单一字符。

- 复合赋值运算符是既进行运算又进行赋值的运算符。与用两个运算符分别进行运算和赋值相比，使用复合赋值运算符可以使程序更简洁，而且对左操作数的判断仅需进行一次即可。

- 像 **if** 和 **else** 这样被赋予特殊意义的标识符称为关键字。标识符是赋予变量和函数等的名称。

- 分隔符是用来分割关键字和标识符等单位的符号。

- 我们可以把被空格类（空格、**Tab**、换行等）字符和注释分割开的相邻的字符串常量作为一个整体来看待。

- C 语言程序的书写格式很自由。通过加入适当的缩进，可以使程序更易读。

◉ do 语句

```
do
    语句
while (表达式);
```

只要表达式的判断结果不为0，就循环执行语句。

语句

表达式

非0

至少执行一次。   0

◉ while 语句

```
while (表达式)
    语句
```

只要表达式的判断结果不为0，就循环执行语句。

0

表达式

非0

语句

不一定执行。

◉ for 语句

```
for (表达式A; 表达式B; 表达式C)
    语句
```

仅判断、执行一次表达式 A。如果表达式 B 的判断结果不为0,则循环进行"执行语句,判断、执行表达式 C"。

表达式 A

0

表达式 B

非0

语句

表达式 C

chap04/summary.c

```c
#include <stdio.h>
int main(void)
{
    int i, j;                     或者！(x >= 0 && x <= 100)
    int x, y, z;                  基于德摩根定律的另一种写法。

                                                      do 语句
    do {
        printf(" 0~100 的整数值: ");
        scanf("%d", &x);
    } while (x < 0 || x > 100);

    y = x;
    z = x;
                                                      while 语句
    while (y >= 0)
        printf("%d %d\n", y--, ++z) ;

    printf (" 宽和高为整数面积为 %d "
            "的长方形的边长是: \n", x);
                                                      for 语句
    for (i = 1; i < x; i++) {
        if (i * i > x) break;        /* break 语句    */
        if (x % i != 0) continue; /* continue 语句 */
        printf("%d × %d\n", i, x / i);
    }

    puts("5 行 7 列的星号 ");
                                                      二重循环
    for (i = 1; i <= 5; i++) {
        for (j = 1; j <= 7; j++)
            putchar('*');
        putchar('\n');
    }

    return 0;

}
```

chap04/summarya.c

运 行 结 果

```
0~100的整数值：-1⏎
0~100的整数值：104⏎
0~100的整数值：32⏎

32   33
31   34
30   35
…中略…
 2   63
 1   64
 0   65

宽和高为整数面积为32
的长方形的边长是：
1×32
2×16
4×8

5行7列的星号
*******
*******
*******
*******
*******
```

第5章
数　　组

　　学生的学籍号码、棒球选手背后的号码，还有飞机的座位号码……在生活中我们经常会遇到相同类型的事物聚集在一起的情况，与其逐一叫出它们的名字，还不如统一使用"号码"更加简单明了。举个例子，对于超过 100 个的飞机座位来说，如果分别称为"鹤座""松座"……将会是一种什么样的情形呢？

　　本章将会为大家介绍为了提高处理效率而把具有相同类型的数据有序地组织起来的一种形式——数组。

5-1　数组

相同类型的变量的集合，放在一起处理比较方便。这种情况下可以使用数组。本节就来学习数组的基本知识。

数组

依次输入 5 名学生的分数，显示出他们的总分和平均分。具体程序如代码清单 5-1 所示。

chap05/list0501.c

代码清单 5-1

```
/*
    输入 5 名学生的分数并显示出他们的总分和平均分
*/

#include <stdio.h>

int main(void)
{
    int uchida;          /* 内田同学的分数 */
    int satoh;           /* 佐藤同学的分数 */
    int sanaka;          /* 佐中同学的分数 */
    int hiraki;          /* 平木同学的分数 */
    int masaki;          /* 真崎同学的分数 */
    int sum = 0;         /* 总分 */

    printf("请输入 5 名学生的分数。\n");
    printf("1 号：");      scanf("%d", &uchida);     sum += uchida;
    printf("2 号：");      scanf("%d", &satoh);      sum += satoh;
    printf("3 号：");      scanf("%d", &sanaka);     sum += sanaka;
    printf("4 号：");      scanf("%d", &hiraki);     sum += hiraki;
    printf("5 号：");      scanf("%d", &masaki);     sum += masaki;

    printf("总分：%5d\n", sum);
    printf("平均分：%5.1f\n", (double)sum / 5);

    return 0;
}
```

```
运 行 结 果
请输入 5 名学生的分数。
1 号：83 ⏎
2 号：95 ⏎
3 号：85 ⏎
4 号：63 ⏎
5 号：89 ⏎

总分：     415
平均分：83.0
```

└ += 是将左边加上右边的复合赋值运算符。

如果学生的人数不是 5 名而是 300 名的话会怎么样呢？为了保存分数，需要创建 300 个变量，而且还必须管理 300 个变量名。编写程序的时候光是注意不键入错误的变量名就已经很麻烦了。除此之外还有一个问题，那就是虽说变量名、号码不同，但是每次执行的都是几乎相同的处理。

擅长处理这类数据的就是**数组**（array），它能通过"号码"把相同数据类型的变量集中起来进行管理。

━■ 注 意 ■━

可以用数组实现相同类型的对象的集合。

同一类型的变量——**元素**（element）集中在一起，在内存上排列成一条直线，这就是数组。元素的类型既可以是 **int** 类型，也可以是 **double** 类型等。因为学生的分数都是整数，所以下面以元素为 **int** 类型的数组为例进行介绍。

数组的声明（使用数组前的准备）

首先是声明。如图 5-1 所示，数组的声明通过指定**元素类型**（element type）、变量名、元素个数来进行。另外，**[ ]** 中的元素个数必须是常量。

这里声明的数组 *a*，是一个元素类型为 **int** 类型、元素个数为 5 个的数组。

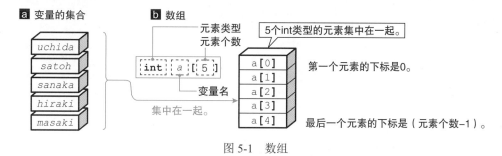

图 5-1　数组

访问数组（数组的使用方法）

数组 *a* 的各个元素，都是 **int** 类型的对象。不允许一些元素是 **int** 类型，一些元素是 **double** 类型。

当然，对数组内各个元素的**访问**（读取）都是自由的。访问元素使用如表 5-1 所示的**下标运算符**（subscript operator）。**[ ]** 中的操作数称为**下标**（subscript）。下标表示该元素是首个元素之后的第几个元素，而不是数组中的第几个元素。比如图 5-1 中数组元素 *a*[2]，其下标为 2，表示 *a*[2] 是首个元素之后的第 2 个元素，而非数组的第 2 个元素。

▶　数组声明中使用的 [ ] 仅仅是一个分隔符，而访问各个元素时使用的 **[ ]** 则是运算符。为了加以区分，本书中将前者写作一般字体，后者写作**粗体**。

■ **表 5-1　下标运算符**

下标运算符	a[b]	从数组a的首个元素算起，访问b个元素后的元素

第一个元素的下标为0，因此将从第一个元素开始依次访问 a[0]、a[1]、a[2]、a[3]、a[4]。元素个数为 n 的数组的各元素是 a[0]、a[1]、…、a[n-1]，不存在 a[n]。

▶ 访问 a[-1]、a[n] 等不存在的元素时的结果不确定。请注意不要错误地访问了这些不存在的元素。

数组的遍历

创建一个元素类型为 **int**，包含 5 个元素的数组，依次把 1、2、3、4、5 赋给它们并进行显示。程序如代码清单 5-2 所示。

chap05/list0502.c

代码清单 5-2

```
/*
    依次把 1、2、3、4、5 赋值给数组的每个元素并显示
*/

#include <stdio.h>

int main(void)
{
    int v[5];        /*int[5] 数组 */

    v[0] = 1;
    v[1] = 2;
    v[2] = 3;
    v[3] = 4;
    v[4] = 5;

    printf("v[0] = %d\n", v[0]);
    printf("v[1] = %d\n", v[1]);
    printf("v[2] = %d\n", v[2]);
    printf("v[3] = %d\n", v[3]);
    printf("v[4] = %d\n", v[4]);

    return 0;
}
```

元素类型为 int 类型、元素个数为 5 的数组。

运 行 结 果
v[0] = 1
v[1] = 2
v[2] = 3
v[3] = 4
v[4] = 5

图 5-2 所示为数组 v 的所有元素的下标和元素值。各元素的值为下标加 1。

使用 **for** 语句对上述程序进行修改后，数组的优势就十分明显了。程序如代码清单 5-3 所示。

先来看一下为数组元素赋值的第一个 **for** 语句。这个 **for** 语句中的 i 从 0 开始递增，一共进行了 5 次循环操作。因此可以分解为以下步骤（和代码清单 5-2 的赋值处理完全相同）。

图 5-2　下标和元素的值

代码清单 5-3　　　　　　　　　　　　　　　　　　　　　chap05/list0503.c

```c
/*
    依次把 1、2、3、4、5 赋值给数组的每个元素并显示（使用 for 语句）
*/

#include <stdio.h>

int main(void)
{
    int i;
    int v[5];              /*int[5] 数组 */

    for (i = 0; i < 5; i++)     /* 为数组元素赋值 */
        v[i] = i + 1;

    for (i = 0; i < 5; i++)     /* 显示元素的值 */
        printf("v[%d] = %d\n", i, v[i]);

    return 0;
}
```

运 行 结 果
v[0] = 1
v[1] = 2
v[2] = 3
v[3] = 4
v[4] = 5

元素的值
下标

i 为 0 的时候	v[0] = 0 + 1;	/* v[0] = 1; */
i 为 1 的时候	v[1] = 1 + 1;	/* v[1] = 2; */
i 为 2 的时候	v[2] = 2 + 1;	/* v[2] = 3; */
i 为 3 的时候	v[3] = 3 + 1;	/* v[3] = 4; */
i 为 4 的时候	v[4] = 4 + 1;	/* v[4] = 5; */

这样原本 5 行的赋值处理，就被替换为了单一的 **for** 语句，程序变简洁了。进行显示的第二个 **for** 语句也是同样。

像这样，按顺序逐个查看数组的元素，就称为**遍历**（traverse）。

*

一般情况下，元素类型为 **Type** 的数组，称为 **Type 数组**。我们之前看到的程序中的数组，都是"**int** 数组"。

另外，元素类型为 **Type** 类型、元素个数为 n 的数组，写作 **Type[n]** 型。本程序中数组 v 的类型，就是 **int[5]** 型。

▶　在表示所有类型共通的规则和法则等时，一般使用 "**Type** 型"这种表述。而实际上并不存在 **Type** 这种类型。

接下来考虑 **double** 型数组。为 **double[7]** 的数组（元素类型为 **double** 类型、元素个数为 7 的数组）的全部元素赋值 0.0 的程序如代码清单 5-4 所示。

5

代码清单 5-4

```
/*
    将数组的全部元素赋值为 0.0 并显示
*/

#include <stdio.h>

int main(void)
{                            元素类型为 double 型、元素个数为 7 的数组。
    int   i;
    double  x[7];        /*double[7] 数组 */

    for (i = 0; i < 7; i++)     /* 为数组元素赋值 */
        x[i] = 0.0;

    for (i = 0; i < 7; i++)     /* 显示元素的值 */
        printf("x[%d] = %.1f\n", i, x[i]);

    return 0;               小数点之后显示 1 位。
}
```

运 行 结 果
x[0] = 0.0
x[1] = 0.0
x[2] = 0.0
x[3] = 0.0
x[4] = 0.0
x[5] = 0.0
x[6] = 0.0

本程序的结构和代码清单 5-3 相同。

● **练习 5-1**

　　对代码清单 5-3 中的程序进行修改，从头顺次为数组中的元素赋值 0、1、2、3、4。

● **练习 5-2**

　　对代码清单 5-3 中的程序进行修改，从头顺次为数组中的元素赋值 5、4、3、2、1。

数组初始化

　　之前我们已经提到，在声明变量的时候，除了的确没有必要的情况，都需要对变量进行初始化。下面我们对代码清单 5-2 和代码清单 5-3 中的程序进行修改，加入对数组元素进行初始化的处理，程序如代码清单 5-5 所示。

　　数组的初始值就是那些在大括号中的、用逗号分隔并逐一赋给各个元素的值。在上述程序中，分别使用 1、2、3、4、5 对数组 v 的各元素 $v[0]$、$v[1]$、$v[2]$、$v[3]$、$v[4]$ 进行了初始化，格式如下所示。

```
int  v[5] = {1, 2, 3, 4, 5, };
```
最后一个初始值的后面也可以不加逗号。

代码清单 5-5   chap05/list0505.c

```c
/*
    从头开始依次用 1、2、3、4、5 对数组各元素进行初始化并显示
*/

#include <stdio.h>

int  main(void)
{
    int  i;
    int  v[5] = {1, 2, 3, 4, 5};        /* 初始化 */

    for (i = 0; i < 5; i++)             /* 显示元素的值 */
        printf("v[%d] = %d\n", i, v[i]);

    return 0;
}
```

运 行 结 果
v[0] = 1
v[1] = 2
v[2] = 3
v[3] = 4
v[4] = 5

还可以像下面这样在声明数组的时候不指定元素个数，数组会根据初始值的个数自动进行设定。

> int v[] = {1, 2, 3, 4, 5};   /* 元素个数可以省略（自动认为是 5）*/

另外还有一个规则，就是**用 0 对 { } 内没有赋初始值的元素进行初始化**。因此，在下面的声明中，v[2] 之后的元素都使用 0 来初始化。

> int v[5] = {1, 3};   /* 用 {1, 3, 0, 0, 0} 初始化 */

于是，如果要使用 0 初始化数组中的全部元素，就是下面这样。

> int v[5] = {0};   /* 用 {0, 0, 0, 0, 0} 初始化 */

虽然用 0 对没有赋初始值的 v[0] 进行初始化是理所应当的，但初始值被省略的 v[1] 之后的元素也用 0 进行初始化。

*

如下所示，当初始值的个数超过数组的元素个数的时候，程序会发生错误。

> int v[3] = {1, 2, 3, 4};   /* 错误：初始值过多 */

另外，**不能通过赋值语句进行初始化**。下面是一个错误的例子。

> int v[3];
>
> v = {1, 2, 3};   /* 错误：不能使用赋值语句进行初始化 */

数组的复制

请大家先来看一下代码清单 5-6 中的程序。

chap05/list0506.c

代码清单 5-6

```
/*
    把数组中的全部元素复制到另一个数组中
*/

#include <stdio.h>

int main(void)
{
    int i;
    int a[5] = {17, 23, 36};    /* 使用 {17, 23, 36, 0, 0} 进行初始化 */
    int b[5];

    for (i = 0; i < 5; i++)
        b[i] = a[i];

    puts(" a   b");
    puts("-------");
    for (i = 0; i < 5; i++)
        printf("%4d%4d\n", a[i], b[i]);

    return 0;
}
```

运行结果

```
 a b
-------
17 17
23 23
36 36
 0  0
 0  0
```

程序中的第一个 **for** 语句，其作用是把 a 中全部元素的值依次赋给 b 中的元素（图 5-3）。

▶ 同时遍历两个数组，从 b[0] = a[0]; 执行到 b[4] = a[4];。

C 语言不支持使用基本赋值运算符 **=** 为数组赋值。也就是说，下面这样的语句是错误的。

| b = a;   /* 错误：不能为数组赋值 */

因此，应该像上面的程序那样，使用 **for** 语句等对数组的元素逐一赋值。

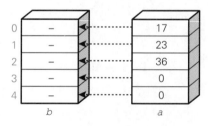

图 5-3 数组的复制

■ **注 意** ■

不能使用赋值运算符为数组赋值。数组的复制，必须通过使用循环语句等对所有元素逐一赋值来进行。

另外，第二个 **for** 语句同时遍历两个数组，并显示全部元素的值。

● **练习 5-3**

对代码清单 5-5 中的程序进行修改，从头开始依次使用 5、4、3、2、1 进行初始化。

● 练习 5-4

对代码清单 5-6 中的程序进行修改，将数组 a 中的元素按照倒序复制到数组 b 中。

输入数组元素的值

下面从键盘输入数组元素的值。输入 **int**[5] 数组的各元素的值并显示的程序如代码清单 5-7 所示。

代码清单 5-7   chap05/list0507.c

```
/*
*/    输入数组元素的值并显示

#include <stdio.h>

int main(void)
{
    int  i;
    int  x[5];

    for (i = 0; i < 5; i++) {    /*输入元素的值 */
        printf("x[%d]:", i);
        scanf("%d", &x[i]);
    }

    for (i = 0; i < 5; i++)      /* 显示元素的值 */
        printf("x[%d]=%d\n", i, x[i]);

    return 0;
}
```

运 行 结 果
x[0] : 17 ↵
x[1] : 38 ↵
x[2] : 52 ↵
x[3] : 41 ↵
x[4] : 63 ↵
x[0] = 17
x[1] = 38
x[2] = 52
x[3] = 41
x[4] = 63

使用 scanf 函数存储键盘输入值的方法，与其他（数组以外）变量的情况完全一样。

▶ 使用 scanf 函数读取输入信息的时候，需要在变量前加上 **&**。

对数组的元素进行倒序排列

如果仅仅是输入并显示元素的值，那并没有什么意思。这次我们来对数组的元素进行倒序排列。程序如代码清单 5-8 所示。

数组 x 的元素个数为 7 个。程序中蓝底部分的 **for** 语句实现的就是对这 7 个元素进行倒序排列的功能，具体情况如图 5-4 所示。也就是像下面这样，进行 3 次 "两个值的交换"。

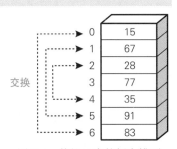

图 5-4 数组元素的倒序排列

$x[0]$ 和 $x[6]$ 交换

$x[1]$ 和 $x[5]$ 交换

$x[2]$ 和 $x[4]$ 交换

▶ 在 **for** 语句的循环过程中，i 的值在 0、1、2 之间变化，$6-i$ 的值在 6、5、4 之间变化。

代码清单 5-8   chap05/list0508.c

```
/*
 *   对数组的全部元素进行倒序排列
 */
#include <stdio.h>

int main(void)
{
    int i;
    int x[7];                        /* int[7] 数组 */

    for (i = 0; i < 7; i++) {        /* 输入元素的值 */
        printf("x[%d] : ", i);
        scanf("%d", &x[i]);
    }

    for (i = 0; i < 3; i++) {        /* 对数组元素进行倒序排列 */
        int temp = x[i];
        x[i]     = x[6 - i];  ← 交换 x[i] 和 x[6-i]
        x[6 - i] = temp;
    }

    puts(" 倒序排列了。");
    for (i = 0; i < 7; i++)          /* 显示元素的值 */
        printf("x[%d] = %d\n", i, x[i]);

    return 0;
}
```

运 行 结 果
$x[0]$: 15⏎
$x[1]$: 67⏎
$x[2]$: 28⏎
$x[3]$: 77⏎
$x[4]$: 35⏎
$x[5]$: 91⏎
$x[6]$: 83⏎
倒序排列了。
$x[0]$ = **83**
$x[1]$ = **91**
$x[2]$ = **35**
$x[3]$ = **77**
$x[4]$ = **28**
$x[5]$ = **67**
$x[6]$ = **15**

两个值的交换顺序一般如图 5-5 所示。要想交换 a 和 b 的值，必须使用一个额外的变量。处理流程如下所示。

⎡1⎤ 把 a 的值保存在 $temp$ 中。   ⎡2⎤ 把 b 的值赋给 a。   ⎡3⎤ 把 $temp$ 中保存的值赋给 b。

在该程序中，$x[i]$ 就相当于 a，$x[6-i]$ 就相当于 b。

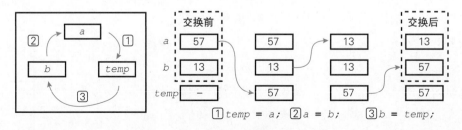

图 5-5 两个值的交换

不可以像下面这样进行两个值的交换。

> a = b; b = a

这是因为这样一来变量 a 和 b 的值都会变为 b 的初始值。

使用数组进行成绩处理

对代码清单 5-1 中的成绩处理程序进行修改，使用数组完成同样的功能。修改后的程序如代码清单 5-9 所示。

代码清单 5-9   chap05/list0509.c

```c
/*
    输入 5 名学生的分数并显示出他们的总分和平均分
*/

#include <stdio.h>

int main(void)
{
    int  i;
    int  tensu[5];                  /*5 名学生的分数 */
    int  sum = 0;                   /* 总分 */

    printf(" 请输入 5 名学生的分数。\n");
    for (i = 0; i < 5; i++) {
        printf("%2d 号 :", i + 1);
        scanf("%d", &tensu[i]);
        sum += tensu[i];
    }

    printf(" 总分 :%5d\n", sum);
    printf(" 平均分 :%5.1f\n", (double)sum / 5);

    return 0;
}
```

运 行 结 果
请输入 5 名学生的分数。
1 号 : 83 ⏎
2 号 : 95 ⏎
3 号 : 85 ⏎
4 号 : 63 ⏎
5 号 : 89 ⏎
总分 :   415
平均分 :83.0

5…学生人数
5…显示的位数

数组 tensu 用来保存学生的分数。同时，由于数组的下标是从 0 到 4，因此在提示输入学生分数的时候，要使用下标值加 1（即 "1 号 :" "2 号 :" 等）来显示。

让我们来想象一下学生人数由 5 人增加到 8 人时的情况。根据编辑器的不同，有时不能一下子进行替换。这是因为虽然需要将学生人数由 5 替换为 8，但显示的位数 5 则不能替换。

也就是说，这里需要进行选择性替换（只替换应该替换的地方）。

对象式宏

可以解决上述问题的就是**对象式宏**（object-like macro）。请大家看一下代码清单 5-10 中的程序。

本程序的关键部分是带蓝色底纹的 **#define 指令**（**#define** `directive`）。该指令的一般形式如下所示。

> **#define** *a b*　　　　/* 将该指令之后的 *a* 替换为 *b* */

它的原理和文字处理机或者编辑器的替换处理是一样的，在将该指令之后的 *a* 替换为 *b* 的基础上，再进行编译与执行处理。

chap05/list0510.c

代码清单 5-10

```
/*
    输入 5 名学生的分数并显示出他们的总分和平均分（用宏定义人数）
*/

#include <stdio.h>

#define NUMBER 5                /* 学生人数 */
int main(void)
{
    int  i;
    int  tensu[NUMBER];         /* NUMBER 个学生的分数 */
    int  sum = 0;               /* 总分 */

    printf("请输入 %d 名学生的分数。\n", NUMBER);
    for (i = 0; i < NUMBER; i++) {
        printf("%2d 号：", i + 1);
        scanf("%d", &tensu[i]);
        sum += tensu[i];
    }

    printf("总分：%5d\n", sum);
    printf("平均分：%5.1f\n", (double)sum / NUMBER);

    return 0;
}
```

> **运行结果**
> 请输入 5 名学生的分数。
> 1 号：83 ↵
> 2 号：95 ↵
> 3 号：85 ↵
> 4 号：63 ↵
> 5 号：89 ↵
> 总分：　　415
> 平均分：83.0

> NUMBER…编译时替换为 5。

在这里，*a* 称为**宏名**（macro name）。为了易于和通常的变量名等进行区分，宏名一般用大写字母来表示。本程序中，宏名为 *NUMBER*，程序中的 *NUMBER* 被替换为 5。

不过，刚才我们提到了要考虑改变学生的人数。变更人数其实很容易，只需将宏定义改为下面这样即可（程序中的 *NUMBER* 在编译时被替换为 8）。

> **#define** *NUMBER* 8　　　/* 学生的人数 */

在程序中使用宏，不仅能够在一个地方统一管理，而且通过为常量定义名称，还可以使程序阅读起来更容易。如果能够加上恰当的注释，效果会更加明显。

▶ 程序中的 5 等常量，称为**幻数**（不清楚具体表示什么的数值）。引入对象式宏后，就可以消除程序中的幻数了。

从"只要正确运行就行"的观点出发，其实是没必要使用宏的。但是使用宏有助于提高程序的质量。

> ■ 注 意 ■
>
> 不要在程序中直接使用数值，最好能够通过宏的形式定义出它们的名称。定义宏的时候，请不要忘记添加注释。

▶ 对象式宏并不能够用来替换字符串字面量和字符常量中的部分内容，也不能用来替换变量名等标识符中的部分内容。

数组元素的最大值和最小值

接下来我们来求最高分和最低分，即数组元素的最大值和最小值。程序如代码清单 5-11 所示。

代码清单 5-11   chap05/list0511.c

```c
/*
    输入学生的分数并显示出其中的最高分和最低分
*/

#include <stdio.h>

#define NUMBER  5            /* 学生人数 */

int main(void)
{
    int i;
    int tensu[NUMBER];        /* NUMBER 名学生的分数 */
    int max, min;             /* 最高分和最低分 */

    printf("请输入 %d 名学生的分数。\n", NUMBER);
    for (i = 0; i < NUMBER; i++) {
        printf("%2d 号：", i + 1);
        scanf("%d", &tensu[i]);
    }

    min = max = tensu[0];

    for (i = 1; i < NUMBER; i++) {
        if (tensu[i] > max)   max = tensu[i];
        if (tensu[i] < min)   min = tensu[i];
    }

    printf("最高分：%d\n", max);
    printf("最低分：%d\n", min);

    return 0;
}
```

运行结果

```
请输入 5 名学生的分数。
1 号：83␍
2 号：95␍
3 号：85␍
4 号：63␍
5 号：89␍
最高分：95
最低分：63
```

赋值表达式的判断

在求最大值和最小值的 ▉ 这一行中，使用了两个赋值运算符 **=**。首先，我们对 **int** 型变量 *n* 进行如下的赋值操作。

| *n* = 2.95;

因为整数 *n* 不能存放小数点之后的数字，所以其值为 2。于是我们需要记住下面这一点。

> ■ 注 意 ■
>
> 赋值表达式的判定结果，和赋值后左操作数的类型和值相同。

也就是说，赋值表达式 *n* = 2.95 的判定结果，与赋值后左操作数 *n* 的类型和值相同，即"**int** 类型的 2"（图 5-6 **a**）。

另外，如图 **b** 所示，如果被赋值一方的变量 *x* 为 **double** 型，则赋值表达式的判定结果为"**double** 类型的 2.95"。

因为赋值运算符 **=** 具有右结合性（7-4 节），所以 ▉ 会被解释为

| *min* = (*max* = *tensu*[0]);

a 对int型变量n进行赋值

```
n = 2.95 ◀━━ int      2
```

b 对double型变量x进行赋值

```
x = 2.95 ◀━━ double  2.95
```

图 5-6　赋值表达式的判断

如图 5-7 所示，如果 *tensu*[0] 为 83，则赋值表达式 *max* = *tensu*[0] 的判定结果为"**int** 类型的 83"。因为该结果会被赋给 *min*，所以 *min* 和 *max* 的值都变成了 *tensu*[0] 的值，也就是 83。

C 语言中经常会使用这样的赋值方法。例如，使用 *a* = *b* = 0 就可以同时把 0 赋给 *a* 和 *b*。

> ▶ 这仅仅是对赋值而言，对带有初始值的声明并不适用。不能像下面这样同时声明两个变量 *a* 和 *b*。
>
> **int** *a* = *b* = 0;　　/* 错误: 不可这样初始化 */
>
> 而需要像下面这样使用逗号分隔开声明。
>
> **int** *a* = 0, *b* = 0;
>
> 或者也可以分两行进行声明。
>
> **int** *a* = 0;
>
> **int** *b* = 0;

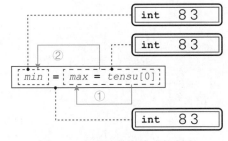

图 5-7　多重赋值表达式的判定

为了便于理解 ▉ 和 ▉ 处求最大值和最小值的流程，我们展开来看，如下所示。

```
/* 求 tensu[0]~tensu[4] 的最大值 */     |  /* 求 tensu[0]~tensu[4] 的最小值 */
max = tensu[0];                          |  min = tensu[0];
if (tensu[1] > max) max = tensu[1];      |  if (tensu[1] < min) min = tensu[1];
if (tensu[2] > max) max = tensu[2];      |  if (tensu[2] < min) min = tensu[2];
if (tensu[3] > max) max = tensu[3];      |  if (tensu[3] < min) min = tensu[3];
if (tensu[4] > max) max = tensu[4];      |  if (tensu[4] < min) min = tensu[4];
```

求最大值的步骤和代码清单 3-13 中求三个数的最大值的程序完全一样。只是整数从 3 个增加到了 5 个,从通过多个变量实现变成了通过一个数组来实现。

● **练习 5-5**

对代码清单 5-8 中的程序进行修改,改为用对象式宏来定义元素个数。注意需要找到有关元素交换次数的规则。

● **练习 5-6**

假设变量 *a* 是 **double** 型,变量 *b* 是 **int** 型,请说明经过下述赋值后 *a* 和 *b* 的值分别是多少。

$$a = b = 1.5;$$

数组的元素个数

截至目前,我们看到的所有成绩处理程序中的学生人数都是 5。虽然通过定义宏来变更学生人数非常简单,但是每次都需要对程序进行修改,然后重新编译执行。因此,我们可以定义一个比较大的数组,然后从头开始仅使用其中需要的部分。

采用这种方法实现的程序如代码清单 5-12 所示。

在该程序中,数组 *tensu* 的元素个数声明为了 80。执行程序时,在 *num* 中输入 1 以上 80 以下的人数,仅利用数组开头的 *num* 个元素。

▶ 在上述程序运行示例中,因为 *num* 为 15,所以就使用了 80 个元素中的头 15 个元素,即 *tensu*[0]~*tensu*[14]。

另外,在该程序中,除了存放分数的 *tensu* 之外,还使用了 **int**[11] 数组 *bunpu* 来存放分数的分布。

求分布的表达式比较复杂(蓝底部分)。如下所示,它是利用"整数 / 整数"舍去小数部分来进行递增的。

tensu[*i*] 为 0~9 时:*bunpu*[0] 递增
tensu[*i*] 为 10~19 时:*bunpu*[1] 递增
　　　…中略…
tensu[*i*] 为 80~89 时:*bunpu*[8] 递增
tensu[*i*] 为 90~99 时:*bunpu*[9] 递增
tensu[*i*] 为 100 时:*bunpu*[10] 递增

通过循环进行上述处理,数组 *tensu* 的分布就保存在数组 *bunpu* 中了。

代码清单 5-12

```c
/*
      输入学生的分数并显示出分布情况
*/

#include <stdio.h>

#define NUMBER    80                    /* 人数上限 */

int main(void)
{
    int i, j;
    int num;                            /* 实际的人数 */
    int tensu[NUMBER];                  /* 学生的分数 */
    int bunpu[11] = {0};                /* 分布图 */

    printf("请输入学生人数:");

    do {
        scanf("%d", &num);
        if (num < 1 || num > NUMBER)
            printf(" \a请输入 1~%d 的数:", NUMBER);
    } while (num < 1 || num > NUMBER);

    printf("请输入 %d 人的分数。\n", num);

    for (i = 0; i < num; i++) {
        printf("%2d 号:", i + 1);
        do {
            scanf("%d", &tensu[i]);
            if (tensu[i] < 0 || tensu[i] > 100)
                printf("\a请输入 1~100 的数 :");
        } while (tensu[i] < 0 || tensu[i] > 100);

        bunpu[tensu[i] / 10]++;
    }

    puts("\n--- 分布图 ---");
    printf("      100 : ");

    for (j = 0; j < bunpu[10]; j++)         /*100 分 */
        putchar('*');
    putchar('\n');

    for (i = 9; i >= 0; i--) {               /* 不到 100 分 */
        printf ("%3d - %3d:", i * 10, i * 10 + 9);
        for (j = 0; j < bunpu[i]; j++)
            putchar('*');
        putchar('\n');
    }
    return 0;
}
```

将输入值限制
在 1~NUMBER
的 do 语句。

将输入值限
制在 1~100
的 do 语句。

运 行 结 果

请输入学生人数: 85↵

♪请输入 1~80 的数: 15↵

请输入 15 人的分数。

```
 1 号: 17↵
 2 号: 38↵
 3 号: 100↵
 4 号: 95↵
 5 号: 23↵
 6 号: 62↵
 7 号: 77↵
 8 号: 45↵
 9 号: 69↵
10 号: 81↵
11 号: 83↵
12 号: 51↵
13 号: 42↵
14 号: 36↵
15 号: 60↵
--- 分布图 ---
   100: *
 90-99: *
 80-89: **
 70-79: *
 60-69: ***
 50-59: *
 40-49: **
 30-39: **
 20-29: *
 10-19: *
  0-9:
```

● 练习 5-7

编写一段程序，像右边这样读取数组中的数据个数和元素值并显示。显示时，各值之间用逗号和空格分割，并用大括号将所有值括起来。

注意利用对象式宏来声明数组的元素个数，如代码清单 5-12 那样。

```
数据个数：4 ⏎
1号：23 ⏎
2号：74 ⏎
3号：9 ⏎
4号：835 ⏎
{23, 74, 9, 835}
```

● 练习 5-8

编写一段程序，逆向显示代码清单 5-12 的分布图（即按照 0~9、10~19、…、100 的顺序显示）。

● 练习 5-9

编写一段程序，像右边这样纵向显示练习 5-8 中得到的分布图。

```
                            *
                  *   *     *
                          *       *
      *   *   *   *   *   *   *       *
---------------------------------------------
  0  10  20  30  40  50  60  70  80  90  100
```

5

5-2 多维数组

所谓多维数组，就是多个数组集合在一起形成的数组，即元素本身是数组的数组。本节就来学习多维数组的基础知识。

多维数组

上一节中所学习的数组，其元素都是 **int** 型或 **double** 型等单一类型。实际上，数组的元素也可以是数组本身。

以数组作为元素的数组是二维数组，以二维数组为元素的数组是三维数组。当然也可以生成维数更高的数组。二维数组以上的数组，统称为**多维数组**（multidimensional array）。

> ■ 注 意 ■
>
> 多维数组是以数组为元素的数组。

另外，为了与多维数组区分开来，我们将上一节中学习的"元素不是数组的数组"称为一维数组。

图 5-8 所示为二维数组的生成过程。分为两个阶段。

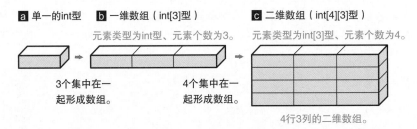

图 5-8　一维数组和二维数组的生成

> **a** ⇨ **b**：int 型元素集中起来生成一维数组（这里集中了 3 个）。
>
> **b** ⇨ **c**：一维数组集中起来生成二维数组（这里集中了 4 个）。

类型分别如下所示。

a：**int** 型

b：**int**[3] 型　　　　元素类型为 **int** 型、元素个数为 3 的数组

c：**int**[4][3] 型　　　以"元素类型为 **int** 型、元素个数为 3 的数组"为元素、元素个数为 4 的数组

二维数组就像是一个由"行"和"列"构成的表单，其中各元素纵横排列。因此，图 **c** 所示的数组，就称为"4 行 3 列的二维数组"。

该 4 行 3 列的二维数组的声明和内部结构如图 5-9 所示。在多维数组的声明中，最先集中起来的元素个数（二维数组的列数）放在末尾。

▶　元素个数相反的 **int** a[3][4]; 是 3 行 4 列的二维数组的声明，即以"元素类型为 **int** 型、元素个数为 4 的数组"为元素、元素个数为 3 的数组。

数组 *a* 的元素是 *a*[0]、*a*[1]、*a*[2]、*a*[3] 这 4 个，而各个元素都是由 3 个 **int** 型元素组成的 **int**[3] 型。也就是说，元素的元素是 **int** 型。

本书中将构成数组的最小单位的元素，称为**构成元素**。访问各构成元素的表达式的形式为 *a*[*i*][*j*]，即连用下标运算符 **[ ]**。当然，下标是从 0 开始的，这一点和一维数组一样。数组 *a* 的构成元素有 *a*[0][0]、*a*[0][1]、*a*[0][2]、…、*a*[3][2] 共 12 个。

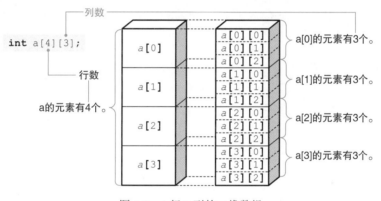

图 5-9　4 行 3 列的二维数组

和一维数组一样，多维数组的所有元素 / 所有构成元素在内存上是排列成一条直线的。构成元素排列时，首先是末尾的下标按照 0、1、…的顺序递增，然后是开头的下标按照 0、1、…的顺序递增，如下所示。

　　a[0][0]　*a*[0][1]　*a*[0][2]　*a*[1][0]　*a*[1][1]　*a*[1][2]　…　*a*[3][1]　*a*[3][2]

这样就保证了 *a*[0][2] 的后面是 *a*[1][0]，*a*[2][2] 的后面是 *a*[3][0]。

■ **注 意** ■

　　多维数组的构成元素排列时，首先从末尾的下标开始递增。

▶　注意下面这样的排列方式（开头的下标首先递增）是错误的。
　　a[0][0]　*a*[1][0]　*a*[2][0]　*a*[3][0]　*a*[0][1]　*a*[1][1]　…　*a*[2][2]　*a*[3][2]
　　不过也有采用这种排列方式的编程语言。

下面我们使用二维数组编写一段程序。代码清单 5-13 是求分数之和的程序。假设有 4 名学生，3 门课程，并进行了两次考试。让我们分别求出各课程的总分并显示出来。

代码清单 5-13   chap05/list0513.c

```
/*
    求 4 名学生在两次考试中 3 门课程的总分并显示
*/

#include <stdio.h>                          int[3] 型元素的初始值有 4 个，所以 4 可以省略。
                                            ※ 省略时自动认为是 4。
int main(void)
{                                           int[3] 型元素 tensu1[0] 的初始值。
    int i, j;
    int tensu1[4][3] = { {91, 63, 78}, {67, 72, 46}, {89, 34, 53}, {32, 54, 34} };
    int tensu2[4][3] = { {97, 67, 82}, {73, 43, 46}, {97, 56, 21}, {85, 46, 35} };
    int sum[4][3];          /*总分 */

    /* 求两次考试的分数之和 */
    for (i = 0; i < 4; i++) {                         /* 4 名学生的 */
        for (j = 0; j < 3; j++)                       /* 3 门课程的 */
            sum[i][j] = tensu1[i][j] + tensu2[i][j] ;  /* 两次的分数相加 */
    }

    /* 显示第一次考试的分数 */
    puts(" 第一次考试的分数 ");
    for (i = 0; i < 4; i++) {
        for (j = 0; j < 3; j++)
            printf("%4d", tensu1[i][j]) ;
        putchar('\n');
    }

    /* 显示第二次考试的分数 */
    puts(" 第二次考试的分数 ");
    for (i = 0; i < 4; i++) {
        for (j = 0; j < 3; j++)
            printf("%4d", tensu2[i][j]);
        putchar('\n') ;
    }

    /* 显示总分 */
    puts(" 总分 ");
    for (i = 0; i < 4; i++) {
        for (j = 0; j < 3; j++)
            printf("%4d", sum[i][j]);
        putchar('\n');
    }

    return 0;
}
```

运 行 结 果		
第一次考试的分数		
91	63	78
67	72	46
89	34	53
32	54	34
第二次考试的分数		
97	67	82
73	43	46
97	56	21
85	46	35
总分		
188	130	160
140	115	92
186	90	74
117	100	69

tensu1 和 tensu2 分别是存放第一次考试和第二次考试的分数的数组，sum 是存放总分的数组，它们都是以 12 个分数为构成元素的 4 行 3 列的二维数组。

如图 5-10 所示，各行对应学生，各列对应课程。

例如，tensu1[2][1] 表示第 3 个学生第一次英语考试的分数，tensu2[3][2] 表示第 4 个学生第二次数学考试的分数。

另外，二维数组 *tensu1* 和 *tensu2* 的各构成元素都用初始值进行了初始化。另一方面，数组 *sum* 因为没有初始值，所以它的所有元素都是不定值。

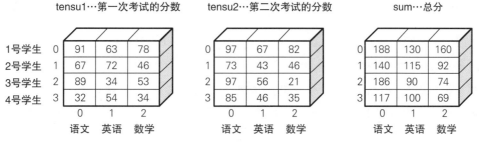

图 5-10　4 行 3 列的二维数组中存储的考试分数

蓝底部分是对分数进行加法运算的代码。针对该 4 行 3 列的数组，反复执行将 *tensu1[i]* *[j]* 和 *tensu2[i][j]* 相加的结果赋值给 *sum[i][j]* 的操作（图中显示的 *sum* 的构成元素的值是求总分后的值）。

*

在该程序中，因为进行了两次考试，所以使用了两个二维数组。如果进行了 15 次考试，则就不要使用 15 个二维数组了，那种情况下使用由 15 个二维数组组成的三维数组会更加方便。

下面是一个声明示例。

```
int tensu[15][4][3];      /*4 名学生在 15 次考试中 3 门课程的分数 */
```

通过使用了 3 重下标运算符的表达式来访问该数组的各构成元素。其排列顺序为 *tensu[0][0][0]*，*tensu[0][0][1]*，…，*tensu[14][3][2]*。

▶　和一维数组、二维数组一样，所有的构成元素被配置在连续的内存空间中。

● 练习 5-10

　　编写一段程序，求 4 行 3 列矩阵和 3 行 4 列矩阵的乘积。各构成元素的值从键盘输入。

● 练习 5-11

　　编写一段程序，输入 6 名学生 2 门课程（语文、数学）的分数，显示各门课程的总分和平均分，以及各个学生的总分和平均分。

● 练习 5-12

　　改写代码清单 5-13 的程序，将两次考试的分数存储在三维数组 *tensu* 中。

总结

- 同一类型的对象集中在一起，在内存上排列成一条直线，这就是数组。数组通过指定元素类型、元素个数以及数组名来声明。

- 元素类型为 **Type** 的数组，称为 **Type 数组**。元素个数为 n 的 **Type 数组**，写作 **Type[n]**。

- 访问数组的各个元素时使用下标运算符 **[]**。**[]** 中的下标是表示该元素在首个元素后的位置的整数值。也就是说，假设某数组有 n 个元素，那么访问该数组各元素的表达式从头开始依次是 $a[0]$，$a[1]$，$a[n-1]$。

- 对象式宏由 **#define** 指令进行定义。

    #define a b

  表示将该指令之后的 a 替换为 b。

- 使用对象式宏为常量定义名称，可以消除幻数。

- 声明数组时，元素个数必须使用常量表达式。若使用对象式宏定义表示元素个数的值，则元素个数的变更将变得很容易。

- 按顺序逐个查看数组的元素，称为遍历。

- 将各个元素的初始值○、△、□从头开始按顺序排列，中间用逗号隔开，并用大括号括起来，形成 { ○，△，□， } 这种形式，这就是数组的初始值。最后一个逗号可以省略。在没有指定元素个数的情况下，由初始值的个数决定元素个数。另外，在指定元素个数的情况下，如果大括号中的初始值不够，则使用 0 对没有初始值的元素进行初始化。

- 以数组为元素的数组，称为多维数组。构成数组的最小单位的元素，称为构成元素。各构成元素通过使用了多个下标运算符 **[]** 的表达式来访问。有几维就使用几个下标运算符。

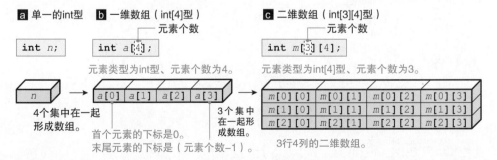

- 多维数组的构成元素在排列时，首先从位于末尾的下标开始增加。

- 赋值表达式的判断结果与赋值后左操作数的类型和值相同。

- 无法使用赋值运算符 **=** 复制数组的所有元素。

chap05/summarya.c

```
/*
    第 5 章总结
*/
#include <stdio.h>

#define SIZE   5          /* 数组 a 和 b 的元素个数 */

int main( )
{
    int i, j;
    int sum;
    /* 数组 a 和 b 是 int[5] 型的一维数组（元素类型为 int 型、元素个数为 5）*/
    int a[SIZE];                    /* 使用不定值对所有元素进行初始化 */
    int b[SIZE] = {1, 2, 3};       /* 使用 {1, 2, 3, 0, 0} 进行初始化 */

    /* 数组 c 是 int[2][3] 型的二维数组（元素类型为 int[3] 型、元素个数为 2）*/
    int c[2][3] = {
        {11, 22, 33},
        {44, 55, 66},
    };                      ┗━━━━━━ 可以省略。

    /* 将数组 b 的所有全部复制给数组 a */
    for (i = 0; i < SIZE; i++)
        a[i] = b[i];

    /* 显示数组 a 的所有元素 */
    for (i = 0; i < SIZE; i++)
        printf("a[%d] = %d\n", i, a[i]);

    /* 显示数组 b 的所有元素 */
    for (i= 0; i < SIZE; i++)
        printf("b[%d] = %d\n", i, b[i]);

    /* 将数组 a 的所有元素的和赋给 sum 并显示 */
    sum = 0;
    for (i = 0; i < SIZE; i++)
        sum += a[i] ;
    printf ("数组 a 的所有元素的和 =%d\n", sum);

    /* 显示数组 c 的全部构成元素的值 */
    for (i = 0; i < 2; i++) {
        for (j = 0; j < 3; j++) {
            printf("c[%d][%d] = %d\n", i, j, c[i][j]);
        }
    }

    return 0;
}
```

运 行 结 果
a[0] = 1
a[1] = 2
a[2] = 3
a[3] = 0
a[4] = 0
b[0] = 1
b[1] = 2
b[2] = 3
b[3] = 0
b[4] = 0
数组 a 的所有元素的和 = 6
c[0][0] = 11
c[0][1] = 22
c[0][2] = 33
c[1][0] = 44
c[1][1] = 55
c[1][2] = 66

5

第6章
函　　数

在前几章的程序中，我们通过 *printf*、*puts*、*putchar* 函数实现了输出显示的功能，通过 *scanf* 函数实现了读取键盘输入信息的功能。也就是说，在进行显示等输入输出处理的时候，我们都对函数发出了"之后就拜托你了"这样的请求。但是，像这样只"依靠他人"是无法编写出完整的程序的。

本章将带领大家学习函数的相关知识。

6-1　什么是函数

程序是由多个零件组合而成的，而函数就是这种"零件"的一个较小的单位。本节我们就来学习函数的基础知识。

main 函数和库函数

截至目前，大家见过的程序格式都如图 6-1 所示。其中蓝字部分称为 **main 函数**（main function）。C 语言程序中，**main** 函数是必不可少的。程序运行的时候，会执行 **main** 函数的主体部分。

main 函数中使用了 *printf*、*scanf*、*puts* 等函数。由 C 语言提供的这些为数众多的函数称为**库函数**（library function）。

> ▶　通常各个编译器在提供 C 语言规定的函数之外，还会提供各自不同的函数。具体内容请参考各编译器的说明书。

```
#include <stdio.h>
int main(void)
{
    /* … 中略 … */
    return (0);
}
```

图 6-1　固定代码和 main 函数

什么是函数

当然，我们也可以自己来创建函数。而实际上，我们也必须要亲自动手创建各种函数。那么首先来尝试一下比较简单的函数。

创建一个函数，接收两个整数参数，返回较大整数的值。

图 6-2 用一个类似于电路图的图形形象地展示了该函数。

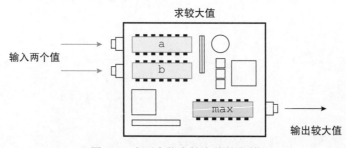

图 6-2　求两个值中较大值的函数

▶ 函数这一名称，来源于数学术语函数（function）。function 具有"功能""作用""职责"等意思。

printf 函数和 ***scanf*** 函数等创建得比较好的函数，即使不知道其内容，只要了解使用方法，也可以轻松地使用，就像是"魔法盒"一样。

要想精通这个"魔法盒"一样的函数，需要站在函数创建者和使用者双方的立场上，进行两种学习。

● 函数的创建方法……函数定义
● 函数的使用方法……函数调用

函数定义

首先来学习函数的创建方法。这里我们来定义一个名为 *max2* 的函数，如图 6-3 所示。

图 6-3　函数定义的结构

这里的**函数定义**（function definition）由多个部分构成。

■**函数头**（function header）
该部分表示函数的名称和格式。虽然称为函数头，实际上说它是函数的"脸"可能更为合适。

1 返回类型（return type）
函数返回的值——**返回值**（return value）的类型。该函数的情况下，返回的是两个 **int** 型数值中较大的一个，所以其类型是 **int**。

2 函数名（function name）
函数的名称。从其他零件调用函数时，使用函数名。

3 形参声明（parameter type list）
小括号括起来的部分，是用于接收辅助性提示的变量——**形式参数**（parameter）的声明。

像该函数这样接收多个形参的情况下，使用逗号将它们分隔开来。

▶ 函数 *max2* 中，*a* 和 *b* 都被声明为了 **int** 型的形参。

■函数体（function body）

函数体是复合语句。仅在某个函数中使用的变量，原则上应在该函数中声明和使用。但要注意不能声明和形参同名的变量，否则会发生变量名冲突的错误。

函数调用

我们已经知道了函数的创建方法（函数定义），接下来让我们一起看一下函数的使用方法（函数调用）。这里我们结合代码清单 6-1 来理解。代码清单 6-1 所示的程序为定义并使用函数 *max2*。

chap06/list0601.c

代码清单 6-1

```
/*
    求两个整数中较大的值
*/

#include <stdio.h>

/*--- 返回较大整数的值 ---*/
int max2(int a, int b)
{
    if (a > b)
        return a;
    else
        return b;
}

int main(void)
{
    int n1, n2;

    puts("请输入两个整数。");
    printf("整数1：");    scanf("%d", &n1);
    printf("整数2：");    scanf("%d", &n2);

    printf("较大整数的值是%d。\n", max2(n1, n2));

    return 0;
}
```

运行结果 **1**

请输入两个整数。

整数1：45 ⏎

整数2：83 ⏎

较大整数的值是 **83**。

运行结果 **2**

请输入两个整数。

整数1：37 ⏎

整数2：21 ⏎

较大整数的值是 **37**。

该程序中定义了两个函数 *max2* 和 **main**。程序启动时执行的是 **main** 函数。虽然 *max2* 函数定义在 **main** 函数之前，但并没有先执行 *max2* 函数。

使用函数的过程，称为"调用函数"。本程序中调用函数 *max2* 的是程序中的蓝色底纹部分（图 6-4 中 ⬚ 部分）。

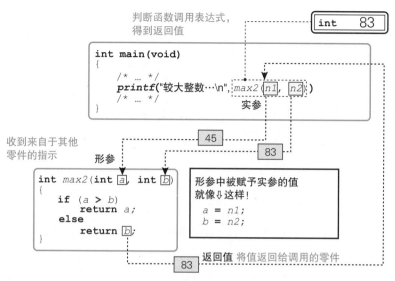

图 6-4 函数调用和值的返回

如果将该表达式看作下述请求，应该会很好理解。

函数 *max2*，现在传递给你两个 **int** 型的整数值 *n1* 和 *n2*，请告诉我较大的是哪个！！

函数调用的形式是在函数名后面加上小括号。这个小括号称为**函数调用运算符**（function call operator）。

我们知道，使用○○运算符的表达式称为○○表达式。因此，使用函数调用运算符的表达式就称为**函数调用表达式**（function call expression）。

函数调用运算符括起来的是**实参**（argument）。实参不止一个时，使用逗号将其分隔开。

进行函数调用后，程序的流程将一下子跳转到该函数处。因此，**main** 函数的执行将暂时中断，开始执行 *max2* 函数。

在被调用的函数一方，会生成用于形参的变量，并赋予其实参的值。这种情况下，形参 *a* 和 *b* 会被赋予 *n1* 和 *n2* 的值，即 45 和 83。

■ 注 意 ■

进行函数调用后，程序的流程会转到被调用的函数处。这时，传递过来的实参的值会被赋给函数接收的形参。

形参的初始化完成后，将执行函数体。程序流在遇到 return 语句（return statement），或者执行到函数体最后的大括号时，就会从该函数跳转到调用函数。

如图 6-4 所示，执行"**return** *b;*"。**return** 语句执行结束后，程序流将返回到原来进行调用的地方，再次执行被中断的 **main** 函数。同时，**return** 后面的表达式的值（这里是表达式 *b* 的值 83）会被返回，大家可以将它认为是返回时带的"小礼物"。

＊

返回值是通过对函数调用表达式进行判定而得到的。图 6-4 中，因为返回值是 83，所以对 _____ 部分的函数调用表达式进行判定所得到的值是"**int** 型的 83"。

■ 注　意 ■

对函数调用表达式进行判定的时候，会得到该函数返回的返回值。

结果就是，函数 *max2* 的返回值 83 被传递给 **printf** 函数，并显示出来。

表 6-1 中对函数调用运算符进行了概括总结。

■ 表 6-1　函数调用运算符

函数调用运算符	*x*(*arg*)	向函数 *x* 传递实参 *arg* 并调用（当实参有多个时，用逗号分隔）。（如果返回值类型不是 **void**）生成函数 *x* 返回的值

▶　关于返回值类型 **void**，我们将在 6-2 节介绍。

函数调用的时候传递的只是参数的值，因此调用函数时使用的实参既可以是变量，也可以是常量。例如，下面的函数调用，将输出变量 *n1* 和 5 中较大的那一个。

　　　max2(*n1*, 5)

另外，实参和形参是完全不同的两个东西，因此不用担心实参和形参的名字相同的问题。

▶　实参和形参的名字可以相同。关于这一点，后文中会详细介绍。

另外，上面我们提到了 **return** 语句。**return** 语句的结构图如图 6-5 所示。

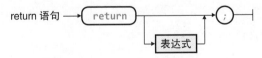

图 6-5　return 语句的结构图

函数返回的是"表达式"的值。当然，不能返回两个以上的值。

＊

即使是像 *max2* 这样非常简单的函数，也有很多种定义方式。图 6-6 就是其中一个例子。

a和**b**的程序中，为了保存较大的值，都使用了变量 *max*。像这样只在某个函数中使用的变量，原则上需要在该函数中进行声明。但是，该变量不能与形参（这里指 *a* 和 *b*）同名，否则会发生变量名冲突的错误。

a

```
int max2(int a, int b)
{
    int   max;

    if (a > b)
        max = a;
    else
        max = b;
    return max;
}
```

b

```
int max2(int a, int b)
{
    int   max = a;

    if (b > max)
        max = b;
    return max;
}
```

c

```
int max2(int a, int b)
{
    return (a > b) ? a : b;
}
```

关于条件运算符 "? :"，我们已经在 3-1 节中学习过了！！

图 6-6　函数 max2 的实现示例

图 6-6 所示的函数，与代码清单 6-1 的不同之处在于 **return** 语句只有一个。

函数的入口只有一个，因此如果有多个出口的话，阅读起来就会比较困难，还是统一起来更好一些。

6

三个数中的最大值

下面让我们来生成求三个整数中的最大值的函数。该函数 *max3* 和调用该函数的 **main** 函数构成的程序如代码清单 6-2 所示。

函数接收的形参，以及函数内定义的变量，都是该函数自己的东西。函数 *max3* 的形参 *a*、*b*、*c* 和 **main** 函数的变量 *a*、*b*、*c* 虽然名称相同，但分别是不同的东西。如图 6-7 所示。

▶　调用函数 *max* 时，**main** 函数 *a*、*b*、*c* 的值会被分别赋给函数 *max3* 的形参 *a*、*b*、*c*。

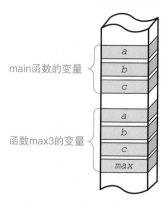

main函数的变量 { a b c

函数max3的变量 { a b c max

图 6-7　两个函数和变量

chap06/list0602.c

代码清单 6-2

```c
/*
    求三个整数中的最大值
*/

#include <stdio.h>

/*--- 返回三个整数中的最大值 ---*/
int max3(int a, int b, int c)
{
    int max = a;

    if (b > max) max = b;
    if (c > max) max = c;
    return max;
}

int main(void)
{
    int a, b, c;

    puts("请输入三个整数。");
    printf("整数a：");     scanf("%d", &a);
    printf("整数b：");     scanf("%d", &b);
    printf("整数c：");     scanf("%d", &c);

    printf("最大值是%d。\n", max3(a, b, c));

    return 0;
}
```

运 行 结 果
请输入三个整数。
整数 a：5 ↵
整数 b：3 ↵
整数 c：4 ↵
最大值是 **5**。

● **练习 6-1**

创建一个函数，返回两个 **int** 型整数中较小一数的值。

　　int min2 (int a, int b) {/* ... */}

为了确认函数的动作，还需要大家创建一个合适的 **main** 函数来组成一段完整的程序（之后的练习也是如此）。

● **练习 6-2**

创建一个函数，返回三个 **int** 型整数中的最小值。

　　int min3 (int a, int b, int c) {/* ... */}

将函数的返回值作为参数传递给函数

输入两个整数，计算它们的平方差并显示。程序如代码清单 6-3 所示。

代码清单 6-3 chap06/list0603.c

```c
/*
        计算两个整数的平方差
*/

#include <stdio.h>

/*--- 返回 x 的平方 ---*/
int sqr(int x)
{
    return x * x;
}

/*--- 返回 x 和 y 的差值 ---*/
int diff(int a, int b)
{
    return (a > b ? a - b : b - a);    /* 大值减小值 */
}
                     └── 求差的方法请参考代码清单 3-15！！

int main(void)
{
    int x, y;

    puts("请输入两个整数。");
    printf("整数 x:");      scanf("%d", &x);
    printf("整数 y:");      scanf("%d", &y);

    printf("x 和 y 的平方差是 %d。\n", diff(sqr(x), sqr(y)));

    return 0;
}
```

运 行 结 果
请输入两个整数。
整数 x:4⏎
整数 y:5⏎
x 和 y 的平方差是 **9**。

函数 *sqr* 会返回形参 x 所接收的值的平方。代码清单 6-3 的执行示例中，函数调用表达式 *sqr*(x) 和 *sqr*(y) 的判断结果分别是 16 和 25。如图 6-8 所示。

16 和 25 这两个值，会被直接作为调用函数 *diff* 时的实参传递。因此，函数调用表达式 *diff*(sqr(x), sqr(y)) 就是 *diff*(16,25)。对该表达式进行判断，就会得到函数 *diff* 返回的 9。

main 函数将返回值直接传递给 *printf* 函数并显示。

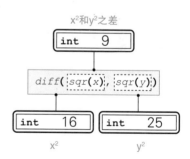

图 6-8　函数调用表达式的判断

● **练习 6-3**

创建一个函数，返回 **int** 型整数的立方。

```c
int cube(int x) {/* ... */}
```

调用其他函数

截止到目前的程序，都是在 **main** 函数中调用库函数或者我们自己创建的函数。当然，在自己创建的函数中也可以调用其他函数。下面我们来看一个例子，如代码清单 6-4 所示。

chap06/list0604.c

代码清单 6-4

```
/*
    求四个整数中的最大值
*/

#include <stdio.h>

/*--- 返回较大值 ----*/
int max2(int a, int b)
{
    return (a > b) ? a : b;
}

/*--- 返回四个整数中的最大值 ---*/
int max4(int a, int b, int c, int d)
{
    return max2(max2(a, b) , max2(c, d));
}

int main(void)
{
    int n1 , n2, n3, n4;

    puts(" 请输入四个整数。");
    printf(" 整数 n1:");    scanf("%d", &n1);
    printf(" 整数 n2:");    scanf("%d", &n2);
    printf(" 整数 n3:");    scanf("%d", &n3);
    printf(" 整数 n4:");    scanf("%d", &n4);

    printf(" 最大值是 %d。\n", max4(n1, n2, n3, n4));
    return 0;
}
```

运 行 结 果
请输入四个整数。
整数 n1 : 5↵
整数 n2 : 3↵
整数 n3 : 8↵
整数 n4 : 4↵
最大值是 8。

在函数 *max4* 的蓝色底纹部分，利用函数 *max2*，求以下值。

> "*a* 和 *b* 中较大的值"和"*c* 和 *d* 中较大的值"中较大的值

当然，结果就是 *a*、*b*、*c*、*d* 中最大的值。

我们可以认为函数就是程序的一个零件。例如，想要实现显示功能的时候，就调用 ***printf*** 这个零件。在制作零件的时候，如果有其他方便的零件，我们也可以大量地使用。

● 练习 6-4

使用代码清单 6-3 中的 *sqr* 函数创建另一个函数，返回 **int** 型整数的四次幂。

　　　int *pow4* (**int** *x*) {/* … */}

值传递

下面我们来创建一个计算幂的函数。如果 *n* 是整数，则通过对 *x* 进行 *n* 次乘法运算得出 *x* 的 *n* 次幂。程序如代码清单 6-5 所示。

▶　例如，4.6 的 3 次幂就是 $4.6 \times 4.6 \times 4.6 = 97.336$。

代码清单 6-5　　　　　　　　　　　　　　　　　　chap06/list0605.c

```
/*
    计算幂
*/

#include <stdio.h>

/*--- 返回 x 的 n 次幂 ---*/
double power(double x, int n)
{
    int  i;
    double  tmp = 1.0;

    for (i = 1; i <= n; i++)
        tmp *= x;
    return tmp;   /*tmp 乘以 x*/
}

int main(void)
{
    double  a;
    int  b;

    printf("求 a 的 b 次幂。\n");
    printf("实数 a：");    scanf("%lf", &a);
    printf("整数 b：");    scanf("%d", &b);

    printf("%.2f 的 %d 次幂是 %.2f。\n", a, b, power(a, b));

    return 0;
}
```

运 行 结 果
求 a 的 b 次幂。
实数 a：4.6 ⏎
整数 b：3 ⏎
4.60 的 3 次幂是 **97.34**。

如图 6-9 所示，形参 *x* 被赋上实参 *a* 的值，形参 *n* 被赋上实参 *b* 的值，像这样通过值来进行参数传递的机制称为**值传递**（pass by value）。

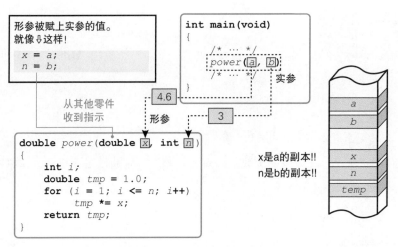

图 6-9 函数调用中参数的值传递

■ 注 意 ■

6

函数间参数的传递是通过值传递进行的。

这就相当于我们复印一本书，在复印版的书上用红色铅笔写写画画，不会对原来那本书造成任何影响。

形参 x 是实参 a 的副本，形参 n 是实参 b 的副本。因此，在被调用一方的函数 power 中，即使改变所接收的形参的值，调用一方的实参也不会受到影响。

*

要对 x 的值进行 n 次乘法运算，也可以通过使 n 的值按照 5、4、…、1 的方式递减来实现。这样改写后的函数 power 如代码清单 6-6 所示。

chap06/list0606.c

代码清单 6-6

```c
/*--- 返回 x 的 n 次幂 ---*/
double power(double x, int n)
{
    double  tmp = 1.0;

    while (n-- > 0)
        tmp *= x;                    /* tmp 乘以 x */
    return tmp;
}
```

▶ 这里没有给出 main 函数，请大家模仿代码清单 6-5 补全。

因为不需要使用控制循环的变量，所以函数变得更加简洁紧凑。函数 *power* 执行结束时，*n* 的值变为 -1，而调用方 **main** 函数的变量 *b* 的值并不会变为 0。

■ 注 意 ■

灵活运用值传递的优点，可以让函数更加简洁紧凑。

● 练习 6-5

创建一个函数，返回 1 到 *n* 之间所有整数的和。

int *sumup* (**int** *n*) {/* ⋯ */}

6

6-2　函数设计

上一节中我们学习了函数定义和函数调用相关的基础知识。本节我们来学习更为正式的函数创建方法等。

没有返回值的函数

在第 4 章，我们编写了一段可以通过排列 * 显示出等腰直角三角形的程序。下面我们把连续显示任意个 * 的部分单独做成一个函数，并通过调用它来显示出一个直角在左下方的等腰直角三角形。完成后的程序如代码清单 6-7 所示。

代码清单 6-7   chap06/list0607.c

```
/*
    显示出一个直角在左下方的等腰直角三角形（函数版）
*/

#include <stdio.h>

/*--- 连续显示出 n 个 '*' ---*/
void put_stars(int n)
{
    while (n-- > 0)              ──── 递减的控制表达式和代码清单 6-6 一样。
        putchar('*');
}

int main(void)
{
    int  i, len;

    printf("生成一个直角在左下方的等腰直角三角形。\n");
    printf("短边:");
    scanf("%d", &len);

    for (i = 1; i <= len; i++) {
        put_stars(i);
        putchar('\n');
    }

    return 0;
}
```

运 行 结 果
生成一个直角在左下方的等腰直角三角形。
短边: 5␍
*
**
***
****
*****

```
/* --- 参考: 代码清单4-18 --- */
for (i = 1; i <= len; i++) {
    for (j = 1; j <= i; j++)
        putchar('*');
    putchar('\n');
}
```

本函数只是用来进行显示的，因此没有需要返回的结果。这种没有返回值的函数类型，要声明为 **void**。

▶　**void** 就是 "空" 的意思。在 C 语言中，不论有没有返回值都同样称为函数。而在其他编程语言中，没有返回值的会定义为其他非函数的概念，例如**子程序**（Fortran）或者**过程**（Pascal）。

通用性

通过使用函数 *put_stars* 可以把用于显示三角形的二重循环简化为一重循环，从而提高程序的可读性。

显示直角在右下方的等腰直角三角形的程序如代码清单 6-8 所示。

代码清单 6-8   chap06/list0608.c

```c
/*
    显示直角在右下方的等腰直角三角形 (函数版)
*/

#include <stdio.h>

/*--- 连续显示 n 个字符 ch ---*/
void put_chars(int ch, int n)
{
    while (n-- > 0)
        putchar(ch);
}

int main(void)
{
    int  i, len;

    printf(" 生成一个直角在右下方的等腰直角三角形。\n");
    printf(" 短边:");
    scanf("%d", &len);

    for (i = 1; i <= len; i++) {
        put_chars(' ', len - i);
        put_chars('*', i);
        putchar('\n');
    }

    return 0;
}
```

运 行 结 果

生成一个直角在右下
方的等腰直角三角形。
短边:5␛
```
    *
   **
  ***
 ****
*****
```

```c
/*--- 参考: 代码清单 4-19 ---*/
for (i = 1; i <= len; i++) {
    for (j = 1; j <= len-i; j++)
        putchar(' ');
    for (j = 1; j <= i; j++)
        putchar('*');
    putchar('\n');
}
```

本程序还需要连续显示空白字符，因此需要创建另一个函数 *put_chars* 来代替函数 *put_stars*。该函数可以连续显示出 *n* 个通过形参传递来的字符。

▶ 之前给大家介绍过字符常量是 **int** 型的 (4-2 节)。除此之外，还存在显示字符的 **char** 型。关于 **char** 型我们将会在第 7 章进行说明。

函数 *put_chars* 和只能显示 * 的函数 *put_stars* 比起来，具有更加通用的优势。

当然，如果有必要的话，我们也可以像右面这样定义函数 *put_stars*（不用说，还是需要使用函数 *put_chars*）。

```c
/*--- 连续显示 n 个 '*' ---*/
void put_stars(int n)
{
    put_chars('*', n);
}
```

● 练习 6-6

> 创建一个函数，连续发出 n 次响铃。
>
>   **void** *alert* (**int** *n*) {/* ... */}

不含形参的函数

输入一个正整数并显示其倒转之后的值，程序如代码清单 6-9 所示。

▶   该程序是由代码清单 4-10 的程序修改而来的。

chap06/list0609.c

代码清单 6-9

```
/*
    逆向显示输入的正整数
*/

#include <stdio.h>

/*--- 返回输入的正整数 ---*/
int scan_pint(void)
{                        不接收参数。
    int tmp;

    do {
        printf("请输入一个正整数：");
        scanf("%d", &tmp);
        if (tmp <= 0)
            puts("\a 请不要输入非正整数。");
    } while (tmp <= 0);
    return tmp;
}

/*--- 返回正整数倒转后的值 ---*/
int rev_int(int num)
{
    int tmp = 0;

    if (num > 0) {
        do {
            tmp = tmp * 10 + num % 10;
            num /= 10;
        } while (num > 0);
    }
    return tmp;
}

int main(void)
{                              不赋予实参。
    int nx = scan_pint();

    printf("该整数倒转后的值是 %d。\n", rev_int(nx));

    return 0;
}
```

运 行 结 果

请输入一个正整数：-5 ↵

♪ 请不要输入非正整数。

请输入一个正整数：128 ↵

该整数倒转后的值是 821。

函数 *scan_pint* 读取从键盘输入的正整数并返回。该函数不接收形参，为了加以说明，在小括号中写入了 **void**。

当然，因为调用方也没有必要赋予实参，所以函数调用运算符 **()** 中是空的。

▶ 固定程序 **int main(void)** 表示 **main** 函数不包含形参（另外也存在包含形参的 **main** 函数）。

函数返回值的初始化

请大家注意 **main** 函数中声明变量 *nx* 的部分。该变量的初始值是函数 *scan_pint()* 的调用表达式。变量 *nx* 使用函数的返回值（程序执行时从键盘输入的非负的整数值）进行初始化。

▶ 但是，这种初始化方法只适用于拥有自动存储期的对象（将在 6-3 节为大家介绍），不适用于拥有静态存储期的对象。

作用域

函数 *scan_pint* 和函数 *rev_int* 都包含一个拥有相同标识符（名称）的变量 *tmp*，但它们却是各自独立的不同变量（图 6-10）。

也就是说，函数 *scan_pint* 中的变量 *tmp* 是函数 *scan_pint* 特有的变量，而函数 *rev_int* 中的变量 *tmp* 是函数 *rev_int* 中特有的变量。

赋给变量的标识符，它的名称都有一个通用的范围，称为**作用域**（scope）。

在程序块（复合语句）中声明的变量的名称，只在该程序块中通用，在其他区域都无效。也就是说，变量的名称从变量声明的位置开始，到包含该声明的程序块最后的大括号 } 为止这一区间内通用。这样的作用域称为**块作用域**（block scope）。

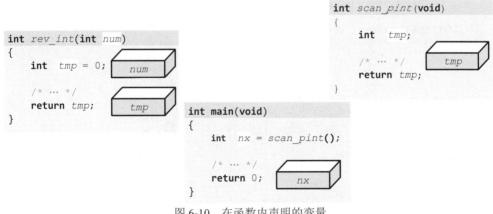

图 6-10　在函数内声明的变量

● **练习 6-7**

创建一个函数，在屏幕上显示出"你好。"并换行。

void *hello*(**void**) {/* … */}

文件作用域

输入 5 名学生的分数，显示出其中的最高分。程序如代码清单 6-10 所示。

代码清单 6-10　　　　　　　　　　　　　　　　　　　　　chap06/list0610.c

```
/*
    计算最高分
*/

#include <stdio.h>

#define NUMBER  5        /* 学生人数 */
                                        创建数组实体的声明（定义）
int  tensu[NUMBER];      /* 数组定义 */  ← 1

int  top(void);          /* 函数 top 的函数原型声明 */ ← 2

int main(void)
{
    extern int  tensu[];   /* 数组的声明（可以省略）*/ 3
    int  i;

    printf("请输入 %d 名学生的分数。\n", NUMBER);
    for (i = 0; i < NUMBER; i++) {
        printf("%d:", i + 1);
        scanf("%d", &tensu[i]);
    }
    printf("最高分 =%d\n", top());
    return 0;
}                       为了使用在其他地方生成的数组而进行的声明（不是定义）

/*--- 返回数组 tensu 的最大值（函数 top 的函数定义）---*/
int top(void)
{
    extern int  tensu[];   /* 数组的声明（可以省略）*/ 4
    int  i;
    int  max = tensu[0];

    for (i = 1; i < NUMBER; i++)
        if (tensu[i] > max)
            max = tensu[i];
    return max;
}
```

运 行 结 果

请输入 5 名学生的分数。
1 : 53 ⏎
2 : 49 ⏎
3 : 21 ⏎
4 : 91 ⏎
5 : 77 ⏎
最高分 =**91**

在函数的程序块中声明的变量等标识符是该程序块特有的部分。而像数组 *tensu* 这样，在函数外声明的变量标识符，其名称从声明的位置开始，到该程序的结尾都是通用的。

这样的作用域称为**文件作用域**（file scope）。

声明和定义

程序中 **1** 处的声明，创建了一个元素数为 5、元素类型为 **int** 的数组 *tensu*。像这样创建变量实体的声明称为**定义**（definition）声明。另外，使用了 **extern** 的 **3** 和 **4** 处的声明表示"使用的是在某处创建的 *tensu*"。这里并没有真正创建出变量的实体，因此称为**非定义**声明。

由于数组 *tensu* 是在函数外定义的，所以只需要在 **main** 函数或函数 *top* 中明确声明要使用它，就可以放心地用了。

▶   由于数组 *tensu* 被赋予了文件作用域，因此在 **main** 函数和函数 *top* 中无需特意声明，可以直接使用。也就是说，程序中 **3** 和 **4** 处可以省略。

函数原型声明

和我们人类一样，编译器在读取数据时，也是按照从头到尾的顺序依次读取的。因为本程序中函数 *top* 的函数定义在 **main** 函数后，所以要想在 **main** 函数中调用 *top* 函数，编译器（我们人类也一样）就需要知道

函数 *top* 无需参数，并且会返回 **int** 型的值。

因此需要使用 **2** 处的声明。

像这样明确记述了函数的返回类型，以及形参的类型和个数等的声明称为**函数原型声明**（function prototype declaration）。

▶   需要注意的是该声明要以分号结尾。

函数原型声明只声明了函数的返回值和形参等相关信息，并没有定义函数的实体。函数定义和函数原型声明的不同之处如下所示。

- 函数 *top* 的函数定义……定义声明
- 函数 *top* 的函数原型声明……非定义声明

另外，如果函数 *top* 的需求（返回值的类型和形式参数等）发生了改变，那么函数定义和

函数原型声明两部分都必须进行修改。

但是，在编写程序的时候，如果把函数 *top* 的函数定义放在 **main** 函数之前，就不用特意使用函数原型声明了。

一般情况下，把 **main** 函数放在程序最后的位置，而把将被调用的函数放在程序前部是比较好的选择。

■ 推 荐 ■

把被调用的函数放在调用函数之前。

头文件和文件包含指令

通过函数原型声明，可以指定函数的参数以及返回值的类型等信息，这样就可以放心地调用该函数了。

库函数 *printf* 或者 *putchar* 等的函数原型声明都包含在 <stdio.h> 中，因此必须要使用下述固定的指令。

| **#include** <stdio.h>   /* 包含头文件 <stdio.h>*/

如图 6-11 所示，通过 **#include** 指令，就可以把 <stdio.h> 中的全部内容都读取到程序中。

包含库函数的函数原型声明的 <stdio.h> 称为**头文件**（header），而取得头文件内容的 **#include** 指令称为**文件包含指令**。

▶ 不同的编译器实现头文件的方法也有所不同（也不能保证会有单独的文件来提供头文件）。

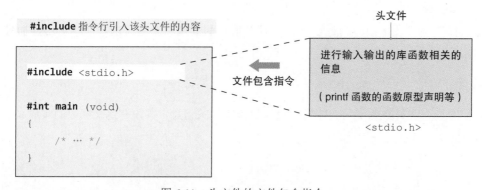

图 6-11　头文件的文件包含指令

例如，*putchar* 函数的函数原型声明在头文件 <stdio.h> 中的声明格式如下所示。

```
int putchar(int __c);
```

编译器不同，形参的名称也有可能不同。

另外，由于可以在函数原型声明的时候不指定形参的名称，所以下面这样的声明也是可以的。

```
int putchar(int);
```

函数的通用性

函数 *top* 的工作过程如下所示。

> 找出 **int** 型数组 *tensu* 最前面 *NUMBER* 个元素中的最大值，然后返回该值。

不了解程序内容的人看到上述说明的时候，可能会问"数组 *tensu* 是什么？""*NUMBER* 是多少呢？"确实，只有编写程序的人才明白这些名称的含义。

本程序只对单一科目的分数进行计算，可如果想要计算英语、数学等各个科目的最高分的话，又该怎么办呢？另外，如果英语是选修科目，数学是必修科目，当每科的人数都不相同的时候，又该如何处理呢？

对于上述要求，函数 *top* 都无法满足。

*

所以说，从函数的通用性考虑，至少应该满足下面两个条件。

■ **可以处理任意数组**

　　不仅可以处理数组 *tensu*，而且也可以处理其他任意数组。

■ **可以处理不同元素个数的数组**

　　数组的元素个数不仅仅只有 *NUMBER*（即 5）个，还要可以指定数组的元素个数（也就是学生人数）。

接下来我们会创建满足上述条件的程序。

专题 6-1　警告

　　在调用没有进行函数原型声明的函数时，虽然程序没有语法错误，但是可能会存在某些潜在的错误，大多数编译器在遇到这种情况时会发出警告信息。

数组的传递

上一小节中我们所提到的满足条件的程序就如代码清单 6-11 所示。

▶ 数学和英语的数组的元素个数，都是 NUMBER，即 5。而函数 max_of 的元素个数则是任意的。

代码清单 6-11   chap06/list0611.c

```
/*
    计算英语分数和数学分数中的最高分
*/

#include <stdio.h>

#define NUMBER  5                      /* 学生人数 */

/*--- 返回元素个数为 n 的数组 v 中的最大值 ---*/

int max_of(int v[], int n)
{                    └── 在接收数组的形参的声明中加上 []。
    int  i;
    int  max = v[0];

    for (i = 1; i < n; i++)
        if (v[i] > max)
            max = v[i];
    return max;
}

int main(void)
{
    int  i;
    int  eng[NUMBER];          /* 英语的分数 */
    int  mat[NUMBER];          /* 数学的分数 */
    int  max_e, max_m;         /* 最高分 */

    printf("请输入 %d 名学生的分数。\n", NUMBER);
    for (i = 0; i < NUMBER; i++) {
        printf("[%d] 英语:", i + 1);        scanf("%d", &eng[i]);
        printf( "    数学:");                scanf("%d", &mat[i]);
    }
    max_e = max_of(eng, NUMBER);        /* 英语的最高分 */
    max_m = max_of(mat, NUMBER);        /* 数学的最高分 */
                   └── 调用方直接写下数组名，不加 []。
    printf("英语的最高分＝%d\n", max_e);
    printf("数学的最高分＝%d\n", max_m);

    return 0;
}
```

运 行 结 果

请输入 5 名学生的分数。
[1] 英语: 53 ⏎
　　数学: 82 ⏎
[2] 英语: 49 ⏎
　　数学: 35 ⏎
[3] 英语: 21 ⏎
　　数学: 72 ⏎
[4] 英语: 91 ⏎
　　数学: 35 ⏎
[5] 英语: 77 ⏎
　　数学: 12 ⏎
英语的最高分 ＝ **91**
数学的最高分 ＝ **82**

函数 *max_of* 的动作如下所示。

> 找出包含任意个元素的 **int** 型数组中元素的最大值，然后返回该值。

像函数 *top* 一样，无需使用 *tensu* 或者 *NUMBER* 等特定的名称就可以进行说明了。请大家注意下述事项。

■ **注 意** ■

> 进行函数设计的时候，应该尽量提高其通用性。

这样一来，就可以更加简洁地说明函数功能。

在代码清单 6-11 的程序中，使用数组 *eng* 来存储英语的分数，使用数组 *mat* 来存储数学的分数。它们的最高分分别保存在变量 *max_e* 和 *max_m* 中。

就像之前说明的那样，函数 *max_of* 可以处理任意的数组（当然数组的元素个数也是任意的）。在本程序中我们使用该函数计算英语和数学分数中的最高分，而其实除了分数之外，例如体重和身高等，只要是 **int** 型的数组都可以处理，而且其元素个数也是任意的。

另外，函数 *max_of* 中用来存储分数的数组形参 *v* 的元素个数是通过接收到的 *n* 来设定的。该函数的函数头如下所示。

```
int max_of(int v[], int n)
```

接收数组的形参的声明为 "**类型名 参数名 []**"，使用别的形参（这里是 *n*）来接收元素个数。

另外，调用函数时使用的实参，只要写明数组的名称就可以了。我们可以像下面这样理解。

> 在 **main** 函数中传递数组 *eng*（或者 *mat*）给函数 *max_of*，函数 *max_of* 使用名称 *v* 来接收这个数组。

因此，函数调用表达式 *max_of(eng, NUMBER)* 调用的函数 *max_of* 中，*v*[0] 代表 *eng*[0] 的内容，*v*[1] 代表 *eng*[1] 的内容。

由于目前理解起来会比较困难，所以将在第 10 章中介绍该原理。

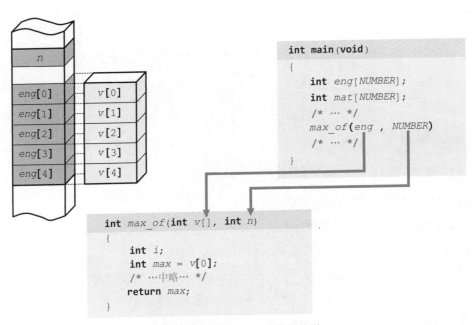

图 6-12　函数调用中数组的传递

6

函数的传递和 const 类型的修饰符

从之前学习的内容中，我们可以知道下面一点。

■ 注 意 ■

被调用函数中作为形参接收到的数组，就是函数调用时被作为实参的数组。

因此，对接收到的数组元素进行的修改，也会反映到调用时传入的数组中。让我们通过实际的程序来确认一下，如代码清单 6-12 所示。

除 **main** 函数以外，该程序中还定义了两个函数。

函数 *set_zero* 将 0 赋给数组的所有元素，函数 *print_array* 显示数组的所有元素的值。

▶　**main** 函数显示两个数组 *ary1* 和 *ary2* 的元素的值，之后将 0 赋给所有元素，并再次显示两个数组的元素的值。

在给函数传递数组的时候，大家可能会担心传递给函数的数组内容会被改变。

为了解决这个问题，C 语言提供了禁止在函数内修改接收到的数组内容的方法。只要在声明形参的时候加上被称为 **const** 的**类型修饰符**（type qualifier）就可以了。

代码清单 6-12   chap06/list0612.c

```
/*
    将数组的所有元素设置为 0
*/

#include <stdio.h>

/*--- 把 0 赋给有 n 个元素的数组 v 的所有元素 ---*/
void set_zero(int v[], int n)
{
    int i;

    for (i = 0; i < n; i++)
        v[i] = 0;
}

/*--- 显示有 n 个元素的数组 v 的所有元素并换行 ---*/
void print_array(const int v[], int n)
{                         └── 声明不改变所接收的
    int i;                      数组的元素的值。

    printf("{ ");
    for (i = 0; i < n; i++)
        printf("%d ", v[i]);
    printf("}");
}

int main(void)
{
    int ary1[] = {1, 2, 3, 4, 5};
    int ary2[] = {3, 2, 1};

    printf("ary1 = ");    print_array(ary1, 5);    putchar('\n');
    printf("ary2 = ");    print_array(ary2, 3);    putchar('\n');

    set_zero(ary1, 5);    /* 把 0 赋给数组 ary1 的所有元素 */
    set_zero(ary2, 3);    /* 把 0 赋给数组 ary2 的所有元素 */

    printf(" 把 0 赋给了两个数组的所有元素。\n");
    printf("ary1 = ");    print_array(ary1, 5);    putchar('\n');
    printf("ary2 = ");    print_array(ary2, 3);    putchar('\n');

    return 0;
}
```

运 行 结 果

```
ary1 = { 1 2 3 4 5 }
ary2 = { 3 2 1 }
把 0 赋给了两个数组的所有元素。
ary1 = { 0 0 0 0 0 }
ary2 = { 0 0 0 }
```

由于 *print_array* 函数的形参 *v* 在声明时加上了 **const** 类型修饰符，因此在该函数中就不能改写数组 *v* 的元素值了。

▶   如果函数 *print_array* 中有以下代码，编译时就会出错。

```
v[1] = 5     /* 错误：不能为 const 声明的数组元素赋值 */
```

由此我们可以总结出如下一点教训。

■ **注 意** ■

如果只是引用所接收的数组的元素值，而不改写的话，在声明接收数组的形参时就应该加上 **const**。这样函数调用方就可以放心地调用函数了。

▶ 当然，代码清单 6-11 中函数 *max_of* 接收的数组 *v* 的声明，也应该加上 **const** 类型修饰符。

另外，本程序中函数 *set_zero* 的形参 *v* 无法加上 **const** 类型修饰符。

数组 *ary1* 的元素个数是 5 个。如果函数 *set_zero* 的调用是 *set_zero*(*ary1*,*2*)，则只有数组 *ary1* 的头两个元素会被赋为 0。函数 *set_zero* 和 *print_array* 的第二个形参 *n*，与其说是"元素个数"，更准确的说法应该是"处理对象的元素个数"。

● **练习 6-8**

创建一个函数，返回元素个数为 *n* 的 **int** 型数组 *v* 中的最小值。
```
int min_of(const int v[], int n) {/* ... */}
```

● **练习 6-9**

创建一个函数，对元素个数为 *n* 的 **int** 型数组 *v* 进行倒序排列。
```
void rev_intary(int v[], int n) {/* ... */}
```

可参考代码清单 5-8 和练习 5-5。

● **练习 6-10**

创建一个函数，对元素个数为 *n* 的 **int** 型数组 *v2* 进行倒序排列，并将其结果保存在数组 *v1* 中。
```
void intary_rcpy (int v1[], const int v2[], int n) {/* ... */}
```

线性查找（顺序查找）

代码清单 6-13 所示为在数组的元素中查找目标值的程序。

代码清单 6-13

```c
/*
    线性查找（顺序查找）
*/

#include <stdio.h>

#define NUMBER      5      /* 元素个数 */
#define FAILED     -1      /* 查找失败 */

/*--- 查找元素数为 n 的数组 v 中与 key 一致的元素 ---*/

int search(const int v[], int key, int n)
{
    int  i = 0;

    while (1) {
        if (i == n)
            return FAILED;      /* 查找失败 */
        if (v[i] == key)
            return i;           /* 查找成功 */
        i++;
    }
}

int main(void)
{
    int  i, ky, idx;
    int  vx[NUMBER];

    for (i = 0; i < NUMBER; i++) {
        printf("vx[%d]:", i);
        scanf("%d", &vx[i]);
    }
    printf(" 要查找的值：");
    scanf("%d", &ky);

    idx = search(vx, ky, NUMBER);      /* 从元素个数为 NUMBER 的数组 vx 中查找 ky */

    if(idx == FAILED)
        puts("\a 查找失败。");
    else
        printf("%d 是数组的第 %d 号元素。\n", ky, idx + 1);

    return 0;
}
```

运 行 结 果 1

```
vx[0]：83 ⏎
vx[1]：55 ⏎
vx[2]：77 ⏎
vx[3]：49 ⏎
vx[4]：25 ⏎
```
要查找的值：49 ⏎
49 是数组的第 **4** 号元素。

运 行 结 果 2

```
vx[0]：83 ⏎
vx[1]：55 ⏎
vx[2]：77 ⏎
vx[3]：49 ⏎
vx[4]：25 ⏎
```
要查找的值：16 ⏎
♪查找失败。

函数 search 从元素数为 n 的 **int** 型数组 v 的开头，顺次查找是否存在与 key 值相同的元素。如果有，则返回数组元素的下标。如果没有，则返回 FAILED，也就是 -1。如图 6-13 所示。

函数 search 中 **while** 语句的控制表达式是 "1"，因此只有在执行 **return** 语句的时候才能跳出循环，否则循环体将会一直重复执行下去。

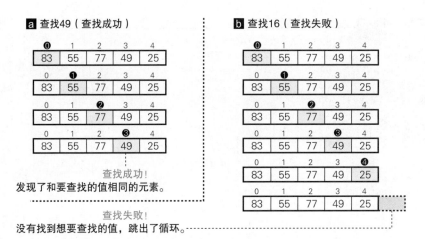

图 6-13　顺序查找

在满足下述任意条件的时候，就可以跳出 **while** 语句。

A 未能找到想要查找的值，最后跳出循环（当 i == n 成立的时候）

B 找到了想要查找的值（当 $v[i]$ == key 成立的时候）

像这样，从数组的开头出发顺次搜索，找出与目标相同的元素的一系列操作，称为**线性查找**（linear search）或**顺序查找**（sequential search）。

哨兵查找法

　　进行循环操作的时候，需要不停判断是否满足两个结束循环的条件。虽然说判断很简单，但是经过数次累积之后，也是个不小的负担了。

　　如果数组的大小（元素个数）还有富余，我们就可以把想要查找的数值存储到数组末尾的元素 $v[n]$ 中（图 6-14 中灰底部分）。这样一来，即使数组中没有想要查找的数值，当遍历到 $v[n]$ 的时候，也肯定会满足条件 **B**，这样条件 **A** 就可以省略了。

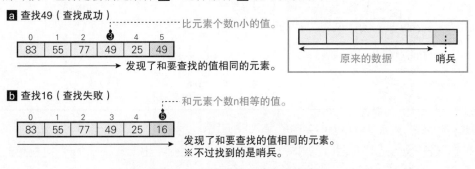

图 6-14　顺序查找（哨兵查找法）

在数组末尾追加的数据称为**哨兵**（sentinel），使用哨兵进行查找的方法称为**哨兵查找法**。使用哨兵可以简化对循环结束条件的判断。

使用哨兵查找法实现顺序查找的程序如代码清单 6-14 所示。

代码清单 6-14　　　　　　　　　　　　　　　　　　　　chap06/list0614.c

```
/*
    顺序查找（哨兵查找法）
*/

#include <stdio.h>

#define NUMBER    5          /* 元素个数 */
#define FAILED   -1          /* 查找失败 */

/*--- 从元素个数为 n 的数组 v 中查找和 key 一致的元素（哨兵查找法）---*/
int search(int v[], int key, int n)
{
    int i = 0;

    v[n] = key;     /* 添加哨兵 */

    while (1) {
        if (v[i] == key)
            break;      /* 查找成功 */
        i++;
    }

    return (i < n) ? i : FAILED;
}

int main(void)
{
    int i, ky, idx;
    int vx[NUMBER+1];
                    多准备 1 个元素。
    for (i = 0; i < NUMBER; i++) {
        printf("vx[%d]:", i);
        scanf("%d", &vx[i]);
    }
    printf("要查找的值：");
    scanf("%d", &ky);

    if ((idx = search(vx, ky, NUMBER)) == FAILED)
        puts("\a 查找失败。");
    else
        printf("%d 是数组的第 %d 号元素。\n", ky, idx + 1);

    return 0;
}
```

运 行 结 果 **1**

vx[0]：83 ↵
vx[1]：55 ↵
vx[2]：77 ↵
vx[3]：49 ↵
vx[4]：25 ↵
要查找的值：49 ↵
49 是数组的第 **4** 号元素。

运 行 结 果 **2**

vx[0]：83 ↵
vx[1]：55 ↵
vx[2]：77 ↵
vx[3]：49 ↵
vx[4]：25 ↵
要查找的值：16 ↵
♪查找失败。

6

由于函数 search 需要改变数组 v 的内容，因此在声明形参的时候不能加入 **const** 类型修饰符。

　　另外，函数 *search* 的 **while** 语句中的 **if** 语句由两个减为了一个，这也意味着 **if** 语句的判定次数减少了一半。

　　另一方面，在 **while** 语句结束后的蓝色底纹部分，是基于条件运算符的判定。具体来说，就是判断所发现的元素（值和 *key* 相等的元素）是原本就存在在数组中的元素，还是作为哨兵追加的元素（图 6-14）。

*

　　灰色底纹部分的 **if** 语句的控制表达式，其结构比较复杂。让我们参照着图 6-15 来理解。如图所示，该表达式的判断分为两个阶段。

图 6-15　赋值表达式和等价表达式的判定

① 使用赋值运算符 = 进行赋值

将函数 *search* 的返回值赋给变量 *idx*。

② 使用相等运算符 == 进行相等性的判断

判断赋值表达式 *idx* **=** *search***(***vx, ky, NUMBER***)** 和 *FAILED* 是否相等。

　　对赋值表达式进行判定的结果是赋值后的 *idx* 的值，如果用语言来表示该控制表达式的话，就是下面这样。

> 　　将函数调用表达式的返回值赋给 *idx*，如果该值和 *FAILED* 相等……

▶　括起表达式 *idx* **=** *search***(***vx, ky, NUMBER***)** 的括号不能省略。因为相等运算符 **==** 的优先级高于赋值运算符 **=**。

　　若使用 **for** 语句来改写代码清单 6-14 中函数 *search* 中 **while** 语句的循环，程序会精简许多。改写后的程序如代码清单 6-15 所示。

```
代码清单 6-15                                          chap06/list0615.c

/*---- 从元素个数为 n 的数组 v 中查找和 key 一致的元素（哨兵查找法）----*/
int search(int v[], int key, int n)
{
    int  i;

    v[n] = key;          /* 添加哨兵 */

    for (i = 0 ; v[i] != key; i++)
        ;
    return (i < n) ? i : FAILED;
}
```

▶　在该 **for** 语句中，i 会不断地自动增加，直到在数组中找到与 key 值相同的元素为止。循环体中并不需要执行什么特别的语句。

● 练习 6-11

　　创建一个函数 search_idx，将和有 n 个元素的数组 v 中的 key 相等的所有元素的下标存储在数组 idx 中，返回和 key 相等的元素的个数。

　　　　int search_idx(const int v[], int idx[], int key, int n);

　　例如，如果 v 中所接收的数组的元素是 {1,7,5,7,2,4,7}，key 为 7 的话，{1,3,6} 就会被存储在 idx 中，并返回 3。

多维数组的传递

　　在上一章中，我们学习了求两个二维数组的所有元素的和并显示的程序，即代码清单 5-13。接下来，我们将求和的部分和进行显示的部分，分别以独立的函数来实现。程序如代码清单 6-16 所示。

　　另外，函数间多维数组的传递中，一般将最高维的元素个数作为不同于数组的其他参数进行传递（专题 6-2）。

● 练习 6-12

　　创建一个函数，将 4 行 3 列矩阵 a 和 3 行 4 列矩阵 b 的乘积，存储在 4 行 4 列矩阵 c 中。

　　　　void mat_mul(const int a[4][3], const int b[3][4], int c[4][4]){/* ... */}

代码清单 6-16   chap06/list0616.c

```c
/*
    求 4 名学生在两次考试中 3 课程的总分并显示（函数版）
*/

#include <stdio.h>

/*--- 将 4 行 3 列矩阵 a 和 b 的和存储在 c 中 ---*/
void mat_add(const int a[4][3], const int b[4][3], int c[4][3])
{
    int i, j;
    for (i = 0; i < 4; i++)
        for (j = 0; j < 3; j++)
            c[i][j] = a[i][j] + b[i][j];
}

/*--- 显示 4 行 3 列矩阵 m ---*/
void mat_print(const int m[4][3])
{
    int i, j;
    for (i = 0; i < 4; i++) {
        for (j = 0; j < 3; j++)
            printf("%4d", m[i][j]);
        putchar('\n');
    }
}

int main(void)
{
    int tensu1[4][3] = { {91, 63, 78}, {67, 72, 46}, {89, 34, 53}, {32, 54, 34} };
    int tensu2[4][3] = { {97, 67, 82}, {73, 43, 46}, {97, 56, 21}, {85, 46, 35} };
    int sum[4][3];              /* 总分 */

    mat_add(tensu1, tensu2, sum);                  /* 求两次考试中成绩的总和 */

    puts("第一次考试的分数");  mat_print(tensu1);  /* 显示第一次考试的分数 */
    puts("第二次考试的分数");  mat_print(tensu2);  /* 显示第二次考试的分数 */
    puts("总分");             mat_print(sum);     /* 显示总分 */

    return 0;
}
```

运行结果		
第一次考试的分数		
91	63	78
67	72	46
89	34	53
32	54	34
第二次考试的分数		
97	67	82
73	43	46
97	56	21
85	46	35
总分		
188	130	160
140	115	92
186	90	74
117	100	69

● 练习 6-13

改写代码清单 6-16 的程序，将两次考试的分数存储在三维数组中。

专题 6-2　多维数组的传递

接收多维数组的函数，可以省略相当于开头下标的 *n* 维的元素个数。但是，（*n* − 1）维之下的元素个数必须是常量。

下面是接收一维数组 ~ 三维数组的参数的声明示例。

void *func1*(**int** *v*[],　　　　**int** *n*);　/* 元素类型为 **int**、元素个数随意（*n*）。*/
void *func2*(**int** *v*[][3],　　　**int** *n*);　/* 元素类型为 **int**[3]、元素个数随意（*n*）。*/
void *func3*(**int** *v*[][2][3], **int** *n*);　/* 元素类型为 **int**[2][3]、元素个数随意（*n*）。*/

所接收的数组的元素类型必须固定，但元素个数是自由的。

代码清单 6C-1 的程序就利用了这一特点。

代码清单 6C-1   chap06/listC0601.c

```c
/*
    为 n 行 3 列的二维数组的所有构成元素赋上同样的值
*/
#include <stdio.h>

/*--- 将 v 赋值给元素类型为 int[3]、元素个数为 n 的数组 m 的所有构成元素 ---*/
void fill(int m[][3], int n, int v)        —— n 行 3 列的二维数组
{
    int i, j;

    for (i = 0; i < n; i++)
        for (j=0; j < 3; j++)
            m[i][j] = v;
}

/*--- 显示元素类型为 int[3]、元素个数为 n 的数组 m 的所有构成元素 ---*/
void mat_print(const int m[][3], int n)     —— n 行 3 列的二维数组
{
    int i, j;
    for (i = 0; i < n; i++) {
        for (j = 0; j < 3; j++)
            printf("%4d", m[i][j]);
        putchar('\n');
    }
}

int main()
{
    int no;
    int x[2][3]    = {0};    /* 2 行 3 列：元素类型为 int[3]、元素个数为 2 */
    int y[4][3]    = {0};    /* 4 行 3 列：元素类型为 int[3]、元素个数为 4 */

    printf("赋给所有构成元素的值：");
    scanf("%d", &no);

    fill(x, 2, no);          /* 将 no 赋给 x 的所有构成元素 */
    fill(y, 4, no);          /* 将 no 赋给 y 的所有构成元素 */

    printf("--- x ---\n");    mat_print(x, 2);
    printf("--- y ---\n");    mat_print(y, 4);

    return 0;
}
```

運行結果

赋给所有构成元素
的值：18 ↵

--- x---
　18　18　18
　18　18　18
--- y---
　18　18　18
　18　18　18
　18　18　18
　18　18　18

函数 *fill* 和函数 *mat_print* 接收的参数 *m* 的二维的元素个数（行数）被省略，一维的元素个数（列数）变成了 3。因此，对这些函数，可以传递行数任意、列数为 3 的数组（本程序中传递的是 2 行 3 列的数组和 4 行 3 列的数组）。

6-3 作用域和存储期

要创建大规模程序，必须首先理解作用域和存储期。本节我们就来学习相关内容。

作用域和标识符的可见性

在代码清单 6-17 的程序中对变量 x 的声明总共有三处（分别用 x、x、x 来区分）。

代码清单 6-17
chap06/list0617.c

```
/*
    确认标识符的作用域
*/

#include  <stdio.h>

int  x = 75;                              /* A: 文件作用域 */

void print_x(void)
{
    printf("x = %d\n", x);
}

int main(void)
{
    int  i;
    int  x = 999;                         /* B: 块作用域 */

    print_x();                                              1

    printf("x = %d\n", x);                                  2

    for (i = 0; i < 5; i++) {
        int  x = i * 100;                 /* C: 块作用域 */
        printf("x = %d\n", x);                             3
    }

    printf("x" = %d\n", x);                                4

    return 0;
}
```

运行 结 果
```
x = 75
x = 999
x = 0
x = 100
x = 200
x = 300
x = 400
x = 999
```

首先我们来看一下 A 处声明的 x。该变量的初始值为 75，因为它是在函数外面声明定义的，所以这个 x 拥有文件作用域。

因此，函数 *print_x* 中的 "*x*" 就是上述的 x，程序执行后，屏幕上会输出

> x = 75　　……显示的是 x 的值

因为 1 处调用了函数 *print_x*，所以首先会进行上面的显示。

然后我们再来看 B 处声明的 x。由于它是在 **main** 函数的程序块也就是复合语句中声明的，所以这个名称在 **main** 函数结尾的大括号 } 之前都是通用的。

存在两个相同名称的 "*x*" 的灰色底纹部分，适用以下规则。

■ 注 意 ■

如果两个同名变量分别拥有文件作用域和块作用域，那么只有拥有块作用域的变量是 "可见" 的，而拥有文件作用域的变量会被 "隐藏" 起来。

由于 2 处的 "*x*" 就是 x，因此 x 的值显示为

> x = 999　　……显示的是 x 的值

在 **main** 函数的 **for** 语句中声明定义了第三个变量 x。这里适用以下规则。

■ 注 意 ■

当同名变量都被赋予了块作用域的时候，内层的变量是 "可见" 的，而外层的变量会被 "隐藏" 起来。

综上所述，**for** 语句循环体这个程序块中的 "*x*" 实际上就是上述第三个变量 x。由于 **for** 语句的循环执行了 5 次，因此 3 处 x 的值显示为

> x = 0　　　　……显示的是 x 的值
> x = 100
> x = 200
> x = 300
> x = 400

for 语句的循环结束之后，该变量 x 的名称就会失效。因此，在调用最后一个 *printf* 函数的 4 处，x 的值显示为

> x = 999　　　……显示的是 x 的值

*　　　　　　　　*

被声明的标识符从其名称书写出来之后生效。

因此，即使把 **B** 处对 x 的声明修改为 **int** x = x;，作为初始值的 "x" 也是被声明出来的 x，而不是拥有文件作用域的在 **A** 处声明的那个 **x**。因此，x 的初始值不是 75，而是被初始化为不确定的值。

存储期

在函数中声明的变量，并不是从程序开始到程序结束始终有效的。变量的生存期也就是寿命有两种，它们可以通过**存储期**（storage duration）这个概念来体现。

下面就通过代码清单 6-18 中的程序来具体说明。

在函数 $func$ 中声明了 sx 和 ax 两个变量。但是，声明 sx 的时候我们使用了**存储类说明符**（storage duration specifier）**static**。可能正因为如此，虽然是用相同的值进行初始化并递增的，但最终 ax 和 sx 的值并不相同。

■ 自动存储期

在函数中不使用存储类说明符 **static** 而定义出的对象（变量），被赋予了**自动存储期**（automatic storage duration），它具有以下特性。

> 程序执行到对象声明的时候就创建出了相应的对象。而执行到包含该声明的程序块的结尾，也就是大括号 } 的时候，该对象就会消失。

也就是说，该对象拥有短暂的寿命，另外，如果不显式地进行初始化，则该对象会被初始化为不确定的值。

被赋予自动存储期的对象，在程序执行到 **int** ax = 0; 的时候，就被创建出来并且进行初始化。

■ 静态存储期

在函数中使用 **static** 定义出来的对象，或者在函数外声明定义出来的对象都被赋予了**静态存储期**（static storage duration），它具有以下特性。

> 在程序开始执行的时候，具体地说是在 **main** 函数执行之前的准备阶段被创建出来，在程序结束的时候消失。

也就是说，该对象拥有"永久"的寿命。另外，如果不显式地进行初始化，则该对象会自动初始化为 0。

被赋予了静态存储期的对象，会在 **main** 函数开始执行之前被初始化。因此，虽说程序执行的时候会经过 **static int** *sx* = 0; 的声明，但其实那个时候并没有进行初始化处理，也就是说该声明并未执行赋值处理。

代码清单 6-18   chap06/list0618.c

```
/*
    自动存储期和静态存储期
*/

#include <stdio.h>

int  fx = 0;                    /* 静态存储期 + 文件作用域 */

void func(void)
{
    static int sx = 0;          /* 静态存储期 + 块作用域 */
    int        ax = 0;          /* 自动存储期 + 块作用域 */

    printf("%3d%3d%3d\n", ax++, sx++, fx++);
}

int main(void)
{
    int  i;

    puts(" ax sx fx");
    puts("----------");
    for (i = 0; i < 10; i++)
        func();
    puts("----------");

    return 0;
}
```

```
运 行 结 果

ax sx fx
----------
 0  0  0
 0  1  1
 0  2  2
 0  3  3
 0  4  4
 0  5  5
 0  6  6
 0  7  7
 0  8  8
 0  9  9
----------
```

表 6-2 中总结了两种存储期的性质。

■ 表 6-2　对象的存储期

	自动存储期	静态存储期
生成	程序执行到对象声明的时候创建出相应的对象	在程序开始执行的时候被创建出来
初始化	如果不显式地进行初始化，则该对象会被初始化为不确定的值	如果不显式地进行初始化，则该对象会被初始化为0
消失	执行到包含该声明的程序块的结尾时，该对象就会消失	在程序结束的时候消失

▶ 在函数中通过存储类说明符 **auto** 或者 **register** 声明定义出的变量，也被赋予了自动存储期。通过 **auto int** *ax* = 0; 进行的声明和不使用 **auto** 进行的声明在编译的时候是完全相同的。因此 **auto** 就显得有些多余了。

另外，使用 **register** 进行的声明 **register int** *ax* = 0;，在源程序编译的时候，变量 *ax* 不是保存在内存中，而是保存在更高速的寄存器中。然而，由于寄存器的数量有限，所以也不是绝对的。

现在的编译技术已经十分先进了，哪个变量保存在寄存器中更好都是通过编译自行判断并进行最优化处理的（不仅如此，保存在寄存器中的变量在程序执行的时候也可能发生改变）。

使用 **register** 进行声明也渐渐变得没有意义了。

在理解以上两个存储期的含义的基础之上，我们来通过图 6-16 研究一下程序的处理流程。

▶ 该图中蓝色底纹部分表示被赋予了静态存储期的变量，灰色底纹部分表示被赋予了自动存储期的变量。

a **main** 函数执行之前的状态。拥有静态存储期的变量 *fx* 和 *sx*，在程序开始的时候被创建出来，并被初始化为 0。在程序执行的整个过程中，它们会一直存在在同一个地方。

b 当 **main** 函数开始执行的时候，创建出了拥有自动存储期的变量 *i*。

c 在 **main** 函数中调用函数 *func* 的时候，创建了变量 *ax* 并将其初始化为 0。这样，变量 *ax*、*sx*、*fx* 的值分别是 0 0 0 。之后这三个变量全都会自动增加为 1。

```
int fx = 0;
void func(void)
{
    static int sx = 0;
    int       ax = 0;
    printf("%3d%3d%3d\n",
            ax++, sx++, fx++);
}
int main(void)
{
    int i;
    /*--- 中略 ---*/
    for (i = 0; i < 10; i++)
        func();
    /*--- 中略 ---*/
}
```

运 行 结 果		
ax	sx	fx

0	0	0
0	1	1
0	2	2
0	3	3
0	4	4
0	5	5
0	6	6
0	7	7
0	8	8
0	9	9
----------		

d 当函数 *func* 执行结束的时候变量 *ax* 就消失了。

e **main** 函数中的变量 *i* 自动增加，然后再调用函数 *func*。这时变量 *ax* 再次被创建出来并被初始化为 0。于是这三个变量的值分别为 0 1 1 。在显示处理结束之后，这些变量的值自动增加为 1、2、2。

main 函数总共调用了 10 次函数 *func*，拥有"永久"寿命的变量 *fx* 和 *sx* 会一直自动增加。而只存在于函数 *func* 中的变量 *ax*，由于每次创建的时候都被初始化为 0，因此被创建了

10 次之后，它的值还是 0。

f **main** 函数执行结束的同时，变量 *i* 也会消失。

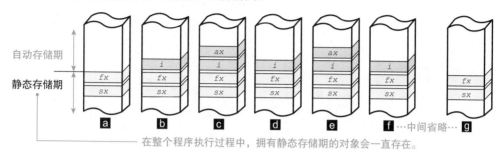

图 6-16 对象的生成和消失

*

我们可以通过代码清单 6-19 中的程序，来确认拥有静态存储期的对象是否会被自动初始化为 0。

代码清单 6-19   chap06/list0619.c

```
/*
    确认拥有静态存储期的对象的默认的初始化
*/

#include  <stdio.h>

int fx;                          /* 用 0 初始化 */

int main(void)
{
    int i ;
    static int    si;            /* 用 0 初始化 */
    static double sd;            /* 用 0.0 初始化 */
    static int    sa[5];         /* 所有元素都用 0 初始化 */

    printf("fx = %d\n", fx);
    printf("si = %d\n", si);
    printf("sd = %f\n", sd);

    for (i = 0; i < 5; i++)
        printf("sa[%d] = %d\n", i, sa[i]);

    return 0;
}
```

运 行 结 果

```
fx = 0
si = 0
sd = 0
sa[0] = 0
sa[1] = 0
sa[2] = 0
sa[3] = 0
sa[4] = 0
```

由此可见，拥有静态存储期的 **int** 类型的 *fx* 和 *si*、**double** 类型的 *sd*、**int** 型数组的所有元素 *sa*[0]，*sa*[1],…，*sa*[4] 都是用 0（或 0.0）初始化的。

● 练习 6-14

　　编写一段程序，为 **double** 型数组的所有元素分配静态存储期，并确认它们都被初始化为 0.0。

● 练习 6-15

　　创建函数 *put_count*，显示被调用的次数（右面显示的是调用 3 次函数 *put_count* 的运行结果）

void *put_count*() {/* … */}

```
put_count: 第1次
put_count: 第2次
put_count: 第3次
```

总结

- 将多个处理集中到一起进行时，可以使用函数这一程序的零件。返回类型、函数名、形参这三个部分决定了函数的特征。不接收参数的函数，其形参类型为 **void**。

- 函数体是复合语句（程序块）。如果有仅在函数中使用的变量，原则上应在该函数中声明和使用。

- 函数调用的形式是在函数名后面加上小括号。这个小括号称为函数调用运算符。如果没有实参，则小括号中为空。有多个实参的情况下，用逗号分隔。

- 进行函数调用后，程序的流程将一下子跳转到该函数处。

- 参数的传递是通过值的传递进行的，实参的值会被赋给形参。因此即便修改所接收的形参的值，也不会影响到实参。反之，通过灵活应用值传递的优点，可以让函数更加简洁紧凑。

- 在函数内执行 **return** 语句时，或函数体执行结束时，程序流就会返回到原来进行调用的地方。如果函数的返回值类型不是 **void**，则在返回到原来进行调用的地方时，会返回单一的值。

- 对函数调用表达式进行判断，会得到该函数返回的值。

- 创建变量或函数实体的声明称为定义声明，否则为非定义声明。

- 程序运行的时候，会执行 **main** 函数的主体部分。**main** 函数之外的函数不会被率先执行。

- 将被调用的函数定义在前面，进行调用的函数定义在后面。调用定义在前面的函数时，需要进行原型声明，声明函数的返回值类型、形参类型和个数。

- 函数应该具有高通用性。

- C 语言提供的 *printf*、*scanf* 等函数，称为库函数。

- < stdio.h >等头文件中包含库函数的函数原型声明等。**#include** 指令行引入头文件的内容。

- 接收数组的形参的声明为“**类型名 参数名 [ ]**”，一般使用别的形参来接收元素个数。另外，如果只是引用所接收的数组的元素值，而不改写的话，在声明接收数组的形参时就应该加上 **const**。

- 从数组的开头出发按顺序搜索，直到找出与目标相同的元素，这一系列操作称为顺序查找。还可以使用哨兵查找法。

- 在函数外定义的变量，拥有文件作用域；在函数内定义的变量，拥有块作用域。

- 如果两个同名变量拥有不同的作用域，那么内层的变量是"可见"的，而外层的变量会被"隐藏"起来。
- 在函数外定义的对象，或者在函数中使用 **static** 定义出来的对象，其"寿命"是从程序开始执行到程序执行结束，拥有静态存储期。如果不显式地进行初始化，则该对象会被初始化为 0。
- 函数中不使用存储类说明符 **static** 定义出来的对象，具有自动存储期。如果不显式地进行初始化，则该对象会被初始化为不确定的值。

Chap06/summaxy1.c

```
/*
    求两个整数值的平均值
*/

#include   <stdio.h>

/* 以实数的形式返回 a 和 b 的平均值 */
double ave2(int a, int b)
{
    return (double)(a + b) / 2;
}

int main(void)
{
    int n1, n2;

    puts("请输入两个整数。");
    printf("整数 1 : ");    scanf("%d", &n1);
    printf("整数 2 : ");    scanf("%d",&n2);

    printf("平均值是 %.1f。\n", ave2(n1, n2));

    return 0;
}
```

运 行 结 果
请输入两个整数。
整数 1 : 5␍
整数 2 : 6␍
平均值是 5.5。

Chap06/summaxy2.c

```
/* 记下 no 返回上一次的值 */

int val (int no)
{
    static int v;
    int temp = v;

    v = no;
    return temp;
}
```

Chap06/summaxy3.c

```
/* 以实数的形式返回数组 a 的所有元素的平均值 */

double ave_ary(const int a[], int n)
{
    int i ;
    double sum = 0;

    for (i = 0; i < n; i++)
    sum += a[i];
    return sum / n;
}
```

Chap06/summaxy4.c

```
/* 输出响铃 */

void put_alert(void)
{
    putchar('\a') ;
}
```

Chap06/summaxy5.c

```
/* 将数组 b 开头的 n 个元素复制给数组 a */

void cpy_ary(int a[], const int b[], int n)
{
    int i;

    for (i = 0; i < n; i++)
        a[i] = b[i];
}
```

Chap06/summaxy6.c

```
/* 返回二维数组 a 的所有构成元素的总和 */

int sum_ary2D(const int a[][3], int n)
{
    int i, j;
    int sum = 0;

    for (i = 0; i < n; i++)
        for (j = 0; j < 3; j++)
            sum += a[i][j];
    return sum;
}
```

6

第 7 章
基本数据类型

　　int 型是一种只表示整数的数据类型，它不能表示具有小数部分的实数。所以我们在前几章中是用 double 型来处理实数的。

　　由此可见，数值表现都有一定的特征和范围，它们是由数据类型决定的。C 语言提供了丰富的数据类型。本章我们就来学习基本的数据类型。

7-1　基本数据类型和数

本章的目的是学习基本数据类型。在此之前，本节我们先来学习"数"。

算数类型和基本数据类型

经过前几章的学习，我们知道可以对 **int** 型和 **double** 型的变量及常量进行加减等算术运算。这种数据类型称为**算术类型**（arithmetic type）。如图 7-1 所示，算术类型是多种数据类型的统称，大体上可分为以下两种类型。

整数类数据类型（integral type）：只表示整数

浮点型（floating type）：可表示具有小数部分的数值

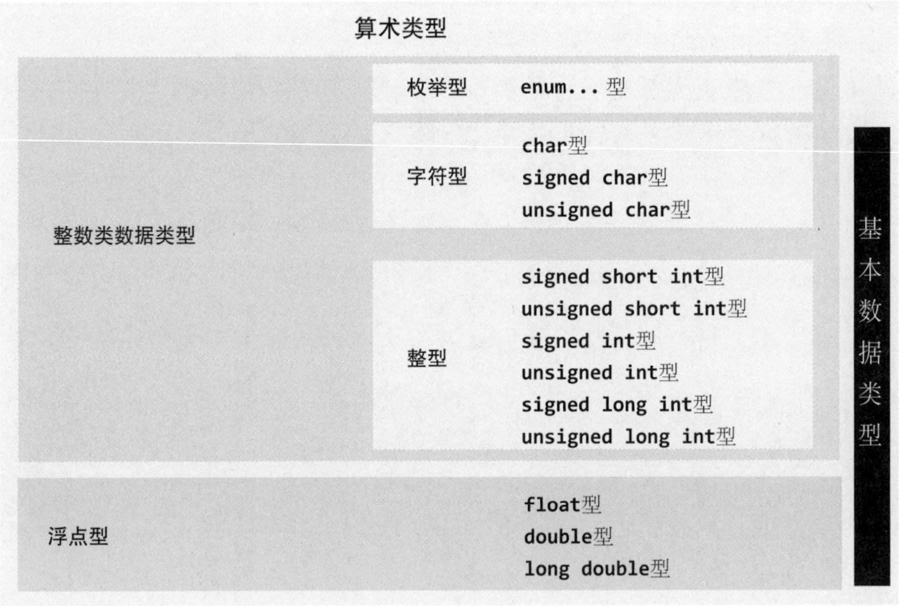

算术类型

	枚举型	enum... 型
整数类数据类型	字符型	char型 signed char型 unsigned char型
	整型	signed short int型 unsigned short int型 signed int型 unsigned int型 signed long int型 unsigned long int型
浮点型		float型 double型 long double型

基本数据类型

图 7-1　算术类型

前者（整数类数据类型）是以下数据类型的统称。

枚举型（enumeration type）※ 在下一章学习

字符型（character type）：表示字符

整型（integer type）：表示整数

字符型、整型和浮点型只需使用 **int** 或 **double** 等关键字就能表示其数据类型，因此将它们统称为**基本数据类型**（basic type）。

基数

我们先来学习整数。

我生于 1963 年——这种数值表现形式很常见，众所周知这是以 10 为**基数**的**十进制数**。

▶　在表示数值的时候，基数是进位的基准。基数为 10 的十进制数，每逢 10 或 10 的倍数进位。

不过，在大家使用的电子计算机中所有数据都是用 ON/OFF 信号（即 1 和 0）来表示的。对我们来说最容易理解的是十进制数，而对计算机来说以 2 为基数的**二进制数**则更易于理解。

虽说如此，假如我们将所有数值都用二进制数来表示可就太费力劳神了。如果只能使用二进制数，那么在自我介绍时就必须得说"我生于 11110101011 年"了。

且不说这样的数值如何，就接近硬件底层的程序来说，使用二进制数会更加适宜。二进制数固然有其优点，却也存在位数过多处理不便的问题，所以在写法上还使用了**八进制数**和**十六进制数**。

在十进制数中，如果以下 10 种数字都用完了，就进位为 10。

　　0　1　2　3　4　5　6　7　8　9　　　　　　　　　　　1 位十进制数

在此之后，若 2 位的 10~99 也用完了，就会进位为 100。

同样，在八进制数中，用完以下 8 种数字后就进位为 10。

　　0　1　2　3　4　5　6　7　　　　　　　　　　　　　　1 位八进制数

当然，若 2 位的 10 ～ 77 也用完了，就进位为 100。

以此类推，在十六进制数中使用以下 16 种数字，那么 **F** 后面的数就是 10。

　　0　1　2　3　4　5　6　7　8　9　A　B　C　D　E　F　　1 位十六进制数

另外，如果 2 位的 10~FF 用完了，还会再进一位，变为 100。

如下所示，将十进制数 0 ～ 20 分别用八进制、十进制和十六进制数表示。

八进制数	0	1	2	3	4	5	6	7	10	11	12	13	14	15	16	17	20	21	22	23	24…
十进制数	0	1	2	3	4	5	6	7	8	9	10	11	12	13	14	15	16	17	18	19	20…
十六进制数	0	1	2	3	4	5	6	7	8	9	A	B	C	D	E	F	10	11	12	13	14…

二进制只使用 0 和 1 两种数字表示数值。

　　0　1　　　　　　　　　　　　　　　　　　　　　　　1 位二进制数

因此，将十进制的 0~13 用二进制表示就是：

    0 1 10 11 100 101 110 111 1000 1001 1010 1011 1100 1101

基数转换

接下来我们学习不同基数间的整数值相互转换的方法。

■ **由八进制数、十六进制数、二进制数向十进制数转换**

十进制数的每一位都是 10 的指数幂。所以 1998 可以解释为

$$1998 = 1 \times 10^3 + 9 \times 10^2 + 9 \times 10^1 + 8 \times 10^0$$

$$\qquad\qquad 1000 \qquad\quad 100 \qquad\quad 10 \qquad\quad 1$$

将这个思路应用于八进制数、十六进制数和二进制数上，就能轻松地将这些数转换为十进制数。

举例来说，将八进制数 123 转换为十进制数的步骤如下：

$$123 = 1 \times 8^2 + 2 \times 8^1 + 3 \times 8^0$$
$$\quad\; = 1 \times 64 + 2 \times 8 + 3 \times 1$$
$$\quad\; = 83$$

而将十六进制数 1FD 转换为十进制数的步骤如下：

$$1FD = 1 \times 16^2 + 15 \times 16^1 + 13 \times 16^0$$
$$\quad\;\; = 1 \times 256 + 15 \times 16 + 13 \times 1$$
$$\quad\;\; = 509$$

将二进制数 101 转换为十进制数的步骤如下：

$$101 = 1 \times 2^2 + 0 \times 2^1 + 1 \times 2^0$$
$$\quad\; = 1 \times 4 + 0 \times 2 + 1 \times 1$$
$$\quad\; = 5$$

■ **由十进制数向八进制数、十六进制数、二进制数转换**

二进制数有以下规律。

> 偶数的末位数字为 0。
> 奇数的末位数字为 1。

也就是说，用要转换的数除以 2 所得的余数就是末位数字的值。

例如，十进制数 57 除以 2 的余数为 1，那么转换后的二进制数的末位数字就是 1，这一点只要稍作计算就能明白了。

在继续十进制数转二进制数的话题之前，我们先对"十进制数转换为十进制数"的方法作一下说明。一个数除以 10 的余数，与这个数的末尾数字相等。例如，1962 除以 10 的余数为 2，与末位数字 2 相等。

此处除法运算 1962/10 的商为 196，也就是 1962 右移 1 位后的值（删去末位的 2）。即十进制数除以 10 的意思就是右移 1 位。接着用 196 除以 10，得到的余数 6 就是倒数第 2 位的值。继续将此时的商 19 除以 10……

将一个数除以 10，求得商和余数，再对商作同样的除法计算。重复这一过程，直到商为 0 为止，最后将求得的所有余数逆向排列，就得到了转换后的十进制数（图 7-2）。

图 7-2　将十进制数 1962 转换为十进制数　　图 7-3　将十进制数 57 转换为二进制数

在上述步骤中，将 10 改为 2 就是"十进制数转二进制数"的方法了。因为用一个数除以 2 就相当于将它的二进制数右移 1 位。

现在我们回到将十进制数 57 转换为二进制数的话题。用 57 除以 2，商为 28，余数为 1。再用商 28 除以 2，得到商 14 和余数 0。反复这一步骤，直到商为 0 为止，将所有余数逆向排列就得到了结果 111001（图 7-3）。

当然，将十进制数转换为八进制数、十六进制数的步骤也是一样的。只要将除数改为 8 或 16，最后排列余数就行了。

十进制数 57 转换为八进制数为 71（图 7-4），转换为十六进制数为 39（图 7-5）。

图 7-4　将十进制数 57 转换为八进制数　　图 7-5　将十进制数 57 转换为十六进制数

专题 7-1　二进制和十六进制的基数转换

如表 7C-1 所示，4 位二进制数和 1 位十六进制数是相互对应的（即 4 位的二进制数 0000~1111，就是 1 位的十六进制数 0~F）。

■ 表 7C-1　二进制数和十六进制数的对应关系

二进制数	十六进制数	二进制数	十六进制数
0000	0	1000	8
0001	1	1001	9
0010	2	1010	A
0011	3	1011	B
0100	4	1100	C
0101	5	1101	D
0110	6	1110	E
0111	7	1111	F

利用这一特性，二进制数转十六进制数、十六进制数转二进制数就很容易了。

例如，要将二进制数 0111101010011100 转换为十六进制数，只需每 4 位隔开一下，并分别转换为 1 位的十六进制数。

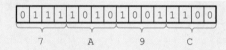

另外，若要将十六进制数转换为二进制数，只需反过来操作即可（将十六进制数的 1 位转换为二进制的 4 位）。

7-2　整型和字符型

C 语言最擅长处理的是整型和字符型。本节我们就来学习这些数据类型。

整型和字符型

整型（integer type）和**字符型**（charactor type）是用来表示限定范围内连续整数的数据类型。

假设某种数据类型表示 10 个连续的整数。如果只需表示非负整数（0 和正整数），那么这 10 个数可以是：

（a）0, 1, 2, 3, 4, 5, 6, 7, 8, 9

如果又想使用负数，那就可以变为：

（b）-5, -4, -3, -2, -1, 0, 1, 2, 3, 4

当然，这个范围也可以是 -4 至 5。（b）虽然有能表示负数的优点，但它可表示的绝对值却几乎只有（a）的一半。

由此可知，如果事先确定要处理的数不会是负数，并且需要处理较大的数，那么使用（a）较为合适。

＊

在 C 语言中处理整数时，可以根据用途和目的灵活使用以下数据类型：

　　　　无符号整型（unsigned integer type）　　　　表示 0 和正数的整型

　　　　有符号整型（signed integer type）　　　　表示 0 和正负数的整型

前者相当于（a），后者相当于（b）。

声明变量时，可以通过加上**类型说明符**（type specifier）**signed** 或 **unsigned** 来指定其中一种数据类型。若不加类型说明符，则默认为有符号。例如：

```
int          x;    /* x是有符号 int 型 */
signed int   y;    /* y是有符号 int 型 */
unsigned int z;    /* z是无符号 int 型 */
```

＊

整数除了有符号和无符号的分类之外，还可以根据可表示的值的范围分为多种类型。

刚才以表示 10 个数字为例对整数进行了说明，实际上根据可以表示的数的个数可以将整型分为下述 4 种类型[①]。

[①]　C99标准还定义了long long类型，其长度可以保证至少64位。

| char | short int | int | long int |

当然，这些数据类型都有对应的有符号版和无符号版。不过 **char** 型比较特殊，存在既不带 **signed** 又不带 **unsigned** 的"单独"的 **char** 型。

图 7-6 是这些数据类型的汇总。

▶　与 **signed** 和 **unsigned** 相同，**short** 和 **long** 也是一种类型说明符。

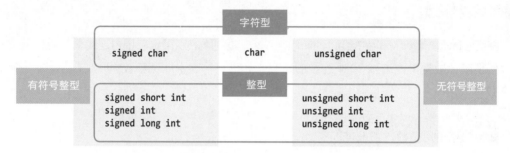

图 7-6　表示整数的数据类型分类

类型名方面存在下列规则。

■ 对于单独的 **short** 和 **long**，可以认为是省略了 **int**。

■ 对于单独的 **signed** 和 **unsigned**，可以认为是（非 **short** 和 **long** 的）**int**。

表 7-1 中对这一关系进行了总结。表中同一行代表同一种数据类型。例如，倒数第二行的 **signed long int** 和 **signed long** 和 **long int** 和 **long**，都是同一种类型。接下来我们将使用最简短的表示方法，即各行最右边的写法。

■ 表 7-1　字符型、整型的名称和简称

字符型	char			
	signed char			
	unsigned char			
整型	signed short int	signed short	short int	short
	unsigned short int	unsigned short		
	signed int	signed	int	
	unsigned int	unsigned		
	signed long int	signed long	long int	long
	unsigned long int	unsigned long		

\<limits.h\> 头文件

我们已经知道，字符型和整型包含多种类型，而各种数据类型可表示的数值的范围是怎样

的呢？

表 7-2 中对各种数据类型可表示的数值的范围（最小值和最大值）进行了总结。

■ 表 7-2 字符型和整型能表示的数值的范围（标准 C 语言中确保的值）

数据类型	最小值	最大值
char	0	255
	-127	127
signed char	-127	127
unsigned char	0	255
short	-32767	32767
int	-32767	32767
long	-2147483647	2147483647
unsigned short	0	65535
unsigned	0	65535
unsigned long	0	4294967295

｝由编译器而定

实际上，各种数据类型具体能表示多少个数值因编译器而异。表中显示的是最低限度的范围。很多编译器还可以表示超出本表范围的值。

本书中设定的各种数据类型所能表示的范围如表 7-3 所示。

■ 表 7-3 字符型和整型能表示的数值的范围（本书中假定的值）

数据类型	最小值	最大值
char	0	255
signed char	-128	127
unsigned char	0	255
short	-32768	32767
int	-32768	32767
long	-2147483648	2147483647
unsigned short	0	65535
unsigned	0	65535
unsigned long	0	4294967295

▶ 不同于表 7-2，许多编译器中可以多表示 1 个负数。例如 **short** 型的表示范围为 -32768 至 32767。另外，本章中设定的数值范围也是如此。这是因为使用了补码，在后文会讲到。

C 语言编译器在 <limits.h> 头文件中以宏定义的形式定义了字符型以及其他整型所能表示的数值的最小值和最大值。

如下所示为本书设定的 <limits.h> 的部分内容。

■ 本书设定的 `<limits.h>` 的部分内容

```
#define  UCHAR_MAX   255U                        /* unsigned char 的最大值 */
#define  SCHAR_MIN   -128                        /* signed char 的最小值 */
#define  SCHAR_MAX   +127                        /* signed char 的最大值 */
#define  CHAR_MIN    0                           /* char 的最小值 */
#define  CHAR_MAX    UCHAR_MAX                   /* char 的最大值 */
#define  SHRT_MIN    -32768                      /* short 的最小值 */
#define  SHRT_MAX    +32767                      /* short 的最大值 */
#define  USHRT_MAX   65535U                      /* unsigned short 的最大值 */
#define  INT_MIN     -32768                      /* int 的最小值 */
#define  INT_MAX     +32767                      /* int 的最大值 */
#define  UINT_MAX    65535U                      /* unsigned 的最大值 */
#define  LONG_MIN    -2147483648L                /* long 的最小值 */
#define  LONG_MAX    +2147483647L                /* long 的最大值 */
#define  ULONG_MAX   4294967295UL                /* unsigned long 的最大值 */
```

▶ 关于部分整型常量后面附带的 U、L 等符号，我们将在后面学习。

通过调查这些宏的值，就可以判定自己使用的编译器中各数据类型所能表示的数值范围。
请看代码清单 7-1 的程序。

代码清单 7-1   chap07/list0701.c

```
/*
    显示字符型和整型数据类型的表示范围
*/

#include <stdio.h>
#include <limits.h>

int main(void)
{
    puts(" 该环境下各字符型、整型数值的范围 ");
    printf("char           :%d~%d\n",   CHAR_MIN  , CHAR_MAX);
    printf("signed char    :%d~%d\n",   SCHAR_MIN , SCHAR_MAX);
    printf("unsignd char   :%d~%d\n",   0         , UCHAR_MAX);

    printf("short          :%d~%d\n",   SHRT_MIN  , SHRT_MAX);
    printf("int            :%d~%d\n",   INT_MIN   , INT_MAX);
    printf("long           :%ld~%ld\n", LONG_MIN  , LONG_MAX);

    printf("unsigned short :%u~%u\n",   0         , USHRT_MAX);
    printf("unsigned       :%u~%u\n",   0         , UINT_MAX);
    printf("unsigned long  :%lu~%lu\n", 0         , ULONG_MAX);

    return 0;
}
```

运 行 结 果

该环境下各字符型、整型数值的范围
```
char           : 0~255
signed char    : -128~127
unsigned char  : 0~255
short          : -32768~32767
int            : -32768~32767
```
              下略

小写的 l

小写的 u

无符号整型的最小值是 0。
没有定义宏。

刚开始学 *scanf* 函数时，我们提到 "**int** 型能够存储的数值是有限的，不能读取极其大的
数值或非常小的负数（详见第 7 章）"。

而执行本程序后，将显示各数据类型所能存储的值（和键盘输入的值一致）的范围。

▶ 运行结果因编译器和运行环境而异。

字符型

char 型是用来保存"字符"的数据类型。

对于没有声明 signed 和 unsigned 的 char 型，视为有符号类型还是无符号类型，由编译器而定。为了弄清楚这一点，我们来创建一个对此进行判定的程序。程序如代码清单 7-2 所示。

▶ 运行结果因编译器和运行环境或有不同。

代码清单 7-2   chap07/list0702.c

```
/*
    判断char型有无符号
*/

#include <stdio.h>
#include <limits.h>

int main(void)
{
    printf("这个编译器中的 char 型是 ");

    if (CHAR_MIN)
        puts("有符号的。");      ———— CHAR_MIN 不为 0。
    else
        puts("无符号的。");      ———— CHAR_MIN 为 0。

    return 0;
}
```

运 行 结 果
这个编译器中的char型是无符号的。

char 型所能表示的范围，是以下两者中的一个。

ⓐ 如果 char 型为有符号类型，则和 signed char 型的范围一样。

ⓑ 如果 char 型为无符号类型，则和 unsigned char 型的范围一样。

因此，采用ⓐ的编译器中，<limits.h> 的定义如下。

```
/* ⓐ char 型为有符号类型的编译器中 <limits.h> 的定义 */

#define CHAR_MIN  SCHAR_MIN     /* 与 signed char 的最小值相同 */

#define CHAR_MAX  SCHAR_MAX     /* 与 signed char 的最大值相同 */
```

另外，采用⑥的编译器中，<limits.h> 的定义如下。

```
/* ⑥ char 型为无符号类型的编译器中 <limits.h> 的定义 */
#define   CHAR_MIN  0                     /* 一定为 0 */
#define   CHAR_MAX  UCHAR_MAX            /* 与 unsigned char 的最大值相同 */
```

因此，在这个程序中，通过对 **CHAR_MIN** 的值是否为 0 来判断 **char** 的类型。

▶ 本书中假定 **char** 型为无符号数据类型。

另外，通过之前的学习，我们已经知道 **'C'** 和 **'\n'** 等字符常量为 **int** 型。请注意它们不是 **char** 型（关于字符，我们将在下一章学习）。

位和 CHAR_BIT

我们一直将变量当作保存数值的魔法盒。计算机中的所有数据都是用 0 和 1（即"位"）的组合来表示的。所以在盒子的内部也是以 0 和 1 的位序列来表示数据的。

▶ C 语言中"位"（bit）的定义如下所示。

"位"是具有大量内存空间的运行环境的数据存储单元，可保存具有两种取值的对象。对象中各二进制位的地址不需要表示。

"位"可取两种值，其中一种是 0。将位设为 0 以外的值，称为"设置位"。

根据编译器的不同，**char** 型在内存上占据的位数也不同。该位数作为对象式宏 **CHAR_BIT** 定义在 <limits.h> 中。下面是一个定义示例。

```
CHAR_BIT
#define CHAR_BIT 8          /* 定义示例：值因编译器而异 */
```

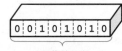

CHAR_BIT

※char型的位数因编译器而定。至少为8。

1字节的位数

图 7-7 char 型的内部

如果 **CHAR_BIT** 为 8，则 **char** 型的内部如图 7-7 所示。

当然，能够用字符型表示的数值的范围，是依存于 **CHAR_BIT** 的。

字符型和整型（**int** 型、**long** 型等）能够表示的数值范围之所以因编译器而异，是因为在内存上占据的位数因编译器而异。

sizeof 运算符

C 语言中将表示字符的 **char** 型的长度定义为 1。通过使用 **sizeof** 运算符（sizeof operator），可以判断出包括 char 型在内的所有数据类型的长度，如表 7-4 所示。

■ 表 7-4　sizeof 运算符

sizeof 运算符	sizeof a	求 a（对象、常量、类型名等）的长度

该运算符以字节（byte）为单位。

下面让我们使用 **sizeof** 运算符，来显示字符型和整型的长度。程序如代码清单 7-3 所示。

代码清单 7-3　　　　　　　　　　　　　　　　　　　　　　　　　chap07/list0703.c

```
/*
    显示字符型和整型的长度
*/

#include  <stdio.h>

int main(void)
{
    printf("sizeof(char)  = %u\n", (unsigned)sizeof(char));
    printf("sizeof(short) = %u\n", (unsigned)sizeof(short));
    printf("sizeof(int)   = %u\n", (unsigned)sizeof(int));
    printf("sizeof(long)  = %u\n", (unsigned)sizeof(long));

    return 0;
}
```

运 行 结 果

必定为 1。── sizeof(char) = 1
　　　　　　sizeof(short) = 2
　　　　　　sizeof(int)   = 2
　　　　　　sizeof(long) = 4

因编译器而异。

── unsigned 型的显示为 u，而不是 d。

本书中所假定的整型对象的位数和字节数的关系示例如图 7-8 所示。

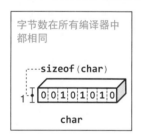

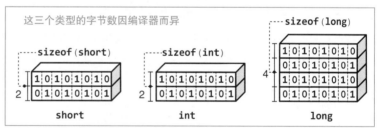

图 7-8　整型的长度和内部示例

▶　程序的运行结果因编译器和运行环境的不同而不同。但 **sizeof(char)** 必定为 1。在该图中，**CHAR_BIT** 为 8，**sizeof(short)** 和 **sizeof(int)** 二者为 2，**sizeof(long)** 为 4。

各种数据类型的有符号版和无符号版的长度相同。例如，**sizeof(short)** 和 **sizeof(unsigned short)** 相等，**sizeof(long)** 和 **sizeof(unsigned long)** 也相等。

另外，**short**、**int** 和 **long** 具有以下关系。

　　　　sizeof(short) ≤ sizeof(int) ≤ sizeof(long)

即右侧的数据类型和左侧的数据类型相等，或者大于左侧的数据类型。

▶　根据编译器的不同，也有可能三者为同样长度。

size_t 型和 typedef 声明

由 **sizeof** 运算符生成的值的数据类型是在 `<stddef.h>` 头文件中定义的 **size_t** 型。在许多编译器中用 **typedef 声明**（typedef declaration）来定义 **size_t** 型。

> **size_t**
>
> **typedef unsigned size_t;**　　　　　　　/* 定义示例：灰色底纹部分的类型因编译器而异 */

如图 7-9 所示，**typedef** 声明是创建数据类型的同义词的声明（而非创建新的数据类型）。

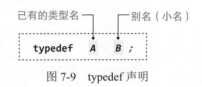

图 7-9　typedef 声明

如图所示，为已有的类型 **A** 创建别名 **B**。**B** 将作为类型名使用。该名称一般称为 **typedef** 名。

sizeof 运算符是不会生成负值的，所以将 **size_t** 定义为无符号整型的别名。

这里展示的是将 **size_t** 作为 **unsigned** 型的同义语进行定义的例子。不过有些编译器可能会将 **size_t** 型定义为 **unsigned short** 型或 **unsigned long** 型的同义词。

在显示 **size_t** 型数值时，必须像本程序这样进行类型转换。这是因为格式字符串内的转换说明必须和要显示的值的类型一致。

> ▶　*printf* 函数中的 **%u** 转换说明表示 **unsigned** 型的无符号整型数值。
>
>　　如果要在转换为 **unsigned long** 型的基础上进行显示，则应该像下面这样。
>
>　　*printf*("sizeof(int) = %lu\n", (unsigned long)sizeof(int));

整型的灵活运用

通常，**int** 型是程序运行环境中最易处理并且可以进行高速运算的数据类型。在有些 **sizeof(long)** 大于 **sizeof(int)** 的编译器中，**long** 型的运算比 **int** 型更耗时。因此只要我们不处理特别大的数值，还是尽量使用 **int** 型比较好。

我们已经学习了获取数据类型长度的 **sizeof** 运算符。该运算符的使用方法有以下两种。

■ **sizeof**（类型名）

■ **sizeof** 表达式

如果想了解数据类型的长度，则使用前者；而如果想了解变量或表达式的长度，则使用后者。

▶ 后者虽然不需要括起表达式的小括号，但这样可能不方便理解，因此本书中在表示时都加上了括号。

显示 **int** 型和 **double** 型以及变量的长度的程序如代码清单 7-4 所示。

代码清单 7-4   chap07/list0704.c

```
/*
    显示数据类型和变量的长度
*/

#include <stdio.h>

int main(void)
{
    int     na, nb;
    double  dx, dy;

    printf("sizeof(int)    = %u\n", (unsigned)sizeof(int));
    printf("sizeof(double) = %u\n", (unsigned)sizeof(double));

    printf("sizeof(na)     = %u\n" (unsigned)sizeof(na));
    printf("sizeof(dx)     = %u\n" (unsigned)sizeof(dx));

    printf("sizeof(na + nb) = %u\n" (unsigned)sizeof(na + nb));
    printf("sizeof(na + dy) = %u\n" (unsigned)sizeof(na + dy));
    printf("sizeof(dx + dy) = %u\n" (unsigned)sizeof(dx + dy));

    return 0;
}
```

运行结果		
sizeof(int)	= 2	
sizeof(double)	= 8	
sizeof(na)	= 2	
sizeof(dx)	= 8	
sizeof(na + nb)	= 2	int + int为int。
sizeof(na + dy)	= 8	int + double为double。
sizeof(dx + dy)	= 8	double + double为double。

将 **sizeof** 运算符应用于数组，就可以得到数组整体的大小。让我们来看一个例子，如下所示。

| **int** *a*[5];   /* **int**[5] 型数组（元素类型为 **int** 型、元素个数为 5 的数组）*/

使用 **sizeof**（*a*）求 **int**[5] 型数组的大小的情况下，如果是 **sizeof**（**int**）为 2 的编译器，则结果为 10；而如果是 **sizeof**（**int**）为 4 的编译器，则结果为 20。

用数组整体的大小除以一个元素的大小，得到的就是数组元素的个数。因此，数组 *a* 的元素个数，可以通过下式求得（图 7-10）。

sizeof(*a*) **/** **sizeof**(*a*[0])   求数组 *a* 的元素个数的表达式

当然，即使不通过数组 *a* 的元素类型和元素类型的大小，也可以求得元素个数。我们来看一下代码清单 7-5 的程序。

chap07/list0705.c

代码清单 7-5

```
*/
    求数组的元素个数
*/

#include <stdio.h>

int main(void)
{
    int     vi[10];
    double  vd[25];

    printf ("数组 vi 的元素个数 = %u\n",   (unsigned)(sizeof(vi)/sizeof(vi[0])));
    printf ("数组 vd 的元素个数 = %u\n",   (unsigned)(sizeof(vd)/sizeof(vd[0])));

    return 0;
}
```

运 行 结 果
数组vi的元素个数 = 10
数组vd的元素个数 = 25

▶ 数组 *vi* 和数组 *vd* 的元素个数分别通过以下表达式求得。

■ **sizeof**(*vi*) / **sizeof**(**int**)

■ **sizeof**(*vd*) / **sizeof**(**double**)

但是我们应该避免使用这样的表达式来求元素个数。

这是因为，如果要将数组的元素类型变为 **int** 型或 **double** 型之外的其他类型，就要对上面的表达式做出修改。

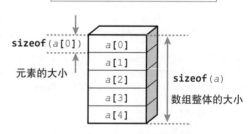

图 7-10 数组的元素个数

■ 注 意 ■

数组的元素个数可以通过 **sizeof**(*a*) / **sizeof**(**a**[0]) 求得。

整型的内部表示

存储着变量（对象）的内存的位的意思（位和值的关系）因数据类型而异。

整型内部的位表示使用的是**纯二进制计数法**（pure binary numeration system）。但对于构成整型的位序列的解释，无符号类型和有符号类型是完全不同的。

下一节我们将详细介绍这方面的内容。

创建一个程序，显示如下所示的各表达式的值，同时对各表达式的值加以说明。

sizeof 1	sizeof(unsigned)-1	sizeof *n*+2
sizeof +1	sizeof(double)-1	sizeof(*n*+2)
sizeof -1	sizeof((double)-1)	sizeof(*n*+2.0)

无符号整数的内部表示

无符号整数的数值在计算机内部是以二进制数来表示的，该二进制数与各二进制位一一对应。

这里以 **unsigned** 型的 25 为例来考虑。十进制数 25 用二进制数来表示是 11001。如图 7-11 所示，高位补 0 后表示为 0000000000011001。

▶ 这里展示的是 **unsigned** 型为 16 位的编译器中的例子。

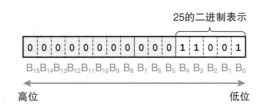

图 7-11 16 位的无符号整数中整数值 25 的内部表示

将 n 位的无符号整数的各位从低位开始依次表示为 B_0，B_1，B_2，…，B_{n-1}，它们能够表现的整数值可以通过下式求得。

$$B_{n-1} \times 2^{n-1} + B_{n-2} \times 2^{n-2} + \cdots + B_1 \times 2^1 + B_0 \times 2^0$$

例如，位串为 0000000010101011 的整数为

$$0 \times 2^{15} + 0 \times 2^{14} + \cdots + 0 \times 2^8$$
$$+ 1 \times 2^7 + 0 \times 2^6 + 1 \times 2^5 + 0 \times 2^4 + 1 \times 2^3 + 0 \times 2^2 + 1 \times 2^1 + 1 \times 2^0$$
$$\quad\quad 128 \quad\quad 64 \quad\quad 32 \quad\quad 16 \quad\quad 8 \quad\quad 4 \quad\quad 2 \quad\quad 1$$

用十进制数表示为 171。

在多数编译器中，整型占有的内存的位数都是 8，16，32，64…这样的 8 的倍数。这些位数的无符号整数能够表示的最小值和最大值分别如表 7-5 所示。

■ **表 7-5   无符号整数的表示范围示例**

位数	最小值	最大值
8	0	255
16	0	65535
32	0	4294967295
64	0	18446744073709551615

例如，在 **unsigned int** 型为 16 位的编译器中，可以表示 0 到 65535 共 65536 个数值。这些数值和位串的对应关系如图 7-12 所示。

最小值 0 的所有位都为 0，最大值 65535 的所有位都为 1。

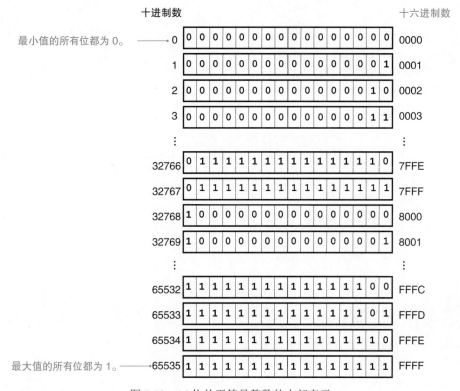

图 7-12   16 位的无符号整数的内部表示

一般来说，n 位可以表示的无符号整数有 $0 \sim 2^n - 1$ 共 2^n 种。

▶ 这和 n 位十进制数可表示的数值范围为 $0 \sim 10^n - 1$ 共 10^n 个数字的道理一样(例如，3 位十进制数可表示 $0 \sim 999$ 共 1000 个数字)。

专题 7-2 负数值的位串的求法

下一节中我们将学习负数的 3 种内部表示法。这里我们先来看一下如何由正整数求与其对应的负数的位串。

例如，由正整数 5 的位串求负整数 −5 的位串的过程如图 7C-1 所示。

■ **符号和绝对值**
将符号位由 0 变为 1。其他位不变。

■ **反码**
反转所有位。

■ **补码**
反转所有位后加 1。

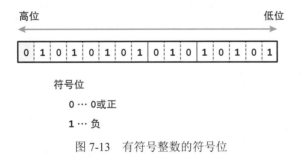

图 7C-1 求负数的位串

有符号整数的内部表示

有符号整数的内部表示因编译器而不同。最常用的内部表示法有**补码、反码、符号和绝对值** 3 种。

首先来看这 3 种表示方法的共同之处，即**用最高位表示数值的符号**。如图 7-13 所示。

如果该数为负，则符号位为 1；如果该数不为负，则符号位为 0。

```
高位                                              低位
←——————————————————————————————————————→
┌─┬─┬─┬─┬─┬─┬─┬─┬─┬─┬─┬─┬─┬─┬─┬─┐
│0│1│0│1│0│1│0│1│0│1│0│1│0│1│0│1│
└─┴─┴─┴─┴─┴─┴─┴─┴─┴─┴─┴─┴─┴─┴─┴─┘
```

符号位

0 … 0或正

1 … 负

图 7-13 有符号整数的符号位

接着来看表示具体数值的其他位的使用方法。这也是 3 种表示法的不同点。

■ **补码**（2's complement representation）
多数编译器中都使用这种表示方法。这种内部表示的值如下所示。

$$-B_{n-1} \times 2^{n-1} + B_{n-2} \times 2^{n-2} + \cdots + B_1 \times 2^1 + B_0 \times 2^0$$

如果位数为 n，则能够表示 -2^{n-1} 到 $2^{n-1}-1$ 之间的值（表 7-6）。

■ 表 7-6　有符号整型的表示范围示例（补码）

位数	最小值	最大值
8	-128	127
16	-32768	32767
32	-2147483648	2147483647
64	-9223372036854775808	9223372036854775807

在 **int** 型（即 **signed int** 型）为 16 位的编译器中，能够表示 -32768~32767 共 65536 个值，具体如图 7-14 **a** 所示。

■ **反码**（1's complement representation）
这种内部表示的值如下所示。

$$-B_{n-1} \times (2^{n-1}-1) + B_{n-2} \times 2^{n-2} + \cdots + B_1 \times 2^1 + B_0 \times 2^0$$

如果位数为 n，则能够表示 $-2^{n-1}+1$ 到 $2^{n-1}-1$ 之间的值，只比补码少一个（表 7-7）。

■ 表 7-7　有符号整型的表示示例（反码、符号和绝对值）

位数	最小值	最大值
8	-127	127
16	-32767	32767
32	-2147483647	2147483647
64	-9223372036854775807	9223372036854775807

在 **int** 型为 16 位的编译器中，能够表示 -32767~32767 共 65535 个值，具体如图 7-14 **b** 所示。

■ **符号和绝对值**（sign and magnitude representation）
这种内部表示的值如下所示。

$$(1-2 \times B_{n-1}) \times (B_{n-2} \times 2^{n-2} + \cdots + B_1 \times 2^1 + B_0 \times 2^0)$$

能够表示的值的范围和反码一样（表 7-7）。

在 **int** 型为 16 位的编译器中，能够表示 -32767~32767 共 65535 个值，具体如图 7-14 **c** 所示。

	a 补码	b 反码	c 符号和绝对值
0000000000000000	0	0	0
0000000000000001	1	1	1
0000000000000010	2	2	2
0000000000000011	3	3	3
	⋮	⋮	⋮
0111111111111110	32766	32766	32766
0111111111111111	32767	32767	32767
1000000000000000	–32768	–32767	–0
1000000000000001	–32767	–32766	–1
1000000000000010	–32766	–32765	–2
1000000000000011	–32765	–32764	–3
	⋮	⋮	⋮
1111111111111010	–6	–5	–32762
1111111111111011	–5	–4	–32763
1111111111111100	–4	–3	–32764
1111111111111101	–3	–2	–32765
1111111111111110	–2	–1	–32766
1111111111111111	–1	–0	–32767

非负值的内部表示相同，都和无符号整型一样。

负值的内部表示因内部表示方法而异。

图 7-14 16 位的有符号整数值和内部表示

► 无论是 3 种表示方法中的哪一种，有符号整型和无符号整型的共通部分，即非负数部分（16 位的话为 0 ～ 32767）的位串都是一样的。

按位操作的逻辑运算

对于整数内部的位，有 4 种逻辑运算。这 4 种逻辑运算及其真值表如图 7-15 所示。

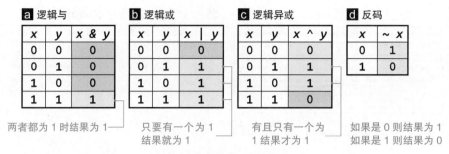

图 7-15　逻辑运算真值表

进行这些逻辑运算的运算符如表 7-8 所示。

■ 表 7-8　按位运算符

按位与运算符	*a* **&** *b*	按位计算*a*和*b*的逻辑与
按位或运算符	*a* **｜** *b*	按位计算*a*和*b*的逻辑或
按位异或运算符	*a* **^** *b*	按位计算*a*和*b*的逻辑异或
~运算符	**~***a*	计算*a*的反码（将每一位取反之后的值）

▶　这些运算符的操作数必须是整数类数据类型或者枚举型。如果应用于浮点型等数据类型的操作数，编译时就会出错。

　　各运算符的英文名称分别是**按位与运算符**（bitwise AND operator）、**按位或运算符**（bitwise inclusive OR operator）、**按位异或运算符**（bitwise exclusive OR operator）、**~ 运算符**（~operator）。

　　另外，**~ 运算符**通常称为**按位求反运算符**。

专题 7-3　逻辑运算符和按位逻辑运算符

　　现在学习的 **&**、**｜**、**~** 运算符的写法和功能都同 **&&**、**‖**、**!** 运算符相似，所以要注意它们的区别。

　　逻辑运算包括逻辑与、逻辑或、逻辑异或、逻辑非、逻辑与非、逻辑或非等运算，运算结果只有"真"和"假"两种取值。

　　&、**｜**、**~** 运算符会根据 1 为真、0 为假的规则对操作数的各二进制位进行逻辑运算。

　　&&、**‖**、**!** 运算符会根据非 0 为真、0 为假的规则对操作数的值进行逻辑运算。

　　我们通过比较表达式 5 **&** 4 和 5 **&&** 4 的结果就能非常清楚地知道两者的区别了。

$$5 \ \textbf{\&} \ 4 \ \rightarrow \ 4 \qquad\qquad 5 \ \textbf{\&\&} \ 4 \ \rightarrow \ 1$$

$$101 \ \& \ 100 \ \rightarrow \ 100 \qquad\qquad 非 0 \ \&\& \ 非 0 \ \rightarrow \ 1$$

　　代码清单 7-6 所示程序的功能是将读取到的两个非负整数按位进行逻辑与和逻辑或等运算，并显示运算结果。

chap07/list0706.c

代码清单 7-6

```c
/*
    按位运算
*/

#include <stdio.h>

/*--- 返回整数 x 中设置的位数 ---*/
int count_bits(unsigned x)
{
    int bits = 0;
    while (x)    {
        if (x & 1U) bits++;
        x >>= 1;
    }
    return bits;
}

/*--- 返回 unsigned 型的位数 ---*/
int int_bits(void)
{
    return count_bits(~0U);
}

/*--- 显示 unsigned 型的位的内容 ---*/
void print_bits(unsigned x)
{
    int i;
    for (i = int_bits() - 1; i >= 0; i--)
        putchar(((x>> i) & 1U) ? '1' : '0');
}

int main(void)
{
    unsigned a, b;
    printf("请输入两个非负整数。\n");
    printf("a : ");          scanf("%u", &a);
    printf("b : ");          scanf("%u", &b) ;

    printf("\na    = "); print_bits(a);
    printf("\nb    = "); print_bits(b);
    printf("\na & b = "); print_bits(a & b) ; /* a 和 b 的逻辑与 */
    printf("\na | b = "); print_bits(a | b) ; /* a 和 b 的逻辑或 */
    printf("\na ^ b = "); print_bits(a ^ b) ; /* a 和 b 的逻辑异或 */
    printf("\n~a    = "); print_bits(~a);     /* a 的反码 */
    printf("\n~b    = "); print_bits(~b);     /* b 的反码 */
    putchar('\n');

    return 0;
}
```

运 行 结 果

```
请输入两个非负整数。
a : 1963 ⏎
b : 12345 ⏎

a     = 0000011110101011
b     = 0011000000111001
a & b = 0000000000101001
a | b = 0011011110111011
a ^ b = 0011011110010010
~a    = 1111100001010100
~b    = 1100111111000110
```

7

函数 *print_bits* 是将无符号整数 *x* 的所有位都用 0 和 1 来表示的函数。函数 *int_bits* 和 *count_bits* 被用于执行这一工作。

除按位运算符之外，这里首次出现了两个运算符，分别是 **>>** 和 **>>=**。首先我们来看一下这两个运算符。

▶ 程序会在判断 **unsigned** 型的位数之后进行显示。这里展示的是 **unsigned** 型为 16 位的例子（如果 **unsigned** 型为 32 位，就会显示 32 位）。

位移运算符

<< 运算符（**<<** operator）和 **>>** 运算符（**>>** operator）的作用是求出将整数中的所有位左移或右移之后生成的值。这两个运算符统称为**位移运算符**（bitwise shift operator）（见表 7-9）。

■ 表 7-9 位移运算符

<<运算符	*a* **<<** *b*	将*a*左移*b*位。右面空出的位用0填充
>>运算符	*a* **>>** *b*	将*a*右移*b*位

▶ 这些运算符的操作数必须是整数类数据类型或者枚举型。

从键盘输入无符号整数，并对其进行位移操作的程序如代码清单 7-7 所示。

下面就让我们结合这个程序，来学习一下这两个运算符的作用。

▶ 函数 *count_bits*、*int_bits*、*print_bits* 和代码清单 7-6 相同。这里对函数体进行了注释，而函数体的定义也是必不可少的。

■ **使用 << 运算符进行左移**

表达式 *x* **<<** *n* 会将 *x* 的所有位左移 *n* 位，并在右边空出的位（低位）上补 0（图 7-16 **a**）。如果 *x* 为无符号整型，则运算结果为 $x \times 2^n$。

▶ 因为二进制数的每一位都是 2 的指数幂，所以左移 1 位后，只要没有发生数据溢出（后面介绍），值就会变为原来的 2 倍。这和十进制数左移 1 位后，值变为原来的 10 倍（例如 196 左移 1 位后变为 1960）是一样的道理。

■ **使用 >> 运算符进行右移**

表达式 *x* **>>** *n* 会将 *x* 的所有位右移 *n* 位。如果 *x* 为无符号整型，或者有符号整型的非负值，则运算结果为 $x \div 2^n$ 所得的商的整数部分（图 **b**）。

▶ 二进制数右移 1 位后，值会变为原来的二分之一。这和十进制数右移 1 位后，值变为原来的十分之一（例如 196 右移 1 位后变为 19）是一样的道理。

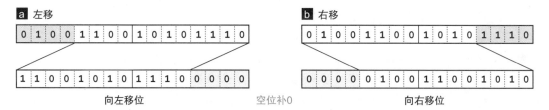

图 7-16 非负整数的位移运算

代码清单 7-7   chap07/list0707.c

```c
/*
    显示对 unsigned 型的值进行左移和右移后的值
*/

#include <stdio.h>

int count_bits(unsigned x) {/*--- 省略（参考代码清单 7-6）---*/ }
int int_bits(void)         {/*--- 省略（参考代码清单 7-6）---*/ }
void print_bits(unsigned x){/*--- 省略（参考代码清单 7-6）---*/}

int main(void)
{
    unsigned  x, n;

    printf("非负整数:");   scanf("%u", &x);
    printf("位移位数:");   scanf("%u", &n);

    printf("\n 整数      = ");    print_bits(x);
    printf("\n 左移后的值 = ");    print_bits(x << n);
    printf("\n 右移后的值 = ");    print_bits(x >> n);
    putchar('\n');

    return 0;
}
```

```
运 行 结 果
请输入一个非负整数: 19630 ⏎
位移位数: 4 ⏎

整数     = 0100110010101110
左移后的值= 1100101011100000
右移后的值= 0000010011001010
```

当 x 是有符号整型的负数时，位移运算的结果因编译器而异。在许多编译器中，会执行**逻辑位移**（logical shift）或**算术位移**（arithmetic shift）（参见专题 7-4）。

无论采用哪种方法都会降低程序的可移植性，所以我们要记住不要对负数进行位移。

专题 7-4　逻辑位移和算术位移

■　逻辑位移

如图 7C-2  所示，逻辑位移不考虑符号位，所有二进制位都进行位移。

负整数右移时，符号位由 1 变为 0，位移的结果为 0 或正整数。

■　算术位移

如图 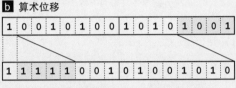 所示，算术位移会保留最高位的符号位，只有其他位会进行位移。用位移前的符号位来填补空位。位移前后符号不变。

a 逻辑位移	b 算术位移
1 0 0 1 0 1 0 0 1 0 1 0 1 0 0 1	1 0 0 1 0 1 0 0 1 0 1 0 1 0 0 1
0 0 0 0 1 0 0 1 0 1 0 0 1 0 1 0	1 1 1 1 1 0 0 1 0 1 0 0 1 0 1 0
包含符号位在内的所有位都进行位移。	符号位以外的位进行位移，用位移前的符号位来填补空位。
负数右移后变为0或正数。	左移后值变为原来的2倍，右移后值变为原来的二分之一。

图 7C-2　负整数的逻辑位移和算术位移

在学完按位运算符和位移运算符之后，让我们回到代码清单 7-6 的程序，来重新理解一下这三个函数。

■　**int** *count_bits*(**unsigned** *x*);　……求整数 *x* 中设置的位数

程序开头的 *count_bits* 函数的功能是计算形参 *x* 所接收到的无符号整数中有多少个值为 1 的二进制位，并返回其个数。

让我们结合图 7-17 来看一下计算的顺序。该图表示的是 *x* 的值为 10 时的情况。

1　通过求 **1U**（只有低位为 1 的无符号整数）和 *x* 的逻辑与运算，判断 *x* 的低位是否为 1。如果低位为 1，则 *bits* 递增。

```
int count_bits(unsigned x)
{
    int bits = 0;
    while (x) {              ── unsigned 型的 1
        if (x & 1U) bits++;   ──1
        x >>= 1;              ──2
    }
    return bits;
}
```

▶　**1U** 的 **U** 是将整型常量设置为无符号整数的符号。如果 *x* 的低位为 1，则 *x* & **1U** 为 1，否则 *x* & **1U** 为 0。

图 7-17　位数计算示例

2　为了弹出低位，将所有位右移 1 位。

> ▶　>>= 为复合赋值运算符，和 $x = x >> 1$; 的作用一样。

重复进行以上操作，直到 x 的值变为 0（x 的所有位都变为 0），这样一来设置的所有位的个数就会存入变量 $bits$。

■　**int** *int_bits*(); ……求 int 型 /unsigned 型的位数

int_bits 函数会返回 **int** 型和 **unsigned** 型的位数。

蓝色底纹部分的 **~0U** 是所有位都为 1 的 **unsigned** 型整数（将所有位都为 0 的无符号整数 **0U** 的所有位反转得到）。

```
int int_bits()
{
    return count_bits( ~ 0U );
}
```

通过将该整数传给 *count_bits*，就可以得到 **unsigned** 型的位数。

> ▶　unsigned 型和 int 型的位数相同。

> > 另外 **~0U** 也可以是 < limits.h > 中定义的 **UINT_MAX**。因为无符号整数的最大值的所有位都为 1。

■　**void** *print_bits*(**unsigned** x);　……显示整数 x 的位串

函数 *print_bits* 是将 **unsigned** 型整数的高位到低位的所有位都用 1 和 0 来显示的函数。

```
void print_bits(unsigned x)
{
    int   i;
    for (i = int_bits() - 1; i >= 0; i--)
        putchar(((x >> i) & 1U) ? '1': '0');
}
```

在 **for** 语句的循环体的蓝色底纹部分，对第 i 位（即 B_i）是否为 1 进行判断。如果结果为 1，则显示 '**1**'，如果结果为 0，则显示 '**0**'。

> ▶　第 i 位的 i，是从低位开始，按照 0, 1, …的顺序数数时的值，请参考图 7-11。

● 练习 7-2

编写一个程序，确认只要没有发生高位溢出，则
　　无符号整数位左移后的值等于其乘以 2 的指数幂后的值。
　　无符号整数位右移后的值等于其除以 2 的指数幂后的值。

● 练习 7-3

编写 *rrotate* 函数，返回无符号整数 *x* 右移 *n* 位后的值。
```
unsigned rrotate(unsigned x, int n) { /* … */ }
```
编写 *lrotate* 函数，返回无符号整数 *x* 左移 *n* 位后的值。
```
unsigned lrotate(unsigned x, int n) { /* … */ }
```

● 练习 7-4

编写 *set* 函数，返回将无符号整数 *x* 的第 *pos* 位设为 1 后的值。
```
unsigned set(   unsigned x, int pos) { /* … */ }
```
编写 *reset* 函数，返回将无符号整数 *x* 的第 *pos* 位设为 0 后的值。
```
unsigned reset( unsigned x, int pos) { /* … */ }
```
编写 *inverse* 函数，返回将无符号整数 *x* 的第 *pos* 位取反后的值。
```
unsigned inverse(unsigned x, int pos) { /* … */ }
```

● 练习 7-5

编写 *set_n* 函数，返回将无符号整数 *x* 的第 *pos* 位到第 *pos+n-1* 位的 *n* 位设为
1 后的值。
```
unsigned set_n(unsigned x, int pos, int n) { /* … */ }
```
编写 *reset_n* 函数，返回将无符号整数 *x* 的第 *pos* 位开始的 *n* 位设为 0 后的值。
```
unsigned reset_n(unsigned x, int pos, int n) { /* … */ }
```
编写 *inverse_n* 函数，返回将无符号整数 *x* 的第 *pos* 位开始的 *n* 位取反后的值。
```
unsigned inverse_n(unsigned x, int pos, int n) { /* … */ }
```

整型常量

整型常量可以用十进制、八进制、十六进制三种记法来指定，其语法结构如图 7-18 所示。

■ **十进制常量**
我们使用的 10、57 等整型常量称为**十进制常量**（decimal constant）。

■ **八进制常量**

　　八进制常量（octal constant）以 0 开头，以区别于十进制常量。以下两个整型常量看似相同，但实际上它们的值完全不同。

　　　　13 —— 十进制常量（十进制的 13）

　　　　013 —— 八进制常量（十进制的 11）

■ **十六进制常量**

　　十六进制常量（hexadecimal constant）以 0x 或 0X 开头。A ～ F 不区分大小写，相当于十进制的 10~15。示例如下。

　　　　0xB　—— 十六进制常量（十进制的 11）

　　　　0x12 —— 十六进制常量（十进制的 18）

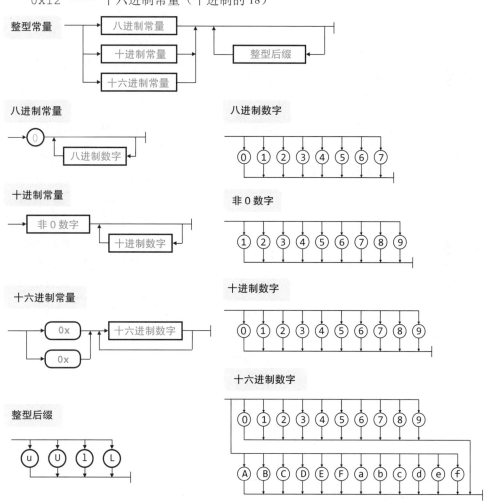

图 7-18　整型常量的语法结构图

整型常量的数据类型

之前我们在学习< limits.h >的定义时，发现在部分整型常量后附带有 **U** 和 **L** 等符号，这些符号称为**整型后缀**（integer suffix）。整型后缀的作用如下所示。

- **u** 和 **U**……表示该整型常量为无符号类型。

- **l** 和 **L**……表示该整型常量为 long 型。

例如，3517**U** 为 **unsigned** 型，127569**L** 为 **long** 型。

▶　小写字母 l 和数字 1 很容易混淆，推荐使用大写字母 L。
　　另外，负数 -10 不是整数字面量，而是对整数字面量 10 使用了单目运算符 -。

整型常量的数据类型由以下三个因素决定。

- 该整型常量的值

- 该整型常量的后缀

- 所在编译器中各数据类型的表示范围

表 7-10 中对上述规则进行了归纳。从最左边的类型开始，如果可以用左边的类型表示，则解释为该类型；如果不能表示，则沿着箭头的方向，转移到相邻的右边的类型。

■ 表 7-10　整型常量的数据类型

(a)	无后缀的十进制常量	int →		long → unsigned long
(b)	无后缀的八进制或十六进制常量	int → unsigned →	long → unsigned long
(c)	带后缀 u/U	unsigned →		unsigned long
(d)	带后缀 l/L		long →	unsigned long
(e)	带后缀 l/L 和 u/U			unsigned long

举例如下（各种数据类型以本书设定的表示范围为例）。

- 1000　　……能用 **int** 型表示，所以为 **int** 型。

- 60000　　……不能用 **int** 型表示，但能用 **long** 型表示，所以为 **long** 型。

- 60000U ……能用 **unsigned** 型表示，所以为 **unsigned** 型。

在上例中，60000 是 **long** 型。但是，在 **int** 型能够表示 60000 以上的值的编译器中，60000 就会被认为是 **int** 型，而非 **long** 型。

整数的显示

在第 1 章开头的程序说明中，我们提到了下述内容。

> *printf* 函数的第一个实参 **"%d"** 指定了输出格式，它告诉程序：
>
> 以十进制数的形式显示后面的实参。

printf 函数既能输出八进制数又能输出十六进制数。输出八进制数使用 **%o**，输入十六进制数使用 **%x** 或 **%X**。

▶ **%x** 的话用小写字母 a~f 来表示，**%X** 的话用大写字母 A~F 来表示。o 来自于 octal，x 来自于 hexadecimal。

让我们实际来创建一个程序。将 0 到 65535 之间的整数，分别用十进制数、二进制数、八进制数、十六进制数来表示，程序如代码清单 7-8 所示。

代码清单 7-8   chap07/list0708.c

```
/*
    以十进制、二进制、八进制和十六进制的形式显示 0 ～ 65535
*/

#include <stdio.h>

int count_bits(unsigned x){/*--- 省略（参考代码清单 7-6）---*/ }
int int_bits(void)         {/*--- 省略（参考代码清单 7-6）---*/ }

/*--- 显示 unsigned 型整数 x 的后 n 位 ---*/
void print_nbits(unsigned x, unsigned n)
{
    int  i = int_bits();
    i = (n < i) ? n - 1 : i - 1;
    for ( ; i >= 0; i--)
        putchar( ((x >> i) & 1U) ? '1' : '0');

}

int main(void)
{
    unsigned i;

    for (i = 0; i <= 65535U; i++) {
        printf("%5u ", i);
        print_nbits(i, 16);
        printf(" %06o %04X\n", i, i);
    }
    return 0;
}
```

运 行 结 果
0 0000000000000000 000000 0000
1 0000000000000001 000001 0001
2 0000000000000010 000002 0002
3 0000000000000011 000003 0003
（中略）
65532 1111111111111100 177774 FFFC
65533 1111111111111101 177775 FFFD
65534 1111111111111110 177776 FFFE
65535 1111111111111111 177777 FFFF

十六进制数
八进制数

函数 *print_nbits* 显示 **unsigned** 型变量 *x* 的后 *n* 位。因为本程序中显示的最大值 65535U 能够用 16 位表示，所以这里将显示后 16 位。

▶ 当形参 *n* 中指定了超过 **int** 型位数的值时，函数 *print_nbits* 显示 **int** 型的所有位。例如，在 **int** 型为 16 位的编译器中，即便 *n* 被指定为 32，显示的位数也是 16，而非 32。

数据溢出和异常

如果在 **int** 型可表示的数值范围为 –32768 ～ 32767 的编译器中进行下述运算，结果会如何呢？

```
int x, y, z;
x = 30000;
y = 20000;
z = x + y;
```

x 和 y 中保存的值可以用 **int** 型来表示，这点毋庸置疑。但是赋给 z 的 50000 却超出了 **int** 型的表示范围。

像这样，因**数据溢出**（overflow）（溢位）使运算结果超出可表示的数值范围或违反数学定义（除以 0 等）时会发生**异常**（exception）。

发生异常时程序如何运行是由编译器决定的。

▶　在某些环境中，异常发生时有可能会导致程序中断。

＊

实际上，并非所有的运算中都会发生异常。无符号整数型的运算不会发生数据溢出。例如，我们在 unsigned 型可表示的数值范围为 0 ～ 65535 的编译器中执行以下运算，看看结果如何。

```
unsigned x, y, z;
x = 37000;
y = 30000;
z = x + y;
```

在这段代码中，将 67000 除以 65536 的余数 1464 赋给了 z。这是因为运算后超出了无符号整数的表示范围的情况下，运算结果为除以 1 与该数据类型可表示的最大值的和之后所得的余数。

▶　举例如下。

　　如果数学运算结果为 65536，则运算结果为 0。

　　如果数学运算结果为 65537，则运算结果为 1。

即循环使用最小值 0 ~ 最大值 65535。

■ 注　意 ■

　　无符号整型的运算中不会发生数据溢出。当运算结果超出最大值时，结果为"数学运算结果 **%**（该无符号整型能够表示的最大值 +1）"。

● 练习 7-6

　　编写程序确认对无符号整数执行算术运算不会发生数据溢出。

7-3 浮点型

上一节中学习的整型，不能表示带有小数部分的实数。本节我们就来学习可以表示实数的浮点型。

浮点型

浮点型（floating point type）用来表示带有小数部分的实数。浮点型有以下 3 种类型。

  float　　　double　　　long double

▶ 类型名 float 来源于**浮点数**（floating-point），double 来源于**双精度**（double precision）。

代码清单 7-9 所示为为这 3 种类型的变量赋值并显示的程序。

▶ 运行结果因编译器而异。

从运行结果中可知，赋给变量的数值没有正确显示。这是因为浮点型的"表示范围"是由**长度**和**精度**共同决定的。

例如"长度为 12 位数字，精度为 6 位有效数字"。

这里以具体数值为例进行思考。

  a 1234567890

这个数值有 10 位，长度在 12 位的表示范围之内，但它在精度为 6 位时无法正确表示，所以将第 7 位四舍五入，得到：

  b 1234570000

用科学计数法表示 **b**，如图 7-19 所示。

其中 1.23457 称为**尾数**，9 称为**指数**。尾数的位数相当于"精度"，指数的值相当于"长度"。

$$1.23457 \times 10^{9}$$

图 7-19　指数和尾数

到目前为止我们都以十进制数为例进行思考，但实际上尾数部分和指数部分都是用二进制数表示的。因此，在诸如长度或精度为"6 位"的情况下，并不能用十进制整数正确无误地表示。

图 7-20 为浮点数的内部表示的一个例子。

指数部分和尾数部分的位数取决于编译器和数据类型。指数部分的位数越多，说明能够表示的值越大；尾数部分的位数越多，说明能够表示的值精度越高。

float、**double**、**long double** 这 3 种类型可表示的数值范围大于或等于各自左边的数据类型。

chap07/list0709.c

代码清单 7-9

```
/*
    表示浮点型变量的值
*/
#include <stdio.h>

int main(void)
{
    float a       = 12345678901234567890123456789O.0;
    double b      = 12345678901234567890123456789O.0;
    long double c = 12345678901234567890123456789O.0;

    printf("a = %f\n", a);
    printf("b = %f\n", b);
    printf("c = %lf\n", c);
                  └── 只有 long double 型的显示使用 lf 而非 f。
    return 0;
}
```

运 行 结 果
a = 12345678918272927000000000000000.000000
b = 12345678901234568000000000000000.000000
c = 12345678901234568000000000000000.000000

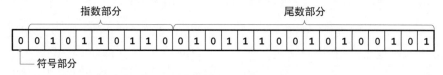

图 7-20 浮点数的内部表示示例

专题 7-5 带有小数部分的二进制数

前面我们提到，十进制的每一位都是 10 的指数幂。其实这一点也适用于小数部分。例如十进制数 13.25。整数部分的 1 是 10^1，3 是 10^0，小数部分的 2 是 10^{-1}，5 是 10^{-2}。

二进制数也一样。二进制数的每一位都是 2 的指数幂。因此，二进制数的小数点以后的位和十进制数的对应关系如表 7C-2 所示。

不能用 0.5，0.25，0.75，…的和来表示的值，就不能用有限位数的二进制数来表示。举例说明如下。

■ 表 7C-2 二进制和十进制

二进制数	十进制数	
0.1	0.5	※2的-1次幂
0.01	0.25	※2的-2次幂
0.001	0.125	※2的-3次幂
0.0001	0.0625	※2的-4次幂

■ 能够用有限位数来表示的例子

十进制数 0.75 = 二进制数 0.11 ※0.75 是 0.5 和 0.25 的和

■ 不能用有限位数来表示的例子

十进制数 0.1 = 二进制数 0.00011001…

浮点型常量

像 3.14 和 57.3 这样，表示实数的常量称为**浮点型常量**（floating-point constant）。浮点型常量的结构图如图 7-21 所示。

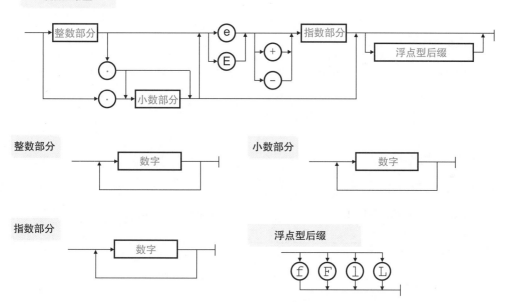

图 7-21　浮点型常量的结构图

和整型常量有后缀 **U** 和 **L** 一样，浮点型常量末尾也可以加上指定类型的**浮点型后缀**（floating suffix）。

后缀 **f** 或 **F** 表示 **float** 型，后缀 **1** 或 **L** 表示 **long double** 型。举例如下。

```
57.3          /* double 型 */
57.3F         /* float 型 */
57.3L         /* long double 型 */
```

▶ 因为小写的 1 容易和 1 混淆，所以推荐使用大写的 L（和整型后缀一样）。

如结构图所示，还可以使用指数表示为科学计数法，如下所示。

```
1.23E4        /* 1.23×10⁴ */
89.3E-5       /* 89.3×10⁻⁵ */
```

另外也可以省略整数部分或小数部分。但不能将所有部分都省略。请结合结构图来理解。下面看几个例子。

```
.5      /* double 型的 0.5 */
12.     /* double 型的 12.0 */
.5F     /* float 型的 0.5 */
1L      /* long double 型的 1.0 */
```

▶ 假如省略了小数点和小数部分，就必须给出整数部分。

● 练习 7-7

　　创建一个程序，从键盘输入 **float** 型、**double** 型、**long double** 型的变量，并显示其值。注意试着输入各种各样的值，并验证其动作。

\<math.h> 头文件

　　C 语言提供了基本的数学函数来支持科学计算。\<math.h> 头文件中包含了这些函数的声明。如代码清单 7-10 所示的程序，使用了求平方根的 *sqrt* 函数来计算两点间的距离。

代码清单 7-10   chap07/list0710.c

```
/*
    求出两点间的距离
*/

#include <math.h>
#include <stdio.h>

/*--- 求出点（x1,y1）和点（x2,y2）之间的距离 ---*/
double dist(double x1, double y1, double x2, double y2)
{
    return sqrt((x2 - x1) * (x2 - x1) + (y2 - y1) * (y2 - y1));
}

int main(void)
{
    double  x1, y1;         /* 点 1 */
    double  x2, y2;         /* 点 2 */

    printf("求两点间的距离。\n")
    printf("点 1…X坐标 ");          scanf("%lf", &x1);
    printf("     Y坐标 ");          scanf("%lf", &y1);
    printf("点 2…X坐标 ");          scanf("%lf", &x2);
    printf("     Y坐标 ");          scanf("%lf", &y2);

    printf("两点之间的距离为 %f。\n", dist(x1, y1, x2, y2));

    return 0;
}
```

运 行 结 果

求两点间的距离。
点 1…X坐标: 1.5 ⏎
　　　　 Y坐标: 2.0 ⏎
点 2…X坐标: 3.7 ⏎
　　　　 Y坐标: 4.2 ⏎
两点之间的距离为 3.111270。

sqrt	
头文件	**#include** <math.h>
原　型	**double** *sqrt*(**double** x);
说　明	计算x的平方根（实参为负数时会发生定义域错误）。
返回值	返回计算出的平方根。

▶ 平方根是指求平方后和原来的值相等的数。例如，对于数 a，如果有 b^2 等于 a，则 b 是 a 的平方根。

● 练习 7-8

创建一个程序，使用 **sizeof** 运算符显示 3 种浮点型的长度。

● 练习 7-9

创建一个程序，输入一个实数作为面积，求面积为该实数的正方形的边长。

循环的控制

请看代码清单 7-11 所示的程序。该程序显示了 **float** 变量 x 以 0.01 为单位从 0.0 递增至 1.0 的每一步的结果。

代码清单 7-11   chap07/list0711.c

```
/*
    以 0.01 为单位从 0.0 递增至 1.0 的循环
*/

#include <stdio.h>

int main(void)
{
    float    x;

    for (x = 0.0; x <= 1.0; x += 0.01)
        printf("x = %f\n", x);

    return 0;
}
```

运 行 结 果
x = 0.000000
x = 0.010000
x = 0.020000
x = 0.030000
（中略）
x = 0.989999
x = 0.999999

▶ 因为运算结果取决于 **float** 型的精度，因此运行结果因编译器而异。

最后的 x 的值不是 1.0，而是 0.999999。这是因为计算机不能保证其内部转换为二进制的浮点数的每一位都不发生数据丢失（专题 7-5）。因此将 1000 份的误差积累在 x 中（图 7-22 **a**）。

我们可以对 **for** 的控制表达式做如下修改。

　　for (x = 0.0; x != 1.0; x += 0.01) /* 代码清单 7-11（改）*/　chap07/list0711a.c

x 的值不会变为 1.0。因此，如图 **b** 所示，这个 **for** 语句会跳过 1.0 继续循环下去。

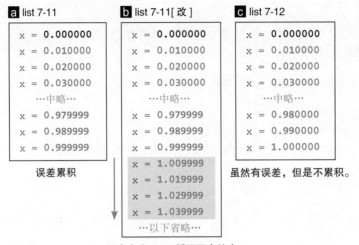

图 7-22　循环过程中显示的值

将程序改写为用整数控制循环，改写后的程序如代码清单 7-12 所示。

chap07/list0712.c

代码清单 7-12

```
/*
    以 0.01 为单位从 0.0 递增至 1.0 的循环（用整数控制）
*/

#include <stdio.h>

int main(void)
{
    int    i;
    float  x;

    for (i = 0; i <= 100; i++) {
        x = i / 100.0;
        printf("x = %f\n", x);
    }

    return 0;
}
```

运 行 结 果
x = 0.000000
x = 0.010000
x = 0.020000
x = 0.030000
（中略）
x = 0.990000
x = 1.000000

该程序中的 **for** 语句，使变量 i 的值由 0 到 100 递增。每循环一次，x 都会变为变量 i 除以 100.0 后所得的值。

虽然 x 没有完美地表示出目标实数值，但是通过每次重新求 x 的值，误差不再累积，从这一点来看，比起代码清单 7-11 还是有所进步的。

■ 注 意 ■

循环判断基准所使用的变量应为整数而不要用浮点数。

● 练习 7-10

创建一个程序，横向显示代码清单 7-11 中以 0.01 为单位将 **float** 型变量由 0.0 递增为 1.0 的过程，以及代码清单 7-12 中将 **int** 型变量由 0 递增到 100，并求其除以 100.0 后所得值的过程。

```
x = 0.000000   x = 0.000000
x = 0.010000   x = 0.010000
x = 0.020000   x = 0.020000
        …中略…
x = 0.979999   x = 0.980000
x = 0.989999   x = 0.990000
x = 0.999999   x = 1.000000
```

● 练习 7-11

创建一个程序，分别对代码清单 7-11 和代码清单 7-12 进行改写，从 0.0 递增到 1.0，每次递增 0.01，求递增后的所有值的累计。注意对比二者的运行结果。

7

7-4　运算和运算符

　　本节我们来学习运算符的优先级和结合性，并将介绍 C 语言中提供的所有运算符及基本的类型转换规则。

运算符的优先级和结合性

　　至此我们已经学习了许多运算符。表 7-11 中罗列了 C 语言中所有的运算符。

优先级

　　运算符一览表中，运算符越靠上，**优先级**（precedence）越高。例如，进行乘除法运算的 * 和 / 比进行加减法运算的 + 和 - 优先级高，这与我们实际生活中使用的数学规则是一样的。

　　　　$a + b * c$

会被解释为 $a + (b * c)$，而不是 $(a + b) * c$。虽然 + 写在前面，但还是先进行 * 的运算。

结合性

　　这里有必要对**结合性**（associativity）作一下说明。假如用〇表示需要两个操作数的双目运算符，那么对于表达式 $a〇b〇c$，左结合运算符会将表达式解释为：

　　　　$(a〇b)〇c$　　　左结合性

右结合运算符会将表达式解释为：

　　　　$a〇(b〇c)$　　　右结合性

也就是说，遇到优先级相同的运算符时，结合性指明了表达式应从左往右运算还是从右往左运算。

　　例如，执行减法计算的双目运算符 - 是左结合性的，所以

　　　　5 - 3 - 1　→　(5 - 3) - 1　　　/* 左结合性 */

如果为右结合性，就会解释为 5 -（3-1），答案就不正确了。执行赋值操作的简单赋值运算符 = 是右结合性的，所以解释如下：

　　　　a = b = 1　→　a = (b = 1)　　　/* 右结合性 */

■ 表 7-11　运算符一览表

优先级	运算符	形式	名称（通称）	结合性
	()	$x(y)$	函数调用运算符	左
	[]	$x[y]$	下标运算符	左
1	.	$x.y$	.运算符（句点运算符）	左
	->	x->y	->运算符（箭头运算符）	左
	++	x++	后置递增运算符	左
	--	y--	后置递减运算符	左
	++	++x	前置递增运算符	右
	--	--y	前置递减运算符	右
	sizeof	sizeof x	**sizeof**运算符	右
	&	&x	单目运算符&（取址运算符）	右
2	*	*x	单目运算符*（指针运算符）	右
	+	+x	单目运算符+	右
	–	-x	单目运算符–	右
	~	~x	~运算符（按位求补运算符）	右
3	!	!x	逻辑非运算符	右
	()	$(x)y$	类型转换运算符	右
	*	x * y	双目运算符*	左
4	/	x / y	/运算符	左
	%	x % y	%运算符	左
5	+	x + y	双目运算符+	左
	–	x - y	双目运算符–	左
6	<<	x << y	<<运算符	左
	>>	x >> y	>>运算符	左
	<	x < y	<运算符	左
7	<=	x <= y	<=运算符	左
	>	x > y	>运算符	左
	>=	x >= y	>=运算符	左
8	==	x== y	==运算符	左
	!=	x != y	!=运算符	左
9	&	x & y	按位与运算符	左
10	^	x ^ y	按位异或运算符	左
11	|	x | y	按位或运算符	左
12	&&	x && y	逻辑与运算符	左
13	||	x || y	逻辑或运算符	左
14	? :	x ? y : z	条件运算符	右
	=	x = y	基本赋值运算符	右
15	+= -= *= /= %= <<= >>= &= ^= |= 复合赋值运算符*			右
16	,	x , y	逗号运算符	左

* 复合赋值运算符的形式都是 x @= y。

数据类型转换

我们在第 2 章中简单地学习了数据类型转换。本节将说明详细规则，请在需要时作为参考（其中有些语句未展开说明）。

■ 整型提升

在可以使用 `int` 型或 `unsigned int` 型的表达式中，也可以使用有符号或无符号类型的 `char`、`short int`、`int` 位域，还可以使用枚举对象。

无论哪种情况，如果用 `int` 型可以表示出原数据类型的所有数值，就将值转换为 `int` 型，否则转换为 `unsigned int` 型。

▶ 整型提升不会改变符号和数值。`char` 型是否作为有符号类型来处理，由编译器而定。

■ 有符号整型和无符号整型

整数类数据类型之间互相转换时，若原数值能用转换后的数据类型表示，则数值不会发生变化。

将有符号整数转换为位数相同或位数更多的无符号整数时，如果该有符号整数不为负数，则数值不会发生变化。

否则，若无符号整数的位数较大，则先将有符号整数提升为与无符号整数长度相同的有符号整数。然后再与无符号整数类型可表示的最大数加 1 后的值相加，将有符号整数转换为无符号整数。

将整数类数据类型转换为位数更少的无符号整数时，除以比位数较少的数据类型可表示的最大无符号数大 1 的数，所得的非负余数就是转换后的值。

将整数类数据类型转换为位数更少的有符号整数时，以及将无符号整数转换为位数相同的有符号整数时，如果不能正确表示转换后的值，则此时的操作由编译器而定。

■ 浮点型和整数类数据类型

将浮点型的值转换为整数类数据类型时，会截断小数部分。整数部分的值不能用整数类数据类型表示时的操作未定义。

将整数类数据类型的值转换为浮点型时，如果数据类型转换后的结果在数值范围内不能正确表示，那么会根据编译器定义的方法取大于或小于原值的最接近的近似值作为转换结果。

■ **浮点型**

    float 型 提 升 为 **double** 型 或 **long double** 型 时，以 及 **double** 型 提 升 为 **long double** 型时，值不会发生变化。

    double 型转换为 **float** 型时，以及 **long double** 型转换为 **float** 型时，会根据编译器定义的方法取大于或小于原值的最接近的近似值作为转换结果。

■ **普通算术类型转换**

    许多具有算术类型操作数的双目运算符都会执行操作数的数据类型转换，并用同样的方法决定转换结果的数据类型。数据类型转换的目的是确定通用数据类型，该数据类型亦是转换结果的数据类型。这一过程称为**普通算术类型转换**（usual arithmetic conversion）。普通算术类型转换的规则如下。

    a 若有一个操作数为 **long double** 型，则将另一个操作数转换为 **long double** 型。

    b 若有一个操作数为 **double** 型，则将另一个操作数转换为 **double** 型。

    c 若有一个操作数为 **float** 型，则将另一个操作数转换为 **float** 型。

    d 若均不符合以上情况，则根据以下规则对两个操作数进行整型提升。

        1 若有一个操作数为 **unsigned long** 型，则将另一个操作数转换为 **unsigned long** 型。

        2 在一个操作数为 **long** 型，另一个操作数为 **unsigned** 型的情况下，如果 **long** 型能表示 **unsigned** 型的所有值，则将 **unsigned** 型的操作数转换为 **long** 型。如果 **long** 型不能表示 **unsigned** 型的所有值，则将两个操作数都转换为 **unsigned long** 型。

        3 若有一个操作数为 **long** 型，则将另一个操作数转换为 **long** 型。

        4 若有一个操作数为 **unsigned** 型，则将另一个操作数转换为 **unsigned** 型。

        5 否则将两个操作数都转换为 **int** 型。

    浮点型操作数的值以及浮点型表达式的结果值可以超出数据类型所要求的精度和范围进行显示。但是结果的数据类型不会发生变化。

总结

- 算术类型是以下数据类型的总称。

   - 整数类数据类型（字符型 / 整型 / 枚举型）
   - 浮点型

 字符型、整型和浮点型，只需要关键字就能够表示其数据类型，因此将它们统称为基本
 数据类型。

- 整型和字符型是用来表示一定的数值范围的整数数据类型的。

- 整型和字符型中存在有符号和无符号的分类。可以使用类型说明符 **signed** 或 **unsigned**
 来指定其中一种数据类型。

 若不加类型说明符，则可以像下面这样处理。

   - 整型：默认为有符号。
   - 字符型：因编译器而定。

- 整型有 **short**、**int**、**long** 三种。在程序运行环境中，**int** 型是最易处理、运算速度最
 快的类型。

- 各类型能够表示的值的范围因编译器而异。其中最小值和最大值在 <limits.h> 头文件
 中以对象式宏的形式定义。

- **char** 型在内存上占据的位数因编译器而异，因此 **char** 型是以对象式宏 **CHAR_BIT** 的形
 式在 <limits.h> 头文件中定义的。

- **char** 型的长度定义为 1。通过使用 **sizeof** 运算符，可以判断出所有数据类型的长度。
 sizeof 运算符生成的值的数据类型是以 **size_t** 型的形式定义的无符号整型。

- **typedef** 声明是创建数据类型的同义词的声明。"**typedef** *A B*；"表示为已有的数据类
 型 *A* 创建别名 *B*。*B* 将作为类型名来使用。该名称一般称为 **typedef** 名。

- 整型的值使用纯二进制计数法表示。

- 无符号整型的数值在计算机内部是以二进制数来表示的，该二进制数与各二进制位一一
 对应。

- 有符号整型数值的内部表示法有补码、反码、符号和绝对值 3 种。正数的位串和无符号
 整数一样。

- 求两个整型操作数的按位逻辑与、逻辑或、逻辑异或的双目运算符分别是 &、|、^。~
 是求整型操作数的反码的单目运算符。

● **<<** 和 **>>** 是将整型操作数的位进行左移或右移的位移运算符。注意不要对负数进行位移，
这是因为具体会执行逻辑位移还是算术位移，要由编译器而定。

● 整型常量可以用十进制常量、八进制常量、十六进制常量这 3 种基数来表示。另外，整
型常量的末尾可以加上以下整型后缀。

　　　■ **u** 和 **U**……表示该整型常量为无符号类型。

　　　■ **l** 和 **L**……表示该整型常量为 **long** 型。

整型常量的数据类型由以下三个因素决定。

　　　■ 该整型常量的值。

　　　■ 该整型常量的后缀。

　　　■ 所在编译器中各数据类型的表示范围。

● 无符号整型的运算中不会发生数据溢出。当计算结果超出最大值时，结果为"数学计算
结果 **%**（该无符号整数能够表示的最大值 +1）"。

● 浮点型表示带有小数部分的实数，有 **float**、**double**、**long double** 三种。

● 浮点型常量末尾可以加上下列浮点型后缀。

　　　■ **f** 或 **F**……表示浮点型常量为 **float** 型。

　　　■ **l** 或 **L**……表示浮点型常量为 **long double** 型。

如果没有这些后缀，则默认浮点型常量为 **double** 型。

● 循环判断基准所使用的变量最好是整型，而非浮点型，因为这样可以避免误差累积。

● 各运算符的优先级不同。另外还存在左结合性和右结合性。

● 许多具有算术类型操作数的双目运算符都会在运算过程中进行"普通算术类型转换"。

Chap07/summary.c

```
#include <stdio.h>

int main(void)
{
    int i, no;
    float value;          /* 值 */
    float sum = 0.0f;     /* 和 */

    puts(" 对浮点数进行多次加法运算。");
    printf(" 值 ");          scanf("%f", &value);
    printf(" 次数 :");       scanf("%d", &no);

    for(i = 0; i < no; i++)
        sum += value;
    printf(" 加法运算的结果是 %f。\n", sum);

    return 0;
}
```

运 行 结 果

对浮点数进行多次加法运算。
值: 0.00001 ⏎
次数: 100000 ⏎
加法运算的结果是 1.000990。

第 8 章
动手编写各种程序吧

本章我们会引出几个问题，并以此来学习下列内容。

- 函数式宏
- 排序
- 枚举类型
- 递归
- 输入输出
- 字符

8-1　函数式宏

函数式宏和函数类似且比函数更灵活。本节就来学习函数式宏的相关内容。

函数和数据类型

我们来编写这样一个程序，它能计算出所读取数值的平方，并将结果显示出来。

当然，"数"有各种类型。我们这次先来编写适用于 **int** 型和 **double** 型的函数。请看代码清单 8-1。

代码清单 8-1   chap08/list0801.c

```
/*
    整数的平方和浮点数的平方（函数）
*/

#include <stdio.h>

/*--- 求 int 型整数的平方值 ---*/
int sqr_int(int x)
{
    return x * x;
}

/*--- 求 double 型浮点数的平方值 ---*/
double sqr_double(double x)
{
    return x * x;
}

int main(void)
{
    int       n;
    double    x;

    printf("请输入一个整数:");
    scanf("%d", &n);
    printf("该数的平方是 %d。\n", sqr_int(n));

    printf("请输入一个实数:");
    scanf("%lf", &x);
    printf("该数的平方是 %f。\n", sqr_double(x));

    return 0;
}
```

按类型分别创建。

按类型区分使用。

运 行 结 果

请输入一个整数: 3 ⏎
该数的平方是 **9**。
请输入一个实数: 4.25 ⏎
该数的平方是 **18.062500**。

上一章我们学习了很多数据类型。假如现在还需计算 **long** 型数值的平方，那就得再编写一个名为 *sqr_long* 的函数了吧。

不过，若是接二连三地写出这种功能相近、名称又相似的函数，程序中就会充斥着这些似是而非的函数。

函数式宏

函数式宏 (function-like macro) 较之对象式宏可以进行更复杂的代换。代码清单 8-2 是使用函数式宏改写后的程序。

代码清单 8-2　　　　　　　　　　　　　　　　　　　　　chap08/list0802.c

```
/*
      整数的平方和浮点数的平方（函数式宏）
*/

#include <stdio.h>

#define  sqr(x) ((x) * (x))              /* 计算 x 的平方的函数式宏 */

int main(void)
{
    int      n;
    double   x;

    printf("请输入一个整数：");
    scanf("%d", &n);
    printf("该数的平方是 %d。\n", sqr(n));

    printf("请输入一个实数：");
    scanf("%lf", &x);
    printf("该数的平方是 %f。\n", sqr(x));

    return 0;
}
```

运 行 结 果
请输入一个整数：3 ⏎
该数的平方是 **9**。
请输入一个实数：4.25 ⏎
该数的平方是 **18.062500**。

使用同一个函数式宏。

#define 命令给出的指示具体如下。

下文若出现 *sqr*(〇) 形式的表达式，就将其展开为

((〇) * (〇))

因此两处调用 **printf** 函数的部分，可以像图 8-1 那样展开并进行编译和运行。

另外，虽然该程序中没有提到，但函数式宏 *sqr* 也同样适用于 **long** 型和 **float** 型等数据类型。

```
printf("该数的平方是%d。\n", sqr(n));
                           ↓      展开
printf("该数的平方是%d。\n", ((n) * (n)));
```

```
printf("该数的平方是%f。\n", sqr(x));
                           ↓      展开
printf("该数的平方是%f。\n", ((x) * (x)));
```

图 8-1　函数式宏的展开

函数和函数式宏

　　函数式宏的调用看上去和函数调用相同，那么这两者有何区别呢？主要有以下几个方面。

■　函数式宏 sqr 是在编译时展开并填入程序的，因此只要是能用双目运算符 * 进行乘法计算的数据类型，都能使用函数式宏。

　　而函数定义则需为每个形参都定义各自的数据类型，返回值的类型也只能为一种。就这一点而言，函数较为严格。

■　函数为我们默默无闻地进行了一些复杂处理，如：

- 参数传递（将实参的值复制到形参）
- 函数调用和函数返回操作（程序流程的控制）
- 返回值的传递

而函数式宏所做的工作只是宏展开和填入程序，并不进行上述处理。

■　根据以上特征，函数式宏或许能使程序的运行速度稍微提高一点，但是程序自身却有可能变得臃肿（如果宏展开后的表达式很复杂，那么在使用到它的所有地方都会填入这些复杂的表达式）。

■　函数式宏在使用上必须小心谨慎。例如，sqr(a++) 展开后为 ((a++) * (a++))。每次展开，a 的值都会自增两次。在不经意间表达式被执行了两次，导致程序出现预料之外的结果，我们称这种情况为宏的**副作用**（side effect）。

■ 注 意 ■

在定义和使用函数式宏时，请仔细考虑是否会产生副作用。

▶ 将函数版的 *sqr_int* 作为 *sqr_int(a++)* 调用时，*a* 的值不会递增两次。如果是宏版，则要将 *sqr(a)* 和 *a++* 分开。

专题 8-1　函数式宏和对象式宏

如果在宏名称 *sqr* 和紧邻其后的 "(" 之间插入空格，进行如下宏定义

#define *sqr* (*x*) ((*x*)**(*x*))

则 *sqr* 就会被编译器当作对象式宏，即程序中的 *sqr* 都会被代换为 (*x*)((*x*)**(*x*))。

我们在定义函数式宏时必须注意不要误将空格写入宏名称和 "(" 之间。

以下是计算二值之和的函数式宏。

#define *sum_of*(*x*,*y*) *x* + *y*

我们使用下述语句来调用这个宏。

z = *sum_of*(*a*, *b*) ** *sum_of*(*c*, *d*);

宏展开后的表达式不尽如人意。

z = *a* + *b* ** *c* + *d*;

保险起见，我们在宏定义时将每个参数以及整个表达式都用（）括起来就不会出错了。

#define *sum_of*(*x*, *y*) ((*x*) *+* (*y*))

这样表达式就能正确展开了。

z = ((*a*) *+* (*b*)) ** ((*c*) *+* (*d*));

不带参数的函数式宏

函数式宏也可以像函数那样进行不带参数的定义，例如下面这个响铃的宏 *alert*()。

#define *alert*() (**putchar**('\a'))   /* 响铃的宏 */

调用该函数式宏的程序请参考本章最后的"总结"。

● 练习 8-1

请定义一个函数式宏 *diff*(*x*,*y*)，返回 *x*、*y* 二值之差。

● 练习 8-2

现定义如下函数式宏，其功能为返回 *x*、*y* 中的较大值。

#define *max*(*x*, *y*)   (((*x*) **>** (*y*)) **?** (*x*) **:** (*y*))

而下面两个使用了该宏的表达式的功能为计算 *a*、*b*、*c*、*d* 中的最大值。

max(*max*(*a*,*b*),*max*(*c*,*d*))

max(*max*(*max*(*a*,*b*),*c*),*d*)

请显示并观察它们是如何展开的。

● 练习 8-3

请定义一个函数式宏 *swap*(*type*,*a*,*b*) 以使 *type* 型的两值互换。

例如：假设 **int** 型变量 *x*、*y* 的值分别为 5、10，那么调用 *swap*(**int,** *x*, *y*) 后，*x*、*y* 中应分别保存 10、5。

函数式宏和逗号运算符

本节将介绍函数式宏使用方面的一个重要技巧。请看代码清单 8-3。

8

代码清单 8-3   chap08/list0803.c

```
/*
    响铃并显示的宏定义 ( 误例：不可编译、执行 )
*/

#include <stdio.h>

#define puts_alert(str)        { putchar('\a');  puts(str); }

int main(void)
{
    int    n;

    printf(" 请输入一个整数：");
    scanf("%d", &n);

    if (n)
        puts_alert(" 这个数不是 0。");
    else
        puts_alert(" 这个数是 0。");

    return 0;
}
```

运 行 结 果

本程序在编译时会出错，因此不能运行。

函数式宏 *puts_alert* 的定义是在 **puts** 函数显示字符串 *str* 时响铃。不过，这个程序在编译时会出错，不能运行。

main 函数的 **if** 语句展开后如图 8-2 所示。**if** 语句会在第一个复合语句 {} 处结束，这时因为灰色底纹处的 ; 会被视为空语句。因此编译器会认为"没有 **if**，为何出现了 **else**"。

▶　即便如此，也不能去掉宏定义的 {}，否则会发生别的错误（请自行确认）。

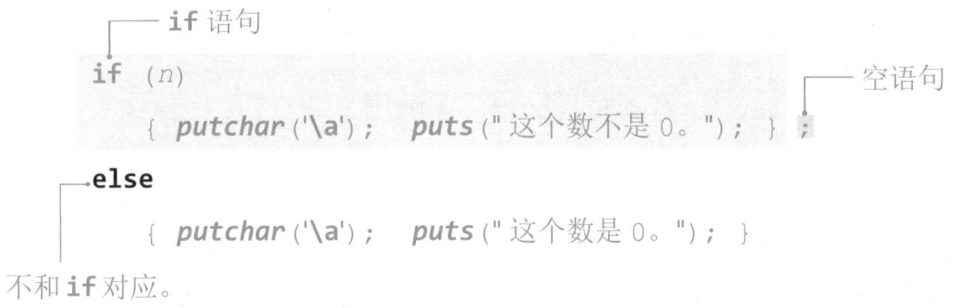

图 8-2　错误的函数式宏的展开

这下就到了**逗号运算符**（comma operator）大显身手的时候了，逗号运算符如表 8-1 所示。

■ 表 8-1　逗号运算符

逗号运算符	*a*, *b*	按顺序判断 *a* 和 *b*，整个表达式最终生成 *b* 的判断结果

使用逗号运算符对宏 *puts_alert* 进行改写后的程序如代码清单 8-4 所示。

chap08/list0804.c

代码清单 8-4

```
/*
    响铃并显示的宏定义
*/

#include <stdio.h>

#define puts_alert(str) (putchar('\a'), puts(str))

int main(void)
{
    int n;

    printf("请输入一个整数：");
    scanf("%d", &n);

    if (n)
        puts_alert("这个数不是 0。");
    else
        puts_alert("这个数是 0。");

    return 0;
}
```

运 行 结 果

请输入一个整数：0⏎
♪这个数是 0。

8

一般由逗号运算符连接的两个表达式"*a, b*"在语法上可以视为一个表达式（其实不仅限于逗号运算符，只要是由运算符连接的多个表达式，例如"*a + b*"，都可以视为一个表达式）。因此，本程序的 **if** 语句在语法上就是正确的，如图 8-3 所示。

▶　在表达式后面加上分号会形成表达式语句。在该图中，"("到")"是表达式，其后加上分号，变成表达式语句。

```
if (n)
    ( putchar('\a'), puts("这个数不是 0。") ); ——表达式语句
else
    ( putchar('\a'), puts("这个数是 0。") ); ——表达式语句
```

图 8-3　函数式宏的展开

■ **注 意** ■

　　如果宏定义中要代换两个以上的表达式，则使用逗号运算符连接，使其在语法上构成一个表达式。

▶　对于使用逗号运算符的逗号表达式"*a, b*"，会按顺序判断表达式 *a* 和 *b*。对左侧的表达式 *a* 仅进行判断，判断结果会被省去。而对右侧的表达式 *b* 进行判断所得到的类型和值，就是逗号表达式"*a, b*"的类型和值。

　　例如，*i* 的值为 3、*j* 的值为 5 时，若运行

```
x = (++i, ++j);
```

则 *i* 和 *j* 都会递增，递增后 *j* 的值 6 会被赋给 *x*。

8

8-2 排序

排序（sort）就是以一定的基准，将数据的集合按升序（从小到大）或降序（从大到小）重新排列。

冒泡排序法

将 5 名学生的身高按升序排列的程序如代码清单 8-5 所示。

代码清单 8-5   chap08/list0805.c

```
/*
    读取学生的身高并排序
*/

#include <stdio.h>

#define NUMBER    5       /* 人数 */

/*--- 冒泡排序 ---*/
void bsort(int a[], int n)
{
    int i , j;

    for (i = 0; i < n - 1; i++) {        ◀── 总共有 n-1 趟。
        for (j = n - 1; j > i; j--) {    ◀── 从末尾向开头遍历。
            if (a[j - 1] > a[j]) {
                int temp = a[j];         如果左侧的元素较大，则交换两个值。
                a[j] = a[j - 1];    ◀──  关于两个值的交换的相关内容，请参考 5-1 节。
                a[j - 1] = temp;
            }
        }
    }
}

int main(void)
{
    int i;
    int height[NUMBER];        /* NUMBER 名学生的身高 */

    printf("请输入 %d 人的身高。\n", NUMBER);
    for (i = 0; i < NUMBER; i++) {
        printf("%2d 号 : ", i + 1) ;
        scanf("%d", &height[i]);
    }

    bsort (height, NUMBER);  /* 排序 */

    puts(" 按升序排列。");
    for (i = 0; i < NUMBER; i++)
        printf("%2d 号 : %d\n", i + 1, height[i]);

    return 0;
}
```

运 行 结 果
请输入 5 人的身高。
1 号：179⏎
2 号：163⏎
3 号：175⏎
4 号：178⏎
5 号：173⏎
按升序排列。
1 号：163
2 号：173
3 号：175
4 号：178
5 号：179

8

在上述运行示例中，*bsort* 函数所接收的元素个数为 n 的数组 a 中保存着以下值。

| 179 | 163 | 175 | 178 | 173 |

首先来看末尾两个数组成的数值对 [178,173]。由于要进行升序排列，后面的值不能小于前面的值，因此要交换这两个值。

| 179 | 163 | 175 | 173 | 178 |

然后来看倒数第 2 和倒数第 3 个数 [175,173]，同样交换这两个值。

| 179 | 163 | 173 | 175 | 178 |

倒数第 3 和倒数第 4 个数 [163,173] 本来就是按升序排列的，所以无需交换。

| 179 | 163 | 173 | 175 | 178 |

最后再看倒数第 4 和倒数第 5 个数 [179,163]，交换这两个值。

| 163 | 179 | 173 | 175 | 178 |

上述步骤可总结如下。如果将这一系列工作称为趟，那么这就是第一趟。

179	163	175	178	173
179	163	175	173	178
179	163	173	175	178
179	163	173	175	178
163	179	173	175	178

第一趟

将最小的数值 163 排在最前面的位置后，数组第一个元素（灰色底纹部分）就排序结束了。

重复进行同样的操作，直到 173 排到第二位。这一过程为第二趟，具体如下所示（虚线右侧是比较、交换的对象）。

163	179	173	175	178
163	179	173	175	178
163	179	173	175	178
163	173	179	175	178

第二趟

因为第二小的数值 173 排在了第二位，所示开头的两个元素就排好序了。

接下来再来排第三个元素 175，即第三趟。

163	173	179	175	178
163	173	179	175	178
163	173	175	179	178

第三趟

这样前三个元素就都排好序了，下面就来排第四个。

163	173	175	179	178
163	173	175	178	179

第四趟

第四小的数值被排到了第 4 位。这时末尾的第五个元素就是最大值。也就是说，有 n 个元素的情况下，只需重复进行 $n-1$ 趟，就可以完成排序。

★

现在已经有了很多排序的算法。该程序中使用的算法就称为**冒泡排序法**（bubble sorting）。

8

8-3　枚举类型

第 7 章中我们学习了表示限定范围内连续整数的整型。本节来学习表示一定整数值的集合的枚举类型。

枚举类型

代码清单 8-6 的程序中给出了狗、猫、猴三个选项，做出选择后会显示所选动物的叫声。

chap08/list0806.c

代码清单 8-6

```
/*
       显示所选动物的叫声
*/
#include <stdio.h>
enum animal { Dog, Cat, Monkey, Invalid };
/*--- 狗叫 ---*/
void dog(void)
{
    puts("汪汪 !!");
}
/*--- 猫叫 ---*/
void cat(void)
{
    puts("喵～ !!");
}
/*--- 猴叫 ---*/
void monkey(void)
{
    puts("唧唧 !!");
}
/*--- 选择动物 ---*/
enum animal select(void)
{
    int    tmp;

    do {
        printf("0…狗 1…猫 2…猴 3…结束:");
        scanf("%d", &tmp);
    } while (tmp < Dog || tmp > Invalid);
    return tmp;
}
int main(void)
{
    enum animal selected;

    do {
        switch (selected = select()) {
        case Dog    : dog();        break;
        case Cat    : cat();        break;
        case Monkey : monkey(); break;
        }
    } while (selected != Invalid);

    return 0;
}
```

运 行 结 果
0…狗　1…猫　2…猴　3…结束:0 ⏎
汪汪 !!
0…狗　1…猫　2…猴　3…结束:2 ⏎
唧唧 !!
0…狗　1…猫　2…猴　3…结束:3 ⏎

8

程序中的蓝色底纹部分是**枚举类型**（enumeration）的声明，它表示了所有可用值的集合。其中，*animal* 被称为**枚举名**（enumeration tag）。写在 { } 中的 *Dog*、*Cat*、*Monkey*、*Invalid* 是**枚举常量**（enumeration constant）。如图 8-4 所示。

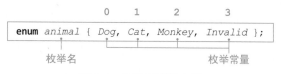

图 8-4　枚举类型的声明

图 8-5　声明的对比

以枚举类型 *animal* 为例，如图 8-6 所示，各枚举常量从左往右依次被赋值为 0、1、2、3。

从多个选择项中选择一个，感觉就像是收音机的按钮一样。

相对于整型能够自由地表示多种类型的整数，枚举类型只能表示有限的数值，而且各数值都会被赋予名称。

另外，需要注意枚举名不是类型名。也就是说，类型名称不是 *animal* 型，而是 **enum** *animal* 型。

main 函数中的灰色底纹部分，是 **enum** *animal* 型变量 *selected* 的声明。通过这个声明，定义了变量 *selected* 的取值范围为 0、1、2、3。

从图 8-5 中可以看出，无论是 **int** 型还是枚举类型，变量声明的形式都是"类型名　标识符；"。

*

select 函数的功能是显示动物选项并返回所选动物。注意观察 **do** 语句（该循环语句的作用是如果输入了 0、1、2、3 以外的值，就引导用户再次输入）的循环条件表达式。其中使用到了枚举常量 *Invalid*，它既不表示动物也无特别定义，乍一看完全没有意义。

▶　Invalid 意为"无效的"。

　　现在我们假设不使用这个枚举常量，会发生什么情况呢？无疑，循环条件表达式将改为：

8

```
        tmp < Dog  ||  tmp > Monkey + 1
```

如果此时增加第4种动物"海豹"，则枚举类型 animal 将随之改为：

```
        enum animal { Dog, Cat, Monkey, Seal };
```

相应地，循环条件表达式也必须修改为：

```
        tmp < Dog  ||  tmp > Seal + 1
```

即每次增加动物时，都须要修改判断循环条件的循环条件表达式。由此可见，看似无用的 Invalid 实际上大有用处呢！

*

枚举常量的数据类型是 **int** 型。因此在返回值类型为 **enum** animal 型的 select 函数中，可以返回 **int** 型变量 tmp 的值。

为明确起见，也可以将返回值进行如下强制转换。

```
    return (enum animal)tmp;
```

枚举常量

在上一节的程序中，我们从 0 开始按顺序为枚举常量定义了相应的整数值。实际上，这些值也能够根据需要任意设置，只要在枚举常量的名称后面写上赋值运算符"="和值就行了。

例如，在以下定义中，Fukuoka 为 0，Saga 为 5，Nagasaki 为 6。

```
    enum kyushu { Fukuoka, Saga = 5, Nagasaki };
```
即通过赋值运算符"="赋值的枚举常量，其值即为给定值。没有给定值的枚举常量，其值为前一个枚举常量加 1。

```
○ Fukuoka (0)
◉ Saga (5)
○ Nagasaki (6)
```

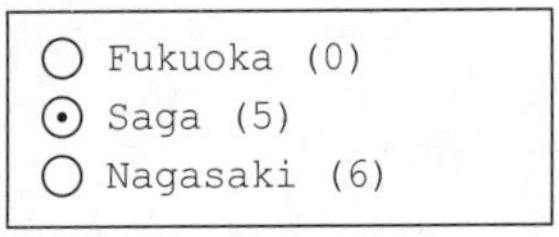

图 8-7　枚举类型 kyushu

另外，如果进行了如下声明，那么 Shibata 和 Washio 都为 0。

```
    enum namae { Shibata, Washio = 0 };
```
多个枚举常量允许具有相同的值。

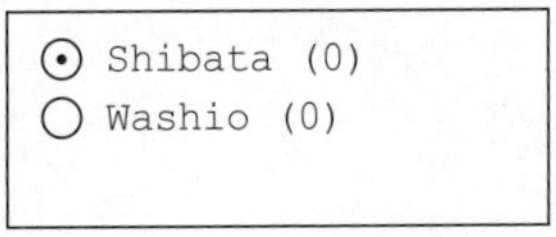

还有，程序中的枚举名也是可以省略的。例如，可以进行如下声明。

```
◉ Shibata (0)
○ Washio (0)
```

图 8-8　枚举类型 name

```
    enum { JANUARY = 1, FEBRUARY, /* （中略） */, DECEMBER };
```
通过这种方式声明的枚举常量，可以在如下所示的 **switch** 语句中使用。

```
    int month;
    /* ... */
```

```
switch (month) {
 case JANUARY :  /* 1 月的处理 */
 case FEBRUARY :  /* 2 月的处理 */
 /* --- 中略 --- */
}
```

● 练习 8-4

　　创建一个程序，对代码清单 8-5 进行改写，依然使用冒泡排序法，但排序时要按照从前往后的顺序，而非从后往前（这是针对上一节内容的练习）。

● 练习 8-5

　　请在程序中定义表示性别、季节等的枚举类型，并有效使用它们。

下面我们来归纳一下枚举类型的特征。

■　使用宏定义实现上一页中表示月份的枚举类型，即

```
#define JANUARY   1  /* 1 月 */
#define FEBRUARY   2  /* 2 月 */
/* --- 中略 --- */
#define DECEMBER  12  /* 12 月 */
```

这在程序中会占去 12 行，而且必须逐个定义它们的值。

　　而使用枚举类型来声明，就可以非常简洁，只要 *JANUARY* 的值正确，其他值就不会有错（通过自动计算可得）。

■　表示动物的 **enum** *animal* 型，只有定义过的值才有效，即有效值为 0、1、2、3。如果变量 *an* 是该类型，那么对于以下赋值语句

```
an = 5;     /* 所赋的值不正确 */
```

一些人性化的编译器将会发出警告信息，提示赋给 *an* 的是未定义的值。这样就更容易发现程序中的错误。然而，若 *an* 是 **int** 型变量，则不能进行这种检查。

■　在有些验证程序行为的调试软件中，将枚举型变量的值显示为枚举值的名称，而不是整数值。变量 *selected* 的值显示为 *Dog*，而不是 0，这就更便于调试了。

■ **注 意** ■

能用枚举类型表示的数据类型，应尽量用枚举类型来表示。

命名空间

枚举名和变量名分别属于不同的**命名空间**（name space），因此即便名称相同也能正确区分。打个比方，人名里的福冈和地名里的福冈，虽然名字相同但是性质不同，所以可以区分清楚。如果说"我去福冈"，马上就能知道指的是地名。

因此，我们也可以将 **enum** *animal* 型的变量命名为 *animal*，进行如下声明

| **enum** *animal animal*;　/* 声明 **enum** *animal* 型的变量 *animal* */

显然，前一个 *animal* 是枚举名，后一个 *animal* 是变量名。

▶　有关命名空间更多的内容可以参考 12-1 节。

8-4 递归函数

函数中可以调用和该函数自身完全相同的函数。这样的调用方式称为递归函数调用。本节我们就来学习递归的基础知识。

函数和类型

所谓**递归**（recursive），就是将自己包含在内，或者用自己来定义自己。

图 8-9 中表示的就是递归的一个例子。显示器画面中还是一个显示器，里面又是一个显示器……

通过采用递归的思考方式，从 1 开始无限延续的自然数 1、2、3…就可以像下面这样使用有限的方式定义出来。

> ■ **自然数的定义**
> 　[a] 1 是自然数。
> 　[b] 某个自然数后面的整数也是自然数。

通过使用**递归定义**（recursive definition），无限存在的自然数就可以用两个语句定义出来。

不仅仅是定义，通过有效利用递归，还可以使程序更简洁。

图 8-9 递归的例子

阶乘

递归的另一个例子，就是求**非负整数的阶乘**。对于非负整数 n 的阶乘，可以采用如下方式定义。

> ■ **阶乘 n! 的定义（n 为非负整数）**
>
> ⓐ 0! = 1
>
> ⓑ 若 $n > 0$，则 $n! = n \times (n - 1)!$

例如，5 的阶乘 5! 可以通过 5×4! 求得。而式中的 4! 则可以通过 4×3! 求得。

▶ 当然，3! 由 3×2! 得到，2! 由 2×1! 得到，1! 由 1×0! 得到。根据定义，0! 等于 1。

将这里的定义用程序来实现，就是代码清单 8-7 所示的函数 factorial。

代码清单 8-7   chap08/list0807.c

```
/*
    计算阶乘
*/

#include <stdio.h>

/*--- 返回阶乘的值 ---*/
int factorial(int n)
{
    if (n > 0)
        return n * factorial(n - 1);
    else
        return 1;
}

int main(void)
{
    int    num;

    printf("请输入一个整数：");
    scanf("%d", &num);

    printf("%d 的阶乘为 %d。\n", num, factorial(num));

    return 0;
}
```

运 行 结 果

请输入一个整数：3 ⏎
3 的阶乘为 6。

只要形参 n 中接收的值大于 0，函数 factorial 就会返回 n * factorial(n - 1) 的值，否则就会返回 1。

虽然看起来非常简单，执行时的行为却非常复杂。我们来详细了解一下。

■ 递归函数调用

下面我们以"求 3 的阶乘"为例，来看一下函数 factorial 求阶乘的流程，如图 8-10

所示。

a 通过 *factorial*(3) 调用函数 *factorial*。因为形参 *n* 被会传入 3，所以该函数返回

　　　3 * *factorial*(2)

　　但是要进行这个乘法计算，就必须先知道 *factorial*(2) 的值，于是以 2 为参数再次调用函数 *factorial*。

b 被调用的函数 *factorial*，将 2 传入形参 *n* 中，为了进行

　　　2 * *factorial*(1)

的乘法计算，调用函数 *factorial*(1)。

c 被调用的函数 *factorial*，将 1 传入形参 *n* 中，为了进行

　　　1 * *factorial*(0)

的乘法计算，调用函数 *factorial*(0)。

d 因为形参 *n* 中接收的值为 0，所以函数 *factorial* 返回 1。

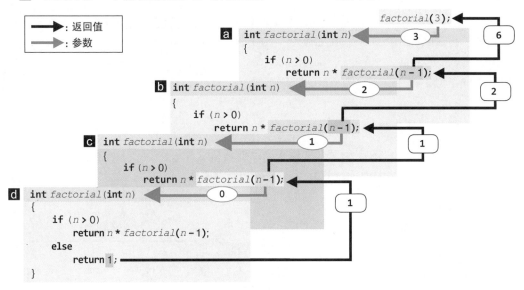

图 8-10　计算 3 的阶乘的步骤

c 收到返回值 1 的函数 *factorial*，返回 1 * *factorial*(0)，即 1 * 1。

b 收到返回值 1 的函数 *factorial*，返回 2 * *factorial*(1)，即 2 * 1。

a 收到返回值 2 的函数 *factorial*，返回 3 * *factorial*(2)，即 3 * 2。

这样就得到了 3 的阶乘 6。

为了求得 *n*-1 的阶乘，函数 *factorial* 调用函数 *factorial*。像这样的函数调用称为**递**

归函数调用（recursive function call）。

▶ 递归函数调用与其说是"调用该函数本身"，理解为"调用和该函数同样的函数"更加自然。如果真的是调用函数本身，则会一直调用下去，进入死循环。

如果待处理的问题、函数或者数据结构已经具有递归定义，就可以使用递归算法。

因此，使用递归的方式求阶乘，仅仅是为了便于大家理解递归原理的一个例子，**实际上并不合适**。

▶ 在使用树结构、图表、分治法的程序等中，递归算法被广泛应用。

● 练习 8-6

不使用递归调用的方式来实现函数 *factorial*。

● 练习 8-7

编写如下函数，求出从 n 个不同整数中取出 r 个整数的组合数 C_n^r。

```
int combination(int n, int r) { /* … */ }
```

C_n^r 的定义如下。

$$C_n^r = C_{n-1}^{r-1} + C_{n-1}^r \ （且 C_n^0 = C_n^n = 1、C_n^1 = n）$$

● 练习 8-8

创建一个函数，使用辗转相除法求两个整数值 x 和 y 的最大公约数。

```
int gcd(int x, int y) { /* … */ }
```

■ 辗转相除法

将两个整数值作为长方形的边长。用以短边为边长的正方形来填充该长方形，然后对剩余部分的长方形重复进行同样的操作。当长方形被正方形填满时，该正方形的边长就是之前提到的两个整数值的最大公约数。

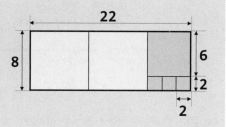

8-5 输入输出和字符

程序一般会采用某种形式进行字符的输入输出。本节就来学习字符和输入输出的相关内容。

getchar 函数和 EOF

第 4 章中我们学习了进行一个字符的输出的 ***putchar*** 函数，接下来我们将学习进行一个字符的输入的 ***getchar*** 函数。灵活应用这些函数，就可以实现将输入的字符直接输出的程序。该程序如代码清单 8-8 所示。

代码清单 8-8　　　　　　　　　　　　　　　　　　　　　　　　　chap08/list0808.c

```
/*
   将标准输入的数据复制到标准输出
*/

#include <stdio.h>

int main(void)
{
    int ch;

    while ((ch = getchar()) != EOF)
        putchar(ch);

    return 0;
}
```

运 行 结 果

Hello!
Hello!
This is a pen.
This is a pen.
Ctrl + Z

按下 Ctrl + Z 。
部分运行环境中需要最后的 。
另外，UNIX、Linux、OS X 系统中则是按下 Ctrl + D 。

getchar 函数的功能是读取字符并将其返回。输入结束或读取过程中发生错误时，就会返回 **EOF** 值。

getchar	
头文件	**#include** <stdio.h>
原　型	**int** *getchar*(**void**)
说　明	从标准输入流中读取下一个字符（若存在）。
返回值	返回读入的字符。读到文件末尾或发生错误时，返回**EOF**。

对象式宏 **EOF** 的名称来源于 End OF File。在 <stdio.h> 头文件中，**EOF** 被定义为负值。例如下面这样一个定义的例子。

EOF

```
#define EOF  -1;          /* 定义示例：值因编译器而异 */
```

▶ 如果未将 <stdio.h> 头文件包含进来，那么 **EOF** 就没有定义，这时程序不能编译和运行。

从输入复制到输出

本程序实际上仅由 **while** 语句构成。

首先来看控制表达式（ *ch* = *getchar()* ）!=**EOF**，该表达式如图 8-11 所示。

首先，①处将读取的字符赋值给 *ch*。但是，当输入结束或者发生某种错误时，*ch* 就会被赋值为 **EOF**。

由于对赋值表达式进行判断后，会得到赋值后的左操作数的类型和值，因此赋值表达式 *ch* = *getchar()* 的值和赋值后的 *ch* 同样。②处会比较该值和 **EOF**。

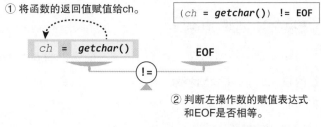

图 8-11　while 语句的控制表达式的说明

这样一来，只要字符的读取没有问题，就会执行 **while** 语句的循环体，并通过 *putchar* 函数显示字符。当输入结束或者发生某种错误时，**while** 语句执行结束。

▶ 如果不使用控制表达式来表示赋值和比较，则 **while** 语句如下所示。

```
while (1) {              /* 无限循环 */
    ch = getchar();      /* 将读取的字符赋值给 ch */
    if (ch == EOF)       /* 如果发生错误 */
        break;           /* 则强行退出 while 语句 */
    putchar(ch);         /* 显示字符 ch */
}
```

专题 8-3　EOF 的定义

在需要对象式宏 **EOF** 的程序中，如果没有包含 <stdio.h> 头文件，则进行如下定义是不行的。

```
#define EOF  -1
```

因为 **EOF** 规定为"负"，但不一定是"-1"。因此，在 **EOF** 的值不为 -1 的编译器或运行环境中，上述手动进行定义的程序难以保证编译和运行结果的正确性。

数字字符计数

接着考虑如下问题。

输入字符，计算各字符出现的次数。

程序如代码清单 8-9 所示。

代码清单 8-9

```
/*
    计算标准输入流中出现的数字字符数
*/

#include <stdio.h>

int main(void)
{
    int    i, ch;
    int    cnt[10] = {0};         /* 数字字符的出现次数 */

    while ((ch = getchar()) != EOF) {
        switch (ch) {
        case '0' : cnt[0]++; break;
        case '1' : cnt[1]++; break;
        case '2' : cnt[2]++; break;
        case '3' : cnt[3]++; break;
        case '4' : cnt[4]++; break;
        case '5' : cnt[5]++; break;
        case '6' : cnt[6]++; break;
        case '7' : cnt[7]++; break;
        case '8' : cnt[8]++; break;
        case '9' : cnt[9]++; break;
        }
    }

    puts("数字字符的出现次数");
    for (i = 0; i < 10; i++)
        printf("'%d': %d\n", i, cnt[i]);

    return 0;
}
```

> 用 0 对所有的元素进行初始化。

> 和代码清单 8-8 相同！！

运行结果

```
3.1415926535897932846⏎
Ctrl + Z ⏎
数字字符的出现次数
'0': 0
'1': 2
'2': 2
'3': 3
'4': 2
'5': 3
'6': 2
'7': 1
'8': 2
'9': 3
```

8

该程序中 **while** 语句的控制表达式（蓝色底纹部分）和上一个程序相同。

也就是说，只要字符的读取没有问题，就会执行 **while** 语句的循环体。当输入结束或者发生某种错误时，**while** 语句执行结束。

字符的出现次数存储在 **int**[10] 型数组 *cnt* 中。字符 '0'、'1'、…、'9' 的出现次数分别存储在 *cnt*[0]、*cnt*[1]、…、*cnt*[9] 中。

因为 **while** 语句的循环体是 **switch** 语句，所以当 *getchar* 函数的返回值不为 **EOF** 时，即正确读入字符时，会进入 **switch** 语句。

'0' '1' '2' '3' '4' '5' '6' '7' '8' '9'

switch 语句会对上面这十个数字的情况分别进行相应的处理，语句显得比较冗长。另外，与各个字符相对应的数组 *cnt* 的元素会递增。

▶ 例如，如果 *ch* 为 '0'，则 *cnt*[0] 的值递增；如果 *ch* 为 '1'，则 *cnt*[1] 的值递增。

数组 *cnt* 的作用是保存数字字符 '0' 到 '9' 的出现次数。由于其下标也是 0 到 9，因此只要将数字字符转换为对应的下标值就能更简单地实现同样功能。

▶ 如将数字字符 '0' 转换为整数 0，将数字字符 '1' 转换为整数 1。

● **练习 8-9**

创建一个程序，计算标准输入中出现的行数。

专题 8-4　缓冲和重定向

■ **缓冲**

在代码清单 8-8 的运行示例中，并不是每读入一个字符后就马上输出，而是在按下 ⏎ 键后一并输出（代码清单 8-9 也是如此）。

c 语言的输入输出一般会将读入的字符以及待输出的字符暂时保存在缓存中，当达到下列条件时才进行实际的输入输出操作。

Ⓐ 缓存已满

Ⓑ 输入换行符

当然，也有下面这样的环境。

Ⓒ 立即输出

这些方式分别称为 Ⓐ 全缓冲、Ⓑ 行缓冲、Ⓒ 无缓冲。

■ **重定向**

如下所示，给定输入和输出文件名（假设运行文件的名称为 list0808）并运行。

▷ `list0808 < 输入文件名 > 输出文件名` ⏎

"输入文件"的数据就会复制到"输出文件"中去。但这不是由 C 语言实现的，而是通过 UNIX 和 MS-DOS 等操作系统的重定向功能来实现。

至此，我们已经了解到 *printf*、*puts*、*putchar* 函数会将数据显示到"显示器"，*scanf* 函数则会从"键盘"读入数据。而输入输出的地址，在程序启动时能够发生改变。

字符

上一章我们提到了字符型，但对"字符"的说明并没有深入展开。实际上 C 语言中的字符都作为非负整数值来处理。因此，每一个字符都有与之对应的编码（即整数值）。

■ 注 意 ■

C 语言中的"字符"就是该字符的字符编码（即整数值）。

但是，即使是同一个字符，在不同的程序运行环境中编码也会有所不同。具体要看程序运行环境所用的字符编码。

日本大部分电脑所使用的字符编码为表 8-2 所示的"JIS 码"。我们就以它为例子进行说明。

首先是该表的看法。从表面上看，不难发现它是由十六进制数构成的。

例如，字符 **'g'** 位于第 6 列、第 7 排，那么它的字符编码就是十六进制的 67。同理，字符 **'A'** 的字符编码是十六进制的 41。

那么，将字符 **'0'**、**'1'**、…、**'9'** 的值分别用十六进制数和十进制数表示就是下面这样。

	十六进制数	十进制数
'0'	0×30	48
'1'	0×31	49
'2'	0×32	50
'3'	0×33	51
:	:	:
'9'	0×39	57

■ 表 8-2　JIS 编码表（按 C 语言风格显示）

	0	1	2	3	4	5	6	7	8	9	A	B	C	D	E	F
0				0	@	P	`	p				ー	タ	ミ		
1			!	1	A	Q	a	q			。	ア	チ	ム		
2			"	2	B	R	b	r			「	イ	ツ	メ		
3			#	3	C	S	c	s			」	ウ	テ	モ		
4			$	4	D	T	d	t			、	エ	ト	ヤ		
5			%	5	E	U	e	u			・	オ	ナ	ユ		
6			&	6	F	V	f	v			ヲ	カ	ニ	ヨ		
7	\a		'	7	G	W	g	w			ア	キ	ヌ	ラ		
8	\b		(	8	H	X	h	x			ィ	ク	ネ	リ		
9	\t		)	9	I	Y	i	y			ゥ	ケ	ノ	ル		
A	\n		*	:	J	Z	j	z			エ	コ	ハ	レ		
B	\v		+	;	K	[	k	{			オ	サ	ヒ	ロ		
C	\f		,	<	L	¥	l	|			ャ	シ	フ	ワ		
D	\r		-	=	M	]	m	}			ュ	ス	ヘ	ン		
E			.	>	N	^	n	~			ョ	セ	ホ	゛		
F			/	?	O	_	o				ッ	ソ	マ	゜		

即数字字符 **'0'** ～ **'9'** 的字符编码用十进制表示为 48 ～ 57。请注意这些值绝不是 0 ～ 9。字符 **'0'** 和数值 0 看起来相似，实则完全不同。

既然已经知道了数字字符 **'0'** ～ **'9'** 的值，那么 **switch** 语句就可以写成如下页图 A 所示的形式。

程序经过这样改写之后，其中的规律便显现了出来。

数字字符 ch 的值减去 48，即 $ch-48$ 得到的正好就是下标 0 ～ 9。

根据上述规律，我们可以将这个 **switch** 语句进一步简化为如下页图 B 所示的简洁的 **if** 语句。这样一来，原来需要 10 多行的程序，现在仅用 2 行就能实现了！

但是，程序 A 和 B 有个缺点，就是缺乏可移植性。

目前为止我们谈论的字符相关的内容，都是基于 JIS 码展开的。而在其他字符编码中字

符 '0' 的值不一定就是 48。若在那样的环境中运行程序，就会错误地计算值为 48 ~ 57 的"其他字符"的出现次数，输出的结果也就不正确了。

不过幸运的是，C 语言程序的运行环境都遵循下面这一规则。

数字 '0'、'1'、…、'9' 的值是递增的

虽然 '0' 的值根据字符编码各有不同，但是无论在哪种环境下，'5' 只会比 '0' 大 5。即 '5'-'0' 的值一定是 5。

任意数字字符减去 '0'，都能得到所需的下标值。因此 **B** 的 if 语句可以改写成 **C** 这样。

利用该 **if** 语句改写后的程序如代码清单 8-10 所示。

A
```
switch (ch) {
    case 48: cnt[0]++; break;
    case 49: cnt[1]++; break;
    case 50: cnt[2]++; break;
    case 51: cnt[3]++; break;
    /*--- 中略 ---*/
    case 57: cnt[9]++; break;
}
```

B
```
if (ch >= 48 && ch <= 57)
    cnt[ch - 48]++;
```

C
```
if (ch >= '0' && ch <= '9')
    cnt[ch - '0']++;
```

代码清单 8-10   chap08/list0810.c

```
/*
    计算标准输入流中出现的数字字符数（第 2 版）
*/

#include <stdio.h>

int main(void)
{
    int  i, ch;
    int  cnt[10] = {0};    /* 数字字符的出现次数 */

    while ((ch = getchar()) != EOF){
        if (ch >= '0' && ch <= '9')
            cnt[ch - '0']++;
    }

    puts("数字字符的出现次数");
    for (i = 0; i < 10; i++)
        printf("'%d':%d\n", i, cnt[i]);

    return 0;
}
```

运 行 结 果
```
3.1415926535897932846 ⏎
Ctrl+Z ⏎
数字字符的出现次数
'0': 0
'1': 2
'2': 2
'3': 3
'4': 2
'5': 3
'6': 2
'7': 1
'8': 2
'9': 3
```

可见程序变简洁多了。

下面我们通过代码清单 8-11 的程序，来看看 **EOF** 和各个数字字符的值。

代码清单 8-11   chap08/list0811.c

```
/*
    显示 EOF 和数字字符的值
*/

#include <stdio.h>

int main(void)
{
    int   i;

    printf("EOF = %d\n", EOF);

    for (i = 0; i < 10; i++)
        printf("'%d' = %d\n", i, '0' + i);

    return 0;
}
```

运 行 结 果
EOF = **-1**
'0' = **48**
'1' = **49**
'2' = **50**
'3' = **51**
'4' = **52**
'5' = **53**
'6' = **54**
'7' = **55**
'8' = **56**
'9' = **57**

在不同的运行环境下，程序执行后显示的值也不同。

转义字符

请看前面表 8-2 中的 JIS 码。位于 0x07 至 0x0D 的字符是：\a、\b、\t、\n、\v、\f、\r。

其中，表示换行的 '\n' 和表示响铃的 '\a' 这两个**转义字符**，我们在第 1 章中已经学过了。表 8-3 中罗列了这些转义字符。

■ 表 8-3   转义字符

■ 简单转义字符（simple escape sequence）		
\a	响铃（alert）	发出警报声或显示警告
\b	退格符（backspace）	光标左移一格
\f	换页符（form feed）	换页并移到下一页页首
\n	换行符（new line）	换行并移到下一行行首
\r	回车符（carriage return）	回到行首
\t	水平制表符（horizontal tab）	横向跳到下一制表位置
\v	垂直制表符（vertical tab）	纵向跳到下一制表位置
\\	字符\	反斜杠
\'	字符'	单引号
\"	字符"	双引号
\?	字符?	问号
■ 八进制转义字符（octal escape sequence）		
\ccc	ccc为1～3位的八进制数。与ccc的值相对应的字符	
■ 十六进制转义字符（hexadecimal escape sequence）		
\xhh	hh为任意位数的十六进制数。与hh的值相对应的字符	

这里我们具体来看一下引号和八进制转义字符、十六进制转义字符。

■ **\' 和 \"……字符 ' 和字符 "**

引号 ' 和 " 的转义字符是 **\'** 和 **\"**。在字符串字面量以及字符常量中使用时，需要注意以下几点。

■ 字符串字面量中的写法

字符 **"** 必须使用转义字符 **\"** 来表示。因此，表示字符串 **AB"C** 的字符串字面量就要写成 **"AB\"C"**。

字符 **'** 既可以使用 **'** 也可以使用 **\'** 来表示。

■ 字符常量中的写法

字符 **"** 既可以使用 **"** 也可以使用 **\"** 来表示。

字符 **'** 必须使用转义字符 **\'** 来表示。因此，表示字符 **'** 的字符常量为 **'\''**（不可写作 **'''**）。

■ **八进制转义字符和十六进制转义字符**

以 **** 开头的**八进制转义字符**（octal escape sequence）和以 **\x** 开头的**十六进制转义字符**（hexadecimal escape sequence），可以用八进制或十六进制的编码表示任意字符。前者用 1~3 位八进制数，后者用任意位数的十六进制数来表示字符编码。

例如在 JIS 码中，数字字符 **'1'** 可以用 **'\61'** 或 **'\x31'** 来表示。不过这种表示方法会降低程序可移植性，所以尽量不要使用。

▶　在 JIS 码中，字符可以用 8 位来表示，但也有些运行环境是用 9 位来表示的。所以在写程序时应注意不要假设字符总是 8 位的。

另外，考虑到 C 语言在有些环境下不能用 char 型来表示日语文字等字符集，从而制定出宽字符的概念。

● **练习 8-10**

　　改写代码清单 8-10 的程序，将数字字符的出现次数用并排的 * 表示。注意和代码清单 5-12 以及练习 5-9 的显示一样。

专题 8-5　字符编码

如正文所述，C 语言中规定：

　　√　数字字符 **'0'**、**'1'**、**…**、**'9'** 的值是递增的

但是并不保证下面两条成立。

　　×　大写英文字母 **'A'**、**'B'**、**…**、**'Z'** 的值是递增的

　　×　小写英文字母 **'a'**、**'b'**、**…**、**'z'** 的值是递增的

例如，大型机中普遍使用的 EBCDIC 码就不遵循这个规则。

当然，在 ASCII 码和 JIS 码中这个规则成立。

总结

- 对象式宏进行的代换非常简单，而函数式宏所做的工作则是宏展开，包括参数在内（也可以定义没有参数的函数式宏）。

    ```
    #define max2(a, b)    (((a) > (b)) ? (a) : (b))
    ```

- 相较于函数要区分使用不同的类型，函数式宏可以用一个定义应对多种类型。另外，因为不需要参数和返回值方面的处理，所以更加灵活有效。

- 因为展开后的表达式可能会判断两次以上，所以可能会导致预料之外的结果，这是宏的缺点。在生成和使用函数式宏时，要充分考虑到这一点。

- 使用逗号运算符的表达式"a, b"中，会按顺序判断 a 和 b，所得结果为对右操作数 b 进行判断的结果。

- 在语法上规定只能放置一个表达式的地方需要放置多个表达式时，可以使用逗号运算符将这些表达式连起来。

- 排序就是以一定的基准，将数据的集合按升序或降序重新排列。排序的方法有冒泡排序法等。

- 枚举类型是一定范围的整数值的集合。赋给枚举类型的标识符是枚举名，与各个数值相对的标识符是枚举常量。

- 枚举名不是类型名，"**enum** 枚举名"才是类型名。

- 枚举名和变量名属于不同的命名空间。

- 递归就是用自己定义自己。

- 递归函数调用，就是调用和自身相同的函数。

- *getchar* 函数是从键盘（标准输入流）中读取单一字符的库函数。

- 对象式宏 **EOF** 表示文件结束，在 <stdio.h> 头文件中，**EOF** 被定义为负值（不一定为 -1）。

- C 语言中的"字符"都有与之对应的字符编码，即整数值。

- 数字字符 '**0**'、'**1**'、…、'**9**' 的值是递增的。因此，数字字符 '**n**' 减 '**0**' 后，就会得到整数 n。

- 表示字符 ' 的转义字符是 \\'，表示字符 " 的转义字符是 \\"。

- 八进制转义字符和十六进制转义字符可以通过字符编码来表示特定的字符。

8

chap08/summary1.c

```
#include <stdio.h>

enum RGB {Red, Green, Blue};

int main(void)
{
    int color;

    printf("0 ～ 2 的值 : ");   scanf("%d", &color);

    printf(" 你选择了 ");
    switch (color) {
    case 0 : printf(" 红色。\n");     break;
    case 1 : printf(" 绿色。\n");     break;
    case 2 : printf(" 蓝色。\n");     break;
    }
    return 0;
}
```

运 行 结 果
0 ～ 2 的值：1⏎ 你选择了绿色。

```
○ Red (0)
◉ Green (1)
○ Blue (2)
```

chap08/summary2.c

```
#include <stdio.h>

/* 响铃 */
#define alert() (putchar('\a'))

/* 显示字符 c 并换行 */
#define putchar_ln(c) (putchar(c), putchar('\n'))

int main(void)
{
    int ch;
    int sum = 0;            /* 显示所有数字之和 */

    while ((ch = getchar()) != EOF) {
        if (ch >= '0' && ch <= '9')
            sum += ch - '0';

        if (ch == '\n') {
            alert() ;
            putchar('\n');
        } else {
            putchar_ln(ch);
        }
    }
    printf(" 所有数字之和为 %d。\n", sum);

    return 0;
}
```

运 行 结 果
GT55⏎
G
T
5
5
♪
3.14 ⏎
3
.
1
4
♪
Ctrl+Z ⏎
所有数字之和为 18。

8

第 9 章
字符串的基本知识

　　我们在上一章的后半部分学习了字符的有关内容。不过，环顾四周你就会发现仅用一个字符就能表示的事物少之又少，例如名字、地名等，在绝大多数情况下都是由多个字符组成的。

　　本章我们就将学习字符序列——字符串的基本知识。

9-1　什么是字符串

字符串就是字符序列。本节我们来学习字符串和字符串字面量的基本知识。

字符串字面量

像 **"ABC"** 那样带双引号的一系列字符称为**字符串字面量**（string literal）。

▶ 上一章中我们学习了用转义字符 **\"** 来表示字符串字面量中的字符 **"**。例如，表示字符序列 **XY"Z** 的字符串字面量就是 **"XY\"Z"**。

在字符串字面量的末尾会被加上一个叫作 **null 字符**的值为 0 的字符。用八进制转义字符表示 **null** 字符就是 **'\0'**。若用整数常量来表示就是 0。

由 3 个字符组成的字符串字面量 **"ABC"** 实际上占用了 4 个字符的内存空间，如图 9-1（a）所示。而双引号中没有任何字符的字符串字面量 **" "** 表示的就是 **null** 字符，如图 9-1（b）所示。

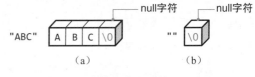

图 9-1　字符串字面量的内部实现

字符串字面量的长度

表示字符串字面量的长度，即所占的内存空间大小的程序如代码清单 9-1 所示。

代码清单 9-1

chap09/list0901.c

```
/*
    显示字符串字面量的长度
*/

#include <stdio.h>

int main(void)
{                          用 \ 和 " 两个字符表示一个 "。
    printf("sizeof(\"123\")      = %u\n",     (unsigned)sizeof("123"));
    printf("sizeof(\"AB\\tC\")    = %u\n",     (unsigned)sizeof("AB\tC"));
    printf("sizeof(\"abc\\0def\") = %u\n",     (unsigned)sizeof("abc\0def"));

    return 0;               用两个字符 \\ 表示一个 \。
}
```

运 行 结 果
sizeof("123")   = 4
sizeof("AB\tC")   = 5
sizeof("abc\0def") = 8

9

该程序中三个字符串字面量的长度和在内存中的存储形式如图 9-2 所示。

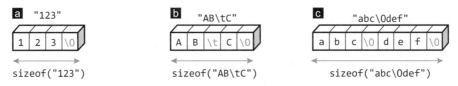

图 9-2　字符串字面量的长度和内部表示

通过运行结果可知，对于字符串字面量 **"abc\0def"**，运行环境会另行在末尾加上一个 **null** 字符。

▶　字符串字面量 **"AB\tC"** 中的 **'\t'** 表面上是两个字符，实际上是表示水平制表的转义字符，因此算作一个字符。

字符串字面量的长度，和包括末尾的 **null** 字符在内的字符数一致。

下面我们来总结一下字符串字面量的性质。

■　具有静态生命周期

右图所示函数的功能是显示两次 **"ABCD"**。调用该函数时必须将字符串字面量 **"ABCD"** 传入 **puts** 函数。因此字符串字面量 **"ABCD"** 就必须"活在"程序开始到结束的整个生命周期内。

```
void func(void)
{
    puts("ABCD");
    puts("ABCD");
}
```

正因为如此，字符串字面量自然被赋予了静态生命周期。

■　对于同一字符串字面量的处理方式依赖于编译器

func 函数中有两个拼写完全相同的字符串字面量 **"ABCD"**。这时内存空间的占用形式如图 9-3 所示。如果将它们视为相同，并共用同一个字符串字面量，这样只需 5 个字符的内存空间即可，能够减少所需的内存空间。而如果将其视为不同，并分别存储在内存空间上，则需要 10 个字符的内存空间。

至于采用哪种处理方式，则要根据编译器而定，具体请查阅你使用的编译器的说明文档。

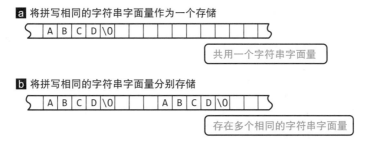

图 9-3　拼写相同的字符串字面量的处理方式

字符串

字符串字面量类似于整数的 50、浮点数的 3.14 等常量。数值型数据可以通过变量（对象）的数据类型转换进行混合运算。而表示字符序列的**字符串**（string）也可以以对象形式保存并灵活处理。

字符串最适合放在 **char** 数组中存储。

例如要表示字符串 **"ABC"**，数组元素必须按以下顺序依次保存，如图 9-4 所示。

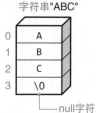

字符串"ABC"

0	A
1	B
2	C
3	\0

└── null字符

▌ **'A'、'B'、'C'、'\0'**

末尾的 **null** 字符 **'\0'** 是字符串结束的"标志"。

图 9-4 存储在数组中的字符串

■ **注 意** ■

字符串最适合放在 **char** 数组中存储。字符串的末尾是首次出现的 **null** 字符。

► 字符串字面量的中间也可以有 **null** 字符，不过应注意区分。字符串字面量 **"ABC"** 是字符串，而字符串字面量 **"AB\0CD"** 不是字符串。

以字符数组的形式保存并显示字符串 **"ABC"** 的程序如代码清单 9-2 所示。

代码清单 9-2   chap09/list0902.c

```
/*
    将字符串存储在数组中并显示（其 1：赋值）
*/

#include  <stdio.h>

int main(void)
{
    char   str[4];          /* 保存字符串的数组 */

    str[0] = 'A';           /* 赋值 */
    str[1] = 'B';           /* 赋值 */
    str[2] = 'C';           /* 赋值 */
    str[3] = '\0';          /* 赋值 */

    printf("字符串 str 为 \"%s\"。\n", str);      /* 显示 */

    return 0;
}
```

运 行 结 果

字符串 str 为 "ABC"。

└── 存储字符串的数组的名称。

└── 显示字符串的转换说明为 %s。

通过将字符赋值给 **char**[4] 型数组 *str* 的各元素，生成字符串 **"ABC"**。另外，*printf* 函数中表示字符串的转换说明为 **%s**，实参传递的是数组名（这里是 *str*）。

▶ 转换说明中的 s 是字符串 string 的缩写。

字符数组的初始化赋值

为保存字符串而将每个字符逐一赋予数组的各个元素可不是一件轻松的事，所以我们可以像下面这样进行声明。

```
char str[4] = {'A', 'B', 'C', '\0'};
```

这样不仅简洁，而且也能确保数组元素的初始化，且在形式上与 **int** 型、**double** 型等数组的初始化完全一致。另外，该声明还可简化为以下形式。

```
char str[4] = "ABC";    /* 和 char str[4] = {'A', 'B', 'C', '\0'} 一样 */
```

通常这种声明方式更为简洁也更常用。

■ 注 意 ■

以下两种形式都可以实现字符数组的初始化赋值。

(a) **char** str[] = {'A', 'B', 'C', '\0'};

(b) **char** str[] = "ABC";

▶ 因为初始值的个数决定了数组元素的个数，所以元素个数可以省略。此外，(b) 的初始值也可以用 {} 括起来，如 {"ABC"}。

我们来改写一下上一页的程序，不将字符逐一赋予数组的各个元素，而采用初始化赋值的方法。请见代码清单 9-3。

代码清单 9-3   chap09/list0903.c

```
/*
    将字符串存储在数组中并显示（其 2：初始化）
*/
#include <stdio.h>

int main(void)
{
    char str[] = "ABC";    /* 初始化 */

    printf(" 字符串 str 为 \"%s\"。\n", str);    /* 显示 */

    return 0;
}
```

运 行 结 果
字符串 str 为 "ABC"。

但是除了初始化赋值的时候，我们不能将数组的初始值或字符串直接赋予数组变量。

```
char s[4];
s = {'A', 'B', 'C', '\0'};    /* 错误：不能赋初始值 */
s = "ABC";                    /* 错误：不能赋初始值 */
```

● 练习 9-1

将代码清单 9-3 中数组 *str* 的声明改为下面这样，查看程序的运行结果。

```
char str[] = "ABC\0DEF"
```

空字符串

一个字符也没有的字符串，称为**空字符串**（null string）。因为即使没有字符，也需要表示结束的 **null** 字符，所以在内存空间上只有一个 **null** 字符，如图 9-5 所示。如下所示为存储空字符串的数组的声明示例。

```
char ns[] = "";
```

▶ 数组 *ns* 的元素个数不是 0 而是 1，当然也可以进行如下声明。

```
char ns[] = {'\0'};
```

0 \0

图 9-5 空字符串

字符串的读取

下面我们来学习从键盘读入字符串的方法。代码清单 9-4 所示程序的功能是读取一个表示名字的字符串，并显示问候语。

代码清单 9-4   chap09/list0904.c

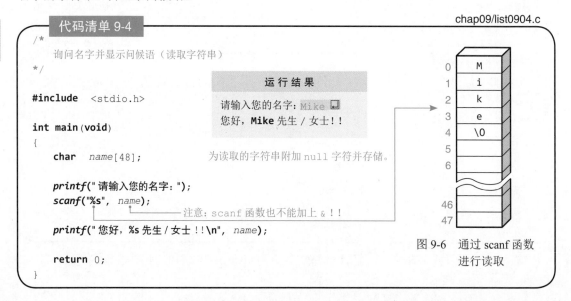

```
/*
    询问名字并显示问候语（读取字符串）
*/

#include <stdio.h>

int main(void)
{
    char    name[48];

    printf(" 请输入您的名字：");
    scanf("%s", name);
                ──── 注意：scanf 函数也不能加上 & ！！

    printf(" 您好，%s 先生 / 女士 ！！\n", name);

    return 0;
}
```

运 行 结 果

请输入您的名字：Mike ⏎
您好，Mike 先生 / 女士 ！！

为读取的字符串附加 null 字符并存储。

```
0   M
1   i
2   k
3   e
4   \0
5
6
⋮
46
47
```

图 9-6 通过 scanf 函数
进行读取

　　我们事前无法确定输入的名字会有多少个字符，因此数组的元素数必须能容纳足够多的字符。本例中假设为 48 个元素。

　　为了从标准输入读取字符串，需要把 *scanf* 函数的转换说明设为 **%s**，还必须传入数组 *name*。请注意这里的 *name* 是不带 **&** 运算符的。

　　另外，*scanf* 函数在将从键盘读取的字符串存储到数组中时，会在末尾加上 **null** 字符，如图 9-6 所示。

▶　也就是说，除了 **null** 字符之外，可存储 47 个字符。

● **练习 9-2**

　　如何让下述初始化赋值得到的字符串 *s* 变成空字符串？请编写程序实现。
```
char s[] = "ABC";
```

格式化显示字符串

　　第 2 章中简单介绍了表示整数和浮点数的转换说明。字符串也同样是通过这种方式进行说明的。

　　请见代码清单 9-5 中的几个例子。

代码清单 9-5　　　　　　　　　　　　　　　　　　　　　　　　chap09/list0905.c

```
/*
    格式化字符串 "12345" 并显示
*/

#include <stdio.h>

int main(void)
{
    char str[] = "12345";

    printf("%s\n",   str);    /* 原样输出 */
    printf("%3s\n",  str);    /* 至少显示 3 位 */
    printf("%.3s\n", str);    /* 最多显示 3 位 */
    printf("%8s\n",  str);    /* 右对齐 */
    printf("%-8s\n", str);    /* 左对齐 */

    return 0;
}
```

运 行 结 果
12345
12345
123
12345
12345

9

转换说明的结构如图 9-7 所示。

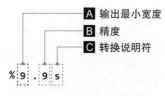

图 9-7 转换说明的结构

A 输出最小宽度

表示至少要输出指定的位数。如果省略本项或实际输出的字符串位数超过指定值，则按实际位数输出。

如果设置了 – 标志，则表示左对齐，否则表示右对齐（空白部分填补空格）。

B 精度

指定显示位数的上限（即不可能显示超过指定位数的字符，超过则截去）。

C 转换说明符

s 表示输出字符串。即输出数组的字符，直到 **null** 字符的前一个字符为止。如果没有指定精度或精度大于数组长度，则数组中必须含有 **null** 字符。

▶   这里介绍的转换说明只是冰山一角。详细内容请见本书 13-3 小节。

9

9-2 字符串数组

字符串可以用数组来表示，所以字符串的集合也可以用数组的数组来表示。本节就来学习字符串数组。

字符串数组

类型相同的数据集合适合用数组来实现。这一点我们已经在第 6 章学习过了。下面我们就来学习字符串的集合，即字符串数组。

首先来看一下生成并显示字符串数组的程序，如代码清单 9-6 所示。

代码清单 9-6　　　　　　　　　　　　　　　　　　　　chap09/list0906.c

```
/*
    字符串数组
*/

#include <stdio.h>

int main(void)
{
    int     i;  ——因为有 3 个初始值，所以元素个数是 3 个。
    char    cs[][6] = {"Turbo", "NA", "DOHC"};

    for (i = 0; i < 3; i++)
        printf("cs[%d] = \"%s\"\n", i, cs[i]);

    return 0;
}
```

运 行 结 果
cs[0] = "Turbo"
cs[1] = "NA"
cs[2] = "DOHC"

该程序考察的是由 3 个字符串组成的数组。数组 *cs* 是 3 行 6 列的二维数组（元素类型为 **char**[6] 型、元素个数为 3 的数组），3 个元素 *cs*[0]、*cs*[1]、*cs*[2] 分别初始化为字符串 **"Turbo"**、**"NA"**、**"DOHC"**。

▶ 由 { } 中的初始值个数可知，元素个数会被自动视为 3。

数组 *cs* 的元素，是 **char**[6] 型的数组。如图 9-8 所示，数组 *cs*[0] 表示 **"Turbo"**、*cs*[1] 表示 **"NA"**、*cs*[2] 表示 **"DOHC"**。

▶ 如果不算 **null** 字符，各元素可表示 0 ~ 5 个字符长度的字符串。

二维数组的各构成元素都由两个下标来表示。**'T'** 为 *cs*[0][0]、**'C'** 为 *cs*[2][3]。

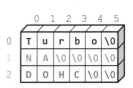

图 9-8　由二维数组实现的字符串数组

▶   数组声明中初始值不足时，用 0 来初始化该元素。因此各个字符串后面的空白部分都初始化为 **null** 字符。

读取字符串数组中的字符串

代码清单 9-7 所示程序的功能是，将从标准输入读到的字符串的各个字符逐个往字符串数组中的各个元素赋值。

chap09/list0907.c

代码清单 9-7

```
/*
    读取并显示字符串数组
*/

#include <stdio.h>
int main(void)
{
    int  i;              ——因为没有初始值，所以元素个数不可省略。
    char s[3][128];

    for (i = 0; i < 3; i++){
        printf("s[%d] : ", i);
        scanf("%s", s[i]):
    }                    ——注意：scanf 函数也不能附加 & ! !
    for (i = 0; i < 3; i++)
        printf("s[%d] =\"%s\"\n", i, s[i]);

    return 0;
}
```

运 行 结 果
s[0] : Paul⏎
s[1] : John⏎
s[2] : George⏎
s[0] = "Paul"
s[1] = "John"
s[2] = "George"

该程序中的数组 *s* 是 3 行 128 列的二维数组，即元素类型为 **char**[128]、元素个数为 3 的数组。数组为 3 行，是因为读取并显示 3 个字符串。

另外，因为我们事先不知道会从键盘输入什么字符，所以数组的元素个数必须多一些。因此这里将列数设为 128。当然，如果不算 **null** 字符的话，各数组 *s*[0]、*s*[1]、*s*[2] 中最多可容纳 127 个字符。

因为 *s*[0]、*s*[1]、*s*[2] 都是字符串（字符数组），所以将它们传入 *scanf* 函数时不可带 **&** 运算符。

● 练习 9-3

编写一段程序，对代码清单 9-7 进行如下改写。
- 将字符串的个数 3 改为更大的数，将其值定义为对象式宏。
- 在最初的 **for** 语句读取 "$$$$$" 时停止读取操作。
- 第二个 **for** 语句显示 "$$$$$" 前输入的所有字符串。

9-3 字符串处理

目前为止我们所学的围绕字符串的处理，仅仅是生成字符串、读取并显示字符串。下面我们来学习更灵活地处理字符串的方法。

字符串长度

我们来对下述语句声明的数组 *str* 进行思考。

    char *str*[6] = "ABC";

如图 9-9 所示，元素个数为 6 的数组中保存了长度为 3（算上字符串末尾的 **null** 字符，则长度为 4）的字符串。因此，实际上数组末尾的 *str*[4]、*str*[5] 都是空的。

由此可知，字符串不一定正好撑满字符数组。

因为字符串中含有表示其末尾的 **null** 字符，所以第一个字符到 '\0'（的前一个字符）为止的字符数，就是该字符串的长度。

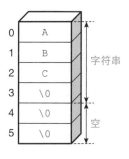

图 9-9 数组内的字符串

基于以上思路，我们可以写出计算字符串长度的程序，请见代码清单 9-8。

chap09/list0908.c

代码清单 9-8

```
/*
    判断字符串的长度
*/

#include <stdio.h>
/*--- 返回字符串 str 的长度 ---*/
int str_length(const char s[])
{
    int len = 0;

    while (s[len])
        len++;
    return len;
}

int main(void)
{
    char str[128];  /* 包括 null 字符在内，共可存储 128 个字符 */

    printf("请输入字符串:");
    scanf("%s",str);

    printf("字符串 \"%s\" 的长度是 %d。\n", str, str_length(str));

    return 0;
}
```

不需要接收数组的形参的元素个数。
声明不改变所接收的数组的元素的值。

实参只要给出数组名就可以了。

运 行 结 果

请输入字符串：GT5 ⏎
字符串 "GT5" 的长度为 3。

9

先来看一下 **main** 函数调用 *str_length* 函数时传入的实参 *str*。通过第 6 章的学习可知，实参只要给出数组名称就可以了。

通过数组的传递，函数 *str_length* 所接收的 *s*，就是在 **main** 函数内定义的数组 *str* 本身。

接着，在 *str_length* 函数中使用变量 *len*，遍历数组计算字符串的长度。

注意观察程序中蓝色底纹处的 **while** 语句。**while** 语句在循环条件表达式为非 0 的情况下，会执行循环体语句。该循环语句，会从头开始遍历数组 *s*。

循环继续的条件是，*s*[*len*] 不是 0，即不是 **null** 字符。变量 *len* 的初始值为 0，每次执行循环体语句就自增 1，直至出现 **null** 字符为止（图 9-10）。

在这种情况下，当 *len* 为 3 时，*s*[*len*] 为 0，即 **null** 字符。于是 **while** 语句的循环结束。

当然，也可以将 *str_length* 函数想成"返回数组 *str* 中首个值为 **null** 的元素的下标值的函数"。

这和我们在第 6 章学习的顺序查找的思维方式是一样的。

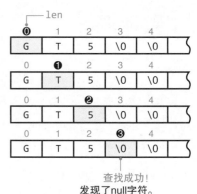

图 9-10　求字符串的长度

● 练习 9-4

编写一个函数，使字符串 *s* 为空字符串。

```
void null_string(char s[]) { /* … */ }
```

● 练习 9-5

编写如下函数，若字符串 *s* 中含有字符 *c*（若含有多个，以先出现的为准），则返回该元素的下标值，否则返回 −1。

```
int str_char(const char s[], int c) { /* … */ }
```

● 练习 9-6

编写如下函数，返回字符串 *s* 中字符 *c* 的个数（没有则返回 0）。

```
int str_chnum(const char s[], int c) { /* … */ }
```

显示字符串

这次我们不使用 *printf* 函数和 **puts** 函数，而只使用 *putchar* 函数来显示字符串。

可以通过对每个字符进行遍历来实现。请见代码清单 9-9 所示的程序。

代码清单 9-9

chap09/list0909.c

```
/*
    遍历字符串并显示
*/

#include <stdio.h>

/*--- 显示字符串 s（不换行）---*/
void put_string(const char s[])
{
    int i = 0;
    while (s[i])
        putchar(s[i++]);
}

int main(void)
{
    char str[128];

    printf("请输入字符串：");
    scanf("%s", str);

    printf("你输入了");
    put_string(str);
    printf("。\n");

    return 0;
}
```

运 行 结 果

请输入字符串：F07 ⏎
你输入了 **F07**。

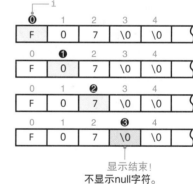

显示结束！
不显示null字符。

图 9-11　遍历字符串并显示

对字符串中的字符进行遍历的步骤和上一页中生成的 *str_length* 函数一样。对每个字符进行遍历，直到出现 **null** 字符为止，如图 9-11 所示。

▶　当然，仅显示 **null** 字符之前的字符，不显示 **null** 字符。

● **练习 9-7**

编写如下函数，使字符串 *s* 显示 *n* 次。

　　　　void *put_stringn*(**const char** *s*[], **int** *n*) { /* … */ }

例如，若 *s* 和 *n* 分别为 "**ABC**" 和 3，则显示 "**ABCABCABC**"。

● 练习 9-8

编写如下函数，实现字符串的逆向输出。

void *put_stringr*(**const char** *s*[]) { /* … */ }

例如，将 "SEC" 显示为 "CES"。

数字字符的出现次数

下面让我们深入到字符串的内部。代码清单 9-10 所示程序的功能是遍历字符串中的各个字符，并计算其中数字字符 '0' ~ '9' 的个数。

代码清单 9-10   chap09/list0910.c

```
/*
    计算字符串中的数字字符数
*/

#include <stdio.h>

/*--- 将字符串 s 中的数字字符的出现次数保存至数组 cnt---*/
void str_dcount(const char s[], int cnt[])
{
    int   i = 0;
    while (s[i]) {
        if (s[i] >= '0'  &&  s[i] <= '9')
            cnt[s[i] - '0']++;
        i++;
    }
}

int main(void)
{
    int    i;
    int    dcnt[10] = {0};   /* 分布 */
    char   str[128];          /* 字符串 */

    printf("请输入字符串：");
    scanf("%s", str);

    str_dcount(str, dcnt);

    puts("数字字符的出现次数");
    for (i = 0; i < 10; i++)
        printf("'%d'：%d\n", i, dcnt[i]);

    return 0;
}
```

运 行 结 果
请输入字符串：
3.14159265358979932846⏎
数字字符的出现次数
'0'：0
'1'：2
'2'：2
'3'：3
'4'：2
'5'：3
'6'：2
'7'：1
'8'：2
'9'：3

遍历字符串的步骤和我们之前见过的程序一样。

另外，关于数字字符计数，我们已经在代码清单 8-9 和代码清单 8-10 中学习过了。该程序中数字字符计数的方法也是一样的。

● 练习 9-9

编写如下函数，逆向显示字符串 s 的字符。

```
void rev_string(char s[]) { /* … */ }
```

例如，若 s 中接收的是 "SEC"，则将其数组更新为 "CES"。

大小写字符转换

我们来编写两个函数，一个是将字符串中的英文字符全部转为大写字母，另一个则全部转为小写字母。请见代码清单 9-11。

代码清单 9-11　　　　　　　　　　　　　　　　　　　　　chap09/list0911.c

```c
/*
    对字符串中的英文字符进行大小写转换
*/
#include <ctype.h>
#include <stdio.h>

/*--- 将字符串中的英文字符转为大写字母 ---*/
void str_toupper(char s[])
{
    int  i = 0;
    while (s[i]) {
        s[i] = toupper(s[i]);
        i++;
    }
}

/*--- 将字符串中的英文字符转为小写字母 ---*/
void str_tolower(char s[])
{
    int  i = 0;
    while (s[i]) {
        s[i] = tolower(s[i]);
        i++;
    }
}

int main(void)
{
    char  str[128];

    printf("请输入字符串：");
    scanf("%s", str);

    str_toupper(str);
    printf("大写字母：%s\n", str);

    str_tolower(str);
    printf("小写字母：%s\n", str);

    return 0;
}
```

运行结果

请输入字符串：BohYoh79 ↵
大写字母：BOHYOH79
小写字母：bohyoh79

9

该程序中定义的两个函数的作用分别如下所示。

● 函数 *str_toupper*……将 *s* 中接收的字符串中的英文字符转换为大写。

● 函数 *str_tolower*……将 *s* 中接收的字符串中的英文字符转换为小写。

两个函数的定义几乎相同。从头开始遍历字符串 *s*，发现目标字符后就进行转换。

大小写转换中使用了 **toupper** 函数和 **tolower** 函数，分别如下所示。

toupper	
头文件	**#include** <ctype.h>
原　型	**int** **toupper**(**int** *c*);
说　明	将小写英文字母转换为相应的大写英文字母。
返回值	若 *c* 是小写英文字母，则返回转换后的大写字母，否则直接返回 *c*。

tolower	
头文件	**#include** <ctype.h>
原　型	**int** **tolower**(**int** *c*);
说　明	将大写英文字母转换为相应的小写英文字母。
返回值	若 *c* 是大写英文字母，则返回转换后的小写字母，否则直接返回 *c*。

在使用函数 *str_toupper* 和函数 *str_tolower* 遍历字符串的过程中，当发现目标字符 *s*[*i*] 时，会为其赋这些函数的返回值。

▶　如果 *c* 中接收的字符不是英文字符，则函数 **toupper** 和函数 **tolower** 将原样返回字符 *c*。因此函数 *str_toupper* 和函数 *str_tolower* 不会误将英文字符以外的字符转换。

　　需要注意的是，这两个函数转换的对象是半角的英文字符，不能转换汉字等全角字符。

● 练习 9-10

　　编写如下函数，将字符串 *s* 中的数字字符全部删除。
　　　　void *del_digit*(**char** *s*[]) { /* … */ }

　　例如传入 **"AB1C9"** 则返回 **"ABC"**。

字符串数组的参数传递

　　我们来编写一个程序，在函数之间传递用二维数组实现的"字符串数组"。我们将代码清单 9-6 中显示字符串数组的程序改写了一下，这次使用了函数调用。请见代码清单 9-12。

代码清单 9-12   chap09/list0912.c

```
/*
    显示字符串数组（函数版）
*/

#include  <stdio.h>

/*--- 显示字符串数组 ---*/
void put_strary(const char s[][6], int n)
{
    int  i;
    for (i = 0; i < n; i++)
        printf("s[%d] = \"%s\"\n", i, s[i]);
}

int main(void)
{
    char  cs[][6] = {"Turbo", "NA", "DOHC"};

    put_strary(cs, 3);

    return 0;
}
```

运 行 结 果
s[0] = "Turbo"
s[1] = "NA"
s[2] = "DOHC"

关于函数间二维数组的传递问题，我们已经在第 6 章学习过了，而字符串数组的传递也是一样的。

▶ 在接收二维数组的形参的声明中，只有第一维的数组元素数可以省略。因此下面这样的声明是不正确的。

```
void put_strary(const char st[][], int n)
```

而 put_strary 函数的意思是只能接收元素数为 6 的字符串（字符数组）数组。

专题 9-1　非字符串的字符数组

先看如下声明。

```
char str[4] = "ABCD";
```

算上 null 字符需要 5 个字符的空间，但数组只能接收 4 个字符。

事实上，若像下面这样进行声明，末尾就不会加上 null 字符。

```
char str[4] = {'A', 'B', 'C', 'D'};
```

这样声明的变量不会被当作字符串，我们把它当作 4 个字符的集合，也就是"普通的"数组来使用就行了。

通过对字符串中的每个元素（字符）进行遍历，也可以将字符串显示出来。请见代码清单 9-13。

9

chap09/list0913.c

代码清单 9-13

```
/*
    显示字符串数组（函数版：逐字符遍历）
*/

#include <stdio.h>

/*--- 显示字符串数组（逐个显示字符）---*/
void put_strary2(const char s[][6], int n)
{
    int  i;

    for (i = 0; i < n; i++) {
        int  j = 0;
        printf("s[%d] = \"", i);

        while (s[i][j])
            putchar(s[i][j++]);

        puts("\"");
    }
}

int main(void)
{
    char  cs[][6] = {"Turbo", "NA", "DOHC"};

    put_strary2(cs, 3);

    return 0;
}
```

```
运 行 结 果

s[0] = "Turbo"
s[1] = "NA"
s[2] = "DOHC"
```

a 代码清单9-9中的遍历
```
while(s[i])
    putchar(s[i++]);
```

b 该程序中的遍历
```
while(s[i][j])
    putchar(s[i][j++]);
```
▨ …遍历对象字符串
▨ …正在关注的字符的下标

图 9-12　字符串内的字符遍历

代码清单 9-9 中的蓝色底纹部分和该程序中的灰色底纹部分的对比如图 9-12 所示。灰底部分为遍历、显示的对象字符串，蓝底部分是现在正在关注的元素的下标。可见这两个结构是相同的。

● 练习 9-11

编写一段程序，对代码清单 9-12 进行如下改写。
● 将字符串的个数 3 改为更大的数，将其值定义为对象式宏。
● 将字符串的字符数 6 改为 128，将其值也定义为对象式宏。
● 生成读取字符串数组的函数。和练习 9-3 一样，在读取 "$$$$$" 时停止读取操作。
● 显示 "$$$$$" 前输入的所有字符串。

● 练习 9-12

编写如下函数，将所接收的字符串数组中存储的 n 个字符串的字符逆向显示。
    void rev_string(char s[][128], int n) { /* … */ }
例如，若 s 中接收的是 {"SEC", "ABC"}，则将其更新为 {"CES", "CBA"}。

总结

- **null** 字符是值为 0 的字符。用八进制转义字符表示就是 '\0'，用整数常量来表示就是 0。
- 字符串字面量的末尾是 **null** 字符。因此，字符串字面量 **"ABC"** 实际上占用了 4 个字符的内存空间，一个字符也没有的字符串字面量 **""** 占用 1 个字节。
- 字符串字面量 **"..."** 的长度，和包括末尾的 **null** 字符在内的字符数一致。该值可以通过 **sizeof("...")** 求得。
- 字符串字面量具有静态存储期，因此它"活在"从程序开始到结束的整个生命周期内。
- 当具有多个拼写相同的字符串字面量时，如果将其作为一个存储，就能减少所需的内存空间；反之也可以分别进行存储。至于采用哪种方式，要由编译器而定。
- 字符串最适合存储在 **char** 数组中。字符串的末尾是首次出现的 **null** 字符。
- 存储字符串的字符数组的初始化，可以通过以下任意一种方式进行。

      char *str*[] = {'**A**', '**B**', '**C**', '**\0**'};
      char *str*[] = "**ABC**";

  后者的初始值，可以使用 {} 括起来。

字符串"ABC"

0	A
1	B
2	C
3	\0

└─ null字符

- 一个字符也没有，只有 **null** 字符的字符串，称为空字符串。
- 遍历每个字符，直到出现 **null** 字符为止，就可以实现对字符串中所有字符的遍历。
- 对字符串进行遍历，并计算 **null** 字符之前的字符个数，就可以求得字符串的长度（不包括 **null** 字符的字符个数）。
- 为了在画面中显示字符串，需要把 *printf* 函数的转换说明设为 **%s**。显示的位数、左对齐或右对齐等，可以通过输出最小宽度和精度来指定。
- 为了从键盘读取字符串，需要把 *scanf* 函数的转换说明设为 **%s**。用来进行存储的实参的数组后不可附带 **&** 运算符。
- 函数所接收的字符串，就是调用方赋予的数组本身。因为字符串的末尾有 **null** 字符，所以无需将元素个数作为别的参数进行传递。
- 字符串数组可以用数组的数组，即二维数组来表示。例如，5 个最多能够存储 12 个字符（包括 **null** 字符在内）的字符串（即 **char**[12] 型数组）集中在一起形成的数组，可以像下面这样定义。

      char *ss*[5][12]; /*--- 元素类型为 char[12]、元素个数为 5 的数组 ---*/
  因为 *ss* 为二维数组，所以其构成元素可以通过表达式 *ss*[*i*][*j*] 来访问。

9

● 将小写英文字符转换为大写的是 ***toupper*** 函数，将大写转换为小写的是 ***tolower*** 函数。
　二者都是 <ctype.h> 提供的库函数。这些函数不会转换除英文字符以外的字符。

chap09/summary.c

```
/*
    遍历字符串并显示
*/

#include <stdio.h>

#define STR_LENGTH 128    /* 字符串的最大长度（包括 null 字符） */

/* 显示字符串 s 及其构成字符 */
void put_string_rep(const char s[])
{
    int i = 0;
    while (s[i])
        putchar(s[i++]);
    printf("  {  ");
    i = 0;
    while (s[i]) {
        putchar('\'');
        putchar(s[i++]);
        printf("' ");
    }
    printf("'\\0'  }\n");
}

int main(void)
{
    int i;
    char s[STR_LENGTH];
    char ss[5][STR_LENGTH];

    printf("字符串 s : ");
    scanf("%s", s);

    printf("请输入 5 个字符串。\n");
    for (i = 0; i < 5; i++) {
        printf("ss[%d] : ", i);
        scanf("%s", ss[i]);
    }
    printf("字符串 s : ");
    put_string_rep(s);

    printf ("字符串数组 ss\n");
    for (i = 0; i < 5; i++) {
        printf("ss[%d] : ", i);
        put_string_rep(ss[i]);
    }
    return 0;
}
```

运 行 结 果
字符串 s : string⏎
请输入 5 个字符串。
ss[0] : Mac⏎
ss[1] : PC⏎
ss[2] : Linux⏎
ss[3] : UNIX⏎
ss[4] : C⏎
字符串 s : string { 's' 't' 'r' 'i' 'n' 'g' '\0' }
字符串数组 ss
ss[0] : Mac { 'M' 'a' 'c' '\0' }
ss[1] : PC { 'P' 'C' '\0' }
ss[2] : Linux { 'L' 'i' 'n' 'u' 'x' '\0' }
ss[3] : UNIX { 'U' 'N' 'I' 'X' '\0' }
ss[4] : C { 'C' '\0' }

第 10 章
指　针

　　我们在学习过程中，对学习对象的思考方式无时无刻都在变化，这一点不仅限于编程。

　　通过本章的学习，我们将把保存数据的"魔术盒"——变量（对象）作为占据一部分内存空间的对象来重新认识。我们终于要敲开"指针"的大门了，这是 C 语言学习过程中要攻克的难关之一。

10-1 指针

在 C 语言编程中，指针是非常重要的一个概念，它的作用是"指示对象"。本节我们就来学习指针的相关内容。

函数的参数

代码清单 10-1 中的程序是用来计算两个整数的和与差的。

代码清单 10-1   chap10/list1001.c

```c
/*
    计算两个整数的和与差（误例）
*/

#include <stdio.h>

/*--- 将 n1 和 n2 的和、差分别保存至 sum、diff（误例）---*/
void sum_diff(int n1, int n2, int sum, int diff)
{
    sum  = n1 + n2;                        /* 和 */
    diff = (n1 > n2) ? n1 - n2 : n2 - n1;  /* 差 */
}

int main(void)
{
    int   na, nb;
    int   wa = 0, sa = 0;

    puts("请输入两个整数。");
    printf("整数A：");     scanf("%d", &na);
    printf("整数B：");     scanf("%d", &nb);

    sum_diff(na,nb,wa,sa);

    printf("两数之和为 %d，之差为 %d。\n",wa,sa);

    return 0;
}
```

运 行 结 果

请输入两个整数。
整数A：57⏎
整数B：21⏎
两数之和为 0，之差为 0。

└────还是 0！！

sum_diff 函数会求出参数 n1 和 n2 所接收的值的和与差，并赋给 sum 和 diff。

main 函数调用 sum_diff 函数时，实参 na、nb、wa、sa 的值会分别传给形参 n1、n2、sum、diff。这个复制过程是单向的，这种参数传递方式称为**值传递**。这样，即使改变 sum_diff 函数中形参 sum、diff 的值，原来的 wa、sa 也不会发生任何变化。

因此，在调用 sum_diff 函数之后，在 **main** 函数中被初始化为 0 的 wa 和 sa 的值依然是 0。

另外，通过第 6 章的学习我们知道，函数返回到调用源的返回值只能有 1 个，不能返回两个以上的值。因此也不能将和、差返回给函数。

为了解决这个问题，必须掌握 C 语言学习的难点之一——**指针**（pointer）。本章中我们将学习指针的基础知识。

对象和地址

变量是"保存数值的盒子"，它并不是像图 10-1(a) 那样无序存放的，而是如图 10-1(b) 那样有序地排列在内存空间里。

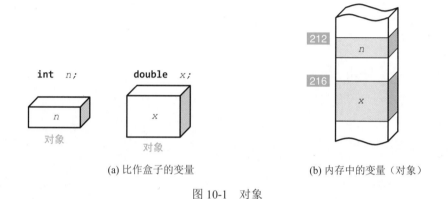

(a) 比作盒子的变量   (b) 内存中的变量（对象）

图 10-1 对象

"变量"具有多个侧面或者说多个属性。举例来说，其中一个属性就是**数据类型长度**。图中 **int** 型变量 n 和 **double** 型变量 x 就具有不同的长度。这两个变量的长度可分别通过 **sizeof**(n) 和 **sizeof**(x) 求得。

▶ 当然，在有些编译器中 **sizeof**(**int**) 和 **sizeof**(**double**) 是相等的，但是构成它们的每一位的意义却不尽相同，这在第 7 章中已经进行了说明。

数据类型决定了变量可以表示的数值范围。除此之外，表示变量在内存中生命期范围的**存储期**（第 6 章）以及 n、x 等**变量名**也都是变量的重要属性。

在第 2 章中出现过的**对象**（object）也具备多个性质和属性。

*

在广阔的内存空间上，存在着很多对象，这就需要用某种方式来表示各个对象在内存中的"位置"，这就是**地址**（address）。

英语单词 address 可以表示"演说""地址"等意思。这里我们不妨把它理解为"地址"。因为它正好和地址中的门牌号是一样的。

> ■ **注 意** ■
>
> 对象的地址是指对象在内存中的存储位置编号。

在图 10-1（b）中，**int** 型对象 n 的地址为 212，**double** 型对象 x 的地址为 216。

取址运算符

每个对象都有地址，那么我们来看看地址究竟是怎么样的。请见代码清单 10-2 所示程序。

chap10/list1002.c

代码清单 10-2

```
/*
    显示对象的地址
*/

#include <stdio.h>

int main(void)
{
    int      n;
    double   x;
    int      a[3];

    printf("n    的地址:%p\n", &n);
    printf("x    的地址:%p\n", &x);
    printf("a[0] 的地址:%p\n", &a[0]);
    printf("a[1] 的地址:%p\n", &a[1]);
    printf("a[2] 的地址:%p\n", &a[2]);

    return 0;
}
```

运 行 结 果
n 的地址：**212**
x 的地址：**216**
$a[0]$ 的地址：**222**
$a[1]$ 的地址：**224**
$a[2]$ 的地址：**226**

▶ 对象的地址通常是用十六进制数表示的。但是不同的编译器或不同的运行环境下，基数、位数等显示形式以及具体数值都会有所不同。
这里给出的地址的值只是一个例子，并不是说一定要这样表示。

我们一直使用的**单目运算符 &**（unary & operator）通常被称为**取址运算符**（address operator）。将 & 运算符写在对象名之前，就可以得到该对象的地址（表 10-1）。如果对象的长度为 2，占用 212 号和 213 号内存单元，那么该对象的地址就是它的首地址 212 号。

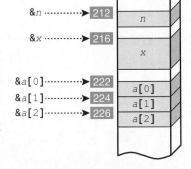

图 10-2　取址

■ **表 10-1　单目运算符 &（取址运算符）**

单目运算符&	&a	取得 a 的地址（生成指向 a 的指针）

▶ 在此之前的程序中，都在传递给 *scanf* 函数的实参中应用了取址运算符。另外，双目运算符 **&** 为第 7 章中出现的按位与（AND）逻辑运算符。

■ 注 意 ■

取址运算符 **&** 的功能是取得对象的地址。

表示对象地址的转换说明为 **%p**。

▶ 转换说明 **%p** 中的 p，是 pointer 的首字母。

指针

只显示对象的地址没有太大的用处，我们还是来看代码清单 10-3 中更具实际作用的程序吧。

代码清单 10-3   chap10/list1003.c

```
/*
    通过指针间接地操作身高
*/

#include <stdio.h>

int main(void)
{
    int    sato   = 178;    /* 佐藤的身高 */
    int    sanaka = 175;    /* 佐中的身高 */
    int    masaki = 179;    /* 真崎的身高 */

    int *isako, *hiroko;

    isako  = &sato;         /* isako 指向 sato（喜欢佐藤）*/
    hiroko = &masaki;       /* hiroko 指向 masaki（喜欢真崎）*/

    printf("伊沙子喜欢的人的身高:%d\n", *isako);
    printf("洋子喜欢的人的身高:%d\n", *hiroko);

    isako = &sanaka;        /* isako 指向 sanaka（移情别恋）*/

    *hiroko = 180;          /* 将 hiroko 指向的对象赋为 180 */
                            /* 修改洋子喜欢的人的身高 */

    putchar('\n');
    printf("佐藤的身高:%d\n", sato);
    printf("佐中的身高:%d\n", sanaka);
    printf("真崎的身高:%d\n", masaki);
    printf("伊沙子喜欢的人的身高:%d\n", *isako);
    printf("洋子喜欢的人的身高:%d\n", *hiroko);

    return 0;
}
```

运 行 结 果

伊沙子喜欢的人的身高:178
洋子喜欢的人的身高:179

佐藤的身高:178
佐中的身高:175
真崎的身高:180
伊沙子喜欢的人的身高:175
洋子喜欢的人的身高:180

10

在蓝色底纹处对变量 *isako* 和 *hiroko* 的声明中，变量名前带有 *****。通过该声明定义了两个 "指向 **int** 型变量的指针变量"，它们指向的是 **int** 型对象。

通过以下声明定义的 *hiroko* 不是指针变量，而是整型变量。

> **int** *isako, *hiroko*;　　　　　　　/* *isako* 是指针变量，*hiroko* 是整型变量 */

我们首先明确一下 "**int** 型变量" 和 "指向 **int** 型变量的指针变量" 有什么区别。

---

int 型变量:

　保存 "整数" 的盒子。

指向 **int** 型变量的指针变量:

　保存 "存放整数对象的地址" 的盒子。

下面我们以图 10-3 为例进行说明。**int** 型 *sato* 的地址是 212 号。因此，若执行 "*isako* = &*sato*"，*isako* 中就会被存入 212 号。

这时 *isako* 和 *sato* 的关系就是:

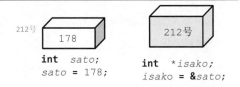

```
212号   178          212号

int   sato;       int  *isako;
sato = 178;       isako = &sato;
```

图 10-3　int 型变量和指向 int 型变量的指针变量

> *isako* 指向 *sato*。

■ **注　意** ■

　当指针 *p* 的值为对象 *x* 的地址时，一般说 "*p* 指向 *x*"。

"指向" 这一表述比较抽象，在这里可以理解成:

> *isako* 喜欢 *sato* [①] ♥

接着进行 "*hiroko* = &*masaki*" 的赋值，那就可以得出:

> *hiroko* 喜欢 *masaki* ♥

我们可以用图 10-4 来表示指针指向对象的情形。这里箭头指向的是喜欢的人。

isako 的数据类型是 "指向 **int** 型变量的指针型"。

> *isako* = &*sato*;

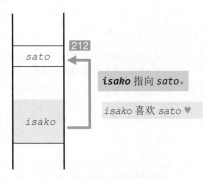

图 10-4　指针

从以上赋值语句亦可发现，&*sato* 的类型也是 "指向 **int** 型变量的指针型"。取址运算符与其说是取得地址，不如说是生成指针。

---

① 作者将变量进行了拟人化，文中以下变量名皆为日本人名。isako（伊沙子，女）、hiroko（洋子，女）、sato（佐藤，男）、masaki（真崎，男）、sanaka（佐中，男）。

表达式 **&***sato* 是指向 *sato* 的指针，其值为 *sato* 的地址。

■ 注 意 ■

将取址运算符 **&** 写在 **Type** 型对象 *x* 前得到的 **&***x* 为 **Type *** 型指针，其值为 *x* 的地址。

指针运算符

在进行显示的地方，就要用到叫作**指针运算符**[①] (indirect operator) 的**单目运算符 ***（unary * operator）了。将指针运算符 ***** 写于指针之前，就可以显示该指针指向的对象内容（表 10-2）。

■ 表 10-2　单目运算符 *****（指针运算符）

单目运算符*****	******a*　　*a*指向的对象

因此，******isako* 就等于"*isako* 指向的对象"（伊沙子喜欢的男子的身高）。******isako* 就是 *sato*。******isako* 是 *sato* 的**别名**（alias）。

本书中使用图 10-5 这种形式来表示指针。用虚线与对象连接的盒子中写有名字，这就是对象的别名。

sato的别名。

图 10-5　指针运算符和别名

■ 注 意 ■

当 *p* 指向 *x* 时，******p* 就是 *x* 的别名。

接下来我们继续思考赋值的情况。将指向 *sanaka* 的指针赋给 *isako*，使 *isako* 指向 *sanaka*。这样一来就变成了下面这样。

　　　isako 喜欢 *sanaka* ♥

isako 移情别恋了呢！同理，如果将指向其他对象的指针赋给指针变量，那么该指针变量就会指向这些对象。

isako = **&***sanaka*;

我们再来看另一种赋值形式。我们知道当 ******hiroko* 指向 *masaki* 时，******hiroko* 就是 *masaki* 的别名。那么，将 180 赋值于

*hiriko = 180;

10

———————————

[①]　指针运算符，也称间接访问运算符。

*hiroko 就等同于将 180 赋值于 masaki。

　　因此，程序的运行结果如下。

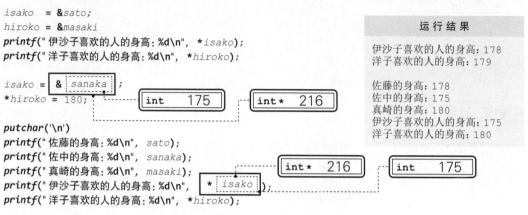

图 10-6　代码清单 10-3 的主要内容和运行结果

10-2　指针和函数

在 C 语言程序中，指针的一个重要作用就是作为函数参数使用。本节就来学习作为函数参数的指针的相关内容。

作为函数参数的指针

洋子对于恋人的要求比较高，不过她具有超能力，所以如果恋人的身高低于 180cm，她就能将他变为 180cm。现在我们就用**函数**来实现洋子的超能力。

当然，右图所示的程序是实现不了的。原因正如本章开头所述，函数形参无论怎么修改，都只是临时性的复制，并不会反映到主调函数的实参中。

```
void hiroko(int height)
{
    if (height < 180)
        height = 180;
}
```

如果不能直接修改这个值，那么就通过指针间接地修改吧。见代码清单 10-4 所示程序。

代码清单 10-4　　　　　　　　　　　　　　　　　　chap10/list1004.c

```
/*
    通过指针间接修改身高
*/

#include <stdio.h>

/*--- 洋子（让身高不到 180cm 的人长到 180cm）---*/
void hiroko(int *height)
{
    if (*height < 180)
        *height = 180;
}

int main(void)
{
    int   sato   = 178;    /* 佐藤的身高 */
    int   sanaka = 175;    /* 佐中的身高 */
    int   masaki = 179;    /* 真崎的身高 */

    hiroko(&masaki);

    printf("佐藤的身高:%d\n", sato);
    printf("佐中的身高:%d\n", sanaka);
    printf("真崎的身高:%d\n", masaki);

    return 0;
}
```

运行结果

```
佐藤的身高:178
佐中的身高:175
真崎的身高:180
```

10

通过函数调用表达式 *hiroko*(**&**masaki) 调用函数 *hiroko* 时的情况如图 10-7 所示。

hiroko 函数中，形参 *height* 被声明为"指向 **int** 型变量的指针变量"。函数被调用时，将 **&**masaki（即 216 号）复制到 *height* 中，指针 *height* 便指向了 *masaki*。即

  height 喜欢 *masaki* ♥

由于在指针前加上指针运算符 *****，就可显示该指针指向的对象。因此 *****height 是 *masaki* 的别名。

若 *****height 的值小于 180，则将 180 赋值给它。对 *****height 赋值，也就是对 *masaki* 赋值，所以即使从 *hiroko* 函数返回 **main** 函数，*masaki* 中保存的依然是 180。

综上所述，如果要在函数中修改变量的值，就需要传入指向该变量的指针，即告诉程序：

  传入的是指针哦，请对该指针指向的对象进行处理吧。

只要在被调用的函数里的指针前写上指针运算符 *****，就能间接地处理该指针指向的对象。这也是 ***** 运算符又称为间接访问运算符的原因。

另外，通过在指针前写上指针运算符 ***** 来访问该指针指向的对象，称为**解引用**（dereference）。

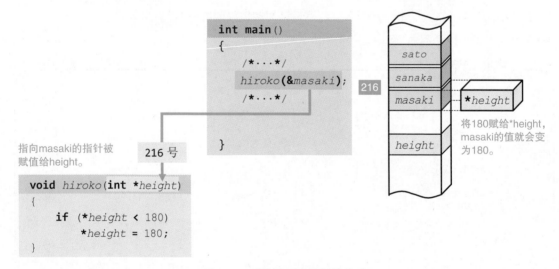

图 10-7　函数调用中指针的传递

▶ 图中假设 *masaki* 所在的地址为 216 号。今后若文中无特别说明，则都将在图中任意假定一个地址。

计算和与差

代码清单 10-1 所示的计算两个整数和与差的程序没有运行成功，现在大家已经想到该如何

修改了吧。没错，只要将和与差的参数作为指针就可以了。正确的程序如代码清单 10-5 所示。

代码清单 10-5

```
/*
    计算两个整数的和与差
*/

#include <stdio.h>

/*--- 将 n1 和 n2 的和、差分别保存至 * sum 和 * diff ---*/
void sum_diff(int n1, int n2, int *sum, int *diff)
{
    *sum  = n1 + n2;
    *diff = (n1 > n2) ? n1 - n2 : n2 - n1;
}

int main(void)
{
    int  na, nb;
    int  wa = 0, sa = 0;

    puts("请输入两个整数。");
    printf("整数A：");        scanf("%d", &na);
    printf("整数B：");        scanf("%d", &nb);

    sum_diff(na, nb, &wa, &sa);

    printf("两数之和是 %d，之差是 %d。\n", wa, sa);

    return 0;
}
```

运 行 结 果

请输入两个整数。
整数 A：57⏎
整数 B：21⏎
两数之和是 78，之
差是 36。

调用函数 sum_diff 时，会将 wa 和 sa 的地址复制给形参 sum 和 diff。

因此，如图 10-8 所示，*sum 就是 wa 的别名，*diff 就是 sa 的别名。

在函数体中，将求得的和赋值给 *sum，将差赋值给 *diff，这也就相当于对 wa 和 sa 进行赋值，因此从 sum_diff 函数返回到 **main** 函数之后，和与差也分别被存储在 wa 和 sa 中了。

■ 注 意 ■

将指向对象的指针作为形参，并在指针前写上指针运算符 *，就可以访问该对象本身。充分利用这一点，就可以在被调用处修改进行调用处的对象的值。

综上，求两数之和与两数之差的问题就算告一段落了。

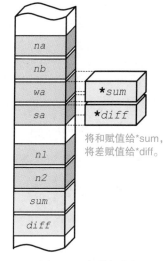

将和赋值给*sum，
将差赋值给*diff。

图 10-8　参数和指针

二值互换

代码清单 10-6 所示的程序的功能是将两个整数值互换。

代码清单 10-6

```
/*
    将两个整数值互换
*/

#include <stdio.h>

/*--- 将 px、py 指向的对象的值进行互换 ---*/
void swap(int *px, int *py)
{
    int   temp = *px;
    *px = *py;
    *py = temp;
}

int main(void)
{
    int   na, nb;

    puts("请输入两个整数。");
    printf("整数A:");    scanf("%d", &na);
    printf("整数B:");    scanf("%d", &nb);

    swap(&na, &nb);

    puts("互换了两数的值。");
    printf("整数 A 是 %d。\n", na);
    printf("整数 B 是 %d。\n", nb);

    return 0;
}
```

运 行 结 果

请输入两个整数。
整数A：57☐
整数B：21☐
互换了两数的值。
整数 A 是 21。
整数 B 是 57。

调用 *swap* 函数后，作为指针的形参 *px* 指向 *na*，形参 *py* 指向 *nb*。在 *swap* 函数内交换 **px* 和 **py* 的值，就相当于 **main** 函数内的 *na* 和 *nb* 的值进行了互换。

▶ 我们在第 5 章中已经学习过二值互换的步骤。

● **练习 10-1**

编写函数 *adjust_point*，如果 *n* 指向的值小于 0，就将其改为 0；如果值大于 100，就将其改为 100(如果是 0~100 的值，则不修改)。

void *adjust_point*(**int** **n*) { /* … */ }

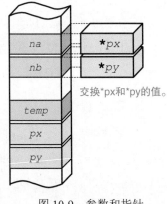

交换*px和*py的值。

图 10-9　参数和指针

● 练习 10-2

编写如下函数，将 *y 年 *m 月 *d 日的日期，修改为其前一天或后一天的日期。

> **void** *decrement_date*(**int** *y, **int** *m, **int** *d) { /* … */ }

> **void** *increment_date*(**int** *y, **int** *m, **int** *d) { /* … */ }

注意计算时要考虑到闰年的问题。

将两个值排序

应用上一节中编写的 *swap* 函数，可以对两个对象的值进行排序，程序如代码清单 10-7 所示。

代码清单 10-7

chap10/list1007.c

```
/*
    将两个整数值按升序排列
*/

#include  <stdio.h>

/*--- 将 px、py 所指对象的值进行互换 ---*/
void swap(int *px, int *py)
{
    int    temp = *px;
    *px = *py;
    *py = temp;
}

/*--- 排列顺序为 *n1 ≤ *n2---*/
void sort2(int *n1, int *n2)
{
    if (*n1 > *n2)
        swap(n1, n2);
}                       ——— 不需要 &。

int main(void)
{
    int    na, nb;

    puts("请输入两个整数。");
    printf("整数A:");        scanf("%d", &na);
    printf("整数B:");        scanf("%d", &nb);

    sort2(&na, &nb);

    puts("将两数的值按升序排列。");
    printf("整数A是%d。\n", na);
    printf("整数B是%d。\n", nb);

    return 0;
}
```

运 行 结 果

请输入两个整数。
整数A: 57◻
整数B: 21◻
将两数的值按升序排列。
整数A是21。
整数B是57。

10

　　sort2 函数调用 *swap* 函数，使 *n1* 指向的变量总是小于等于 *n2* 指向的变量。*n1* 和 *n2* 这两个指针指向的是保存待排列数值的变量，因此将它们直接传入 *swap* 函数。

▶　如图 10-10 所示，如果将 *na* 和 *nb* 存储在 212 号和 216 号中，*sort2* 函数中 *n1* 和 *n2* 所接收的值就是 212 号和 216 号。将该值直接传递给 *swap* 函数的 *px* 和 *py*。因此，*n1* 和 *px* 就是指向 *na* 的指针，*n2* 和 *py* 就是指向 *nb* 的指针。

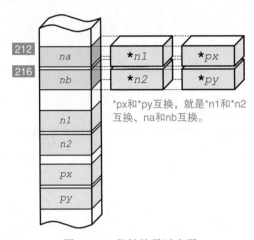

图 10-10　指针的灵活应用

请注意蓝色底纹处调用 *swap* 函数的语句不能改为下面这样。

　　　　swap(**&n1, &n2**);　　　　　　/* 类型不匹配 */

▶　**&n1** 的数据类型为 "指向 **int** 型的指针的指针"。这个概念已超出本书的范围，在此就不详细展开了。

scanf 函数和指针

我们在第 1 章遇到 *scanf* 函数的时候，曾这样讲过：

> 　　与 *printf* 函数不同，在使用 *scanf* 函数进行读取时，变量名前必须加上一个特殊符号 **&**。

scanf 函数的使命是为主调函数中定义的对象保存值。倘若它接收到的纯粹是变量的 "值"，是无法进行保存的。因此，*scanf* 函数接收的是指针（具有地址的 "值"），由该指针所指对象保存从标准输入（一般为键盘）读到的值。

因此，调用 *scanf* 函数的一方必须发出如下请求。

请将读取到的值放入该地址指向的对象中存储！！

对 ***printf*** 函数的请求和对 ***scanf*** 函数的请求的对比，请参考图 10-11。

a printf函数中参数的传递   **b** scanf函数中参数的传递

&i   212

i   *i*

15   212

printf("%d", i);   *scanf("%d", &i);*

因为变量i的值是15，所   请放入212号中存储的变
以请显示该值!!   量i所读取的整数!!

图 10-11   printf 函数的调用和 scanf 函数的调用

● **练习 10-3**

编写如下函数，将 *n1*、*n2*、*n3* 指向的三个 **int** 型整数按升序排列。
```
void sort3(int *n1, int *n2, int *n3) { /* … */ }
```

指针的类型

代码清单 10-8 的程序中，*swap* 函数的功能是将两个 **int** 型整数进行互换，而传入的却是指向 **double** 型变量的指针。

根据图 10-12 可知，指针 *px* 指向了 **double** 型变量 *da*，但是 **int** 型的 *px 却不能等同于 **double** 型变量 *da*。

因此，编译程序时，（多数编译器）会显示警告信息。而且果不其然，运行结果中显示的也不是正常的值。

▶ 在 **sizeof(int)** 和 **sizeof(double)** 一致的编译器中，可能会顺利运行。

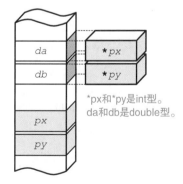

*px和*py是int型。
da和db是double型。

一般情况下，指向 **Type** 型对象的指针，即 **Type*** 型指针，并不只是表示指向 "○○号"，更确切地说是指向 "以○○号为首地址的 **Type** 型对象"。

图 10-12   指针类型和指针运算符

除了使用一些特殊的技巧的情况下，**Type*** 型指针一般不会指向 **Type** 型以外的对象。

chap10/list1008.c

代码清单 10-8

```
/*
    将两个实数值进行互换（误例）
*/

#include <stdio.h>

/*--- 将 px、py 所指对象的值进行互换 ---*/
void swap(int *px, int *py)
{
    int   temp = *px;
    *px = *py;
    *py = temp;
}

int main(void)
{
    double  da, db;

    puts("请输入两个实数。");
    printf("实数 A：");      scanf("%lf", &da);
    printf("实数 B：");      scanf("%lf", &db);

    swap(&da, &db);

    puts("互换了两数的值。");
    printf("实数 A 是 %f。\n", da);
    printf("实数 B 是 %f。\n", db);

    return 0;
}
```

运 行 结 果

请输入两个实数。
实数 A：53.5 ⏎
实数 B：21.68 ⏎
互换了两数的值。
实数 A 是 9980.450456。
实数 B 是 50.568782。

空指针

空指针（null pointer）是能够和指向对象的指针明确区分的"什么也不指向"的特殊指针。表示空指针的对象式宏，是称为**空指针常量**（null pointer constant）的 **NULL**。

■ 注　意 ■

什么也不指向的特殊指针是空指针，表示空指针的对象式宏 **NULL** 是空指针常量。

空指针常量 **NULL** 在 <stddef.h> 中定义。只要在预处理命令中包含 <stdio.h>、<stdlib.h>、<string.h>、<time.h> 中任意一个头文件，便可使用该宏定义。

下面是一个定义示例。

NULL

```
# define NULL 0              /* 定义示例：值因编译器而异 */
```

▶　实际使用空指针的程序和练习，我们将在以后学习。

标量型

可以将表示地址编号的指针视为一种数量。第 7 章中介绍的数值型和本章中介绍的指针型统称**标量型** (scalar type)。

▶ scalar 有 "数" "数量" 的意思。标量虽然有大小，但是没有方向 (有方向的称为 vector)。

专题 10-1 取不到地址的对象

对于使用 **register** 关键字声明的寄存器对象，不能加上取址运算符 **&**。因此，下述程序在编译时会报错。

chap10/reqister.c

```
#include <stdio.h>
int main(void)
{
    register int  x;
    printf("%p\n", &x);        /* 错误 */
    return 0;
}
```

10

10-3 指针和数组

指针和数组虽然是不同的东西，但有着千丝万缕的联系。本节我们就来学习二者的相同点和不同点。

指针和数组

关于数组，有很多规则需要理解。首先是下面这条规则。

> ■ 注 意 ■
>
> 数组名原则上会被解释为指向该数组起始元素的指针。

也就是说，如果 a 是数组，那么表达式 a 的值就与 $a[0]$ 的地址，即 $\&a[0]$ 一致。如果数组 a 的元素类型为 **Type** 型，那么不管元素个数是多少，表达式 a 的类型就是 **Type*** 型。

► 有时数组 a 也不会被解释为指向其起始元素的指针（专题 10-2）。

将数组名视为指针，也催生出了数组和指针的密切关系。让我们结合图 10-13 🅰 来看一下。

这里声明了数组 a 和指针 p。指针 p 的初始值是 a。因为数组名 a 会被解释为 $\&a[0]$，所以存入 p 的值为 $\&a[0]$ 的值。也就是说，指针 p 会被初始化为指向数组 a 的起始元素 $a[0]$。

► 注意指针 p 指向的是"起始元素"，而不是"整个数组"。

围绕着指向数组元素的指针，有以下规则成立。

> ■ 注 意 ■
>
> 指针 p 指向数组中的元素 e 时，
>
> $p + i$ 为指向元素 e 后第 i 个元素的指针。
>
> $p - i$ 为指向元素 e 前第 i 个元素的指针。

让我们结合图 🅰 来理解一下。例如，$p + 2$ 指向 $a[0]$ 后第 2 个元素 $a[2]$，$p + 3$ 指向 $a[0]$ 后第 3 个元素 $a[3]$。

专题 10-2   数组名在什么情况下不被视为指向起始元素的指针

在下述两种情况下，数组名不会被视为指向起始元素的指针。

1 作为 **sizeof** 运算符的操作数出现时

sizeof（数组名）不会生成指向起始元素的指针的长度，而是生成数组整体的长度。

2 作为取址运算符 **&** 的操作数出现时

& 数组名不是指向起始元素的指针的指针，而是指向数组整体的指针。

也就是说，指向各元素的指针 *p + i* 和 *&a[i]* 是等价的。当然，*&a[i]* 是指向元素 *a[i]* 的指针，其值是 *a[i]* 的地址。

让我们通过代码清单 10-9 来确认一下。该程序的作用是显示表达式 *&a[i]* 的值和表达式 *p + i* 的值。

a p指向a[0]

```
int a[5];
int *p = a;
         └── &a[0]
```

b p指向a[2]

```
int a[5];
int *p = &a[2];
```

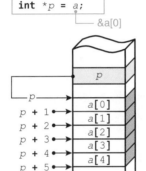
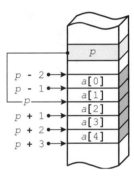

图 10-13   指向数组及各元素的指针

代码清单 10-9

chap10/list1009.c

```c
/*
    显示数组元素的地址（指向元素的指针）
*/

#include <stdio.h>

int main(void)
{
    int i;
    int a[5] = {1, 2, 3, 4, 5};
    int *p = a;        /* p指向 a[0] */

    for (i = 0; i < 5; i++)
        printf("&a[%d] = %p p+%d = %p\n", i, &a[i], i, p + i);
    return 0;
}
```

运 行 结 果 示 例

```
&a[0] = 310    p + 0 = 310
&a[1] = 312    p + 1 = 312
&a[2] = 314    p + 2 = 314
&a[3] = 316    p + 3 = 316
&a[4] = 318    p + 4 = 318
```

10

从运行结果中可知，指向各元素的指针 *&a[i]* 和 *p + i* 的值是一致的。

但是，"*p* + *i* 指向 *a*[*i*]"，仅限于 *p* 指向 *a*[0] 的时候。例如，如图 **b** 所示，如果指针 *p* 指向 *a*[2]，那么指针 *p* − 1 就指向 *a*[1]，指针 *p* + 1 指向 *a*[3]。

指针运算符和下标运算符

如果在指向数组内元素的指针 *p* + *i* 前写上指针运算符 *，会变成什么情况呢？

因为 *p* + *i* 是指向 *p* 所指元素后第 *i* 个元素的指针，所以在其前加上指针运算符后得到的 *(*p* + *i*) 就是该元素的别名。因此，如果 *p* 指向 *a*[0]，那么表达式 *(*p* + *i*) 就表示 *a*[*i*] 本身。

请大家记住下面这条规则。

■ 注 意 ■

> 指针 *p* 指向数组中的元素 *e* 时，
>
> 指向元素 *e* 后第 *i* 个元素的 *(*p* + *i*)，可以写为 *p*[*i*]。
>
> 指向元素 *e* 前第 *i* 个元素的 *(*p* − *i*)，可以写为 *p*[-*i*]。

大家可以结合图 10-14 来理解这条规则，同时图 10-14 也对上一节中的图 **a** 进行了细化。让我们以第 3 个元素 *a*[2] 为例来看一下。

- 因为 *p* + 2 指向 *a*[2]，所以 *(*p* + 2) 是 *a*[2] 的别名（图 **C**）。
- 因为 *(*p* + 2) 可以写成 *p*[2]，所以 *p*[2] 也是 *a*[2] 的别名（图 **B**）。
- 数组名 *a* 是指向起始元素 *a*[0] 的指针，所以 *a* + 2 就是指向第 3 个元素 *a*[2] 的指针（图中左侧的箭头）。
- 因为指针 *a* + 2 指向元素 *a*[2]，所以在其前写上指针运算符后得到的 *(*a* + 2) 就是 *a*[2] 的别名（图 **A**）。

也就是说，图 **A**~**C** 中的表达式 *(*a* + 2)、*p*[2]、*(*p* + 2)，都是数组元素 *a*[2] 的别名。

上面我们以 *a*[2] 为例进行了说明，接下来我们来看一下一般情况。

以下 4 个表达式都是访问各元素的表达式。

1 *a*[*i*]   *(*a* + *i*)   *p*[*i*]   *(*p* + *i*)   从开头数第 *i* 个元素

以下 4 个表达式都是指向各元素的指针。

2 &*a*[*i*]   *a* + *i*   &*p*[*i*]   *p* + *i*   指向从开头数第 *i* 个元素的指针

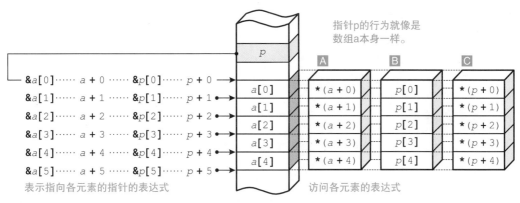

图 10-14　指向数组元素的指针和元素的别名

▶　指向起始元素的指针 $a + 0$ 和 $p + 0$，可以直接写作 a 和 p。另外，它们的别名 $*(a + 0)$ 和 $*(p + 0)$，也可分别用 $*a$ 和 $*p$ 表示。

让我们结合实际程序来确认一下上述内容，如代码清单 10-10 所示。

代码清单 10-10　　　　　　　　　　　　　　　　　　　　　　　　　　　　　chap10/list1010.c

```
/*
    显示数组元素的值和地址
*/

#include <stdio.h>

int main(void)
{
    int i ;
    int a[5] = {1, 2, 3, 4, 5};
    int *p = a;        /* p指向a[0]*/

    for (i = 0; i < 5; i++)
        printf("a[%d] = %d  *(a+%d) = %d  p[%d] = %d  *(p+%d) = %d\n",
                        i, a[i], i, *(a + i), i, p[i], i, *(p + i));
    for (i = 0; i < 5; i++)
        printf("&a[%d] = %p  a+%d = %p  &p[%d] = %p  p+%d = %p\n",
                        i, &a[i], i, (a + i), i, &p[i], i, (p + i));
    return 0;
}
```

```
运 行 结 果 示 例
a[0] = 1   *(a + 0) = 1   p[0] = 1   *(p + 0) = 1
a[1] = 2   *(a + 1) = 2   p[1] = 2   *(p + 1) = 2
a[2] = 3   *(a + 2) = 3   p[2] = 3   *(p + 2) = 3
a[3] = 4   *(a + 3) = 4   p[3] = 4   *(p + 3) = 4
a[4] = 5   *(a + 4) = 5   p[4] = 5   *(p + 4) = 5
&a[0] = 310   a + 0 = 310   &p[0] = 310   p + 0 = 310
&a[1] = 312   a + 1 = 312   &p[1] = 312   p + 1 = 312
&a[2] = 314   a + 2 = 314   &p[2] = 314   p + 2 = 314
&a[3] = 316   a + 3 = 316   &p[3] = 316   p + 3 = 316
&a[4] = 318   a + 4 = 318   &p[4] = 318   p + 4 = 318
```

10

该程序的作用是显示 **int**[5] 型数组 a 的所有元素的值和指向元素的指针。

■1 的 4 个表达式和 ■2 的 4 个表达式，表示的都是同一个值。

▶　数组 a 的元素个数为 n 时，构成数组 a 的元素是 $a[0]$ 到 $a[n-1]$，共 "n个"。但是，指向数组元素的指针，则可以是 $&a[0]$ 到 $&a[n]$，共 "$n + 1$" 个。例如，数组 a 由 $a[0]$ 到 $a[4]$ 共 5 个元素构成，而指向各元素的指针除了有 $&a[0]$、$&a[1]$、…、$&a[4]$ 之外，还有 $&a[5]$（共 6 个）。

之所以会出现这种情况，是因为在对遍历数组元素的结束条件（是否到达了末尾）进行判定时，如果可以利用指向末尾元素后一个元素的指针的话将会非常方便。但是，并不是说 &a[6]、&a[7]、…可以正确指向 a[4] 之后的第 2、3…个元素。

综上，我们可以总结出下面一条规则。

■ 注 意 ■

> Type* 型指针 p 指向 Type 型数组 a 的起始元素 a[0] 时，指针 p 的行为就和数组 a 本身一样。

表达式 a[i] 和 p + i 中的 i，表示位于指针 a 和 p 所指的元素后第几个元素的位置。因此，数组起始元素的下标必须是 0。原则上不允许像其他编程语言那样，下标从 1 开始，或者自由地指定上限值和下限值。

■ 注 意 ■

> 数组的下标表示位于起始元素后的第几个元素的位置，因此必须从 0 开始。

虽然可以为指针加上整数，但是指针之间相加是不可以的。

▶ 不过，指针之间做减法是 OK 的。

数组和指针的不同点

上面我们学习了数组和指针的相似之处。下面我们来学习二者的不同之处。

首先来看代码段 **1**。p 是指向 int 型变量的指针，被赋给 p 的是 y，即 &y[0]。赋值后，指针 p 指向 y[0]。

再来看代码段 **2**。执行 a = b 会出现编译错误。这一点我们已经在第 5 章介绍过了。虽说 a 会被解释为指向数组起始元素的指针，但不可改写其值。

```
1  int *p;
   int y[5];
   p = y;   /* OK! */
```

如果可以这样赋值，那么数组的地址就会被改变，变为别的地址。因此，**赋值表达式的左操作数不可以是数组名**。

```
2  int a[5];
   int b[5];
   a = b;   /* 错误 */
```

■ 注 意 ■

> 赋值表达式的左操作数不可以是数组名。

▶ 第 5 章中我们提到了不可使用赋值运算符复制数组的所有元素，不过更为准确的说法可能是"不可使用赋值运算符改变指向数组起始元素的指针"。

专题 10-3 下标运算符的操作数

下面我们来看一下在指针 p 和整数 i 相加的式子前写上指针运算符的表达式 $*(p + i)$。

括号内的 $p + i$，是 p 和 i 的加法运算。和算术类型的数值间的加法运算 $a + b$ 等同于 $b + a$ 一样，$p + i$ 也等于 $i + p$。

也就是说，$*(p + i)$ 和 $*(i + p)$ 是等价的。

这样一来，是不是访问数组元素的表达式 $p[i]$ 也可以写成 $i[p]$ 呢。实际上确实是可以的。

下标运算符 [ ]，是具有两个操作数的双目运算符。其中一个操作数的类型是

- **指向 Type 型对象的指针**

另一个操作数的类型是

- **整数类数据类型**

下标运算符 [ ] 的操作数的顺序是随意的。就像 $a + b$ 等同于 $b + a$ 一样，$a[3]$ 和 $3[a]$ 也是一样的。

*

下标运算符 [ ] 所生成的值的类型是

- **Type 型**

*

之前我们已经提到，指针 p 指向数组 a 的起始元素 $a[0]$ 时，

$$a[i] \quad *(a + i) \quad p[i] \quad *(p + i)$$

这 4 个表达式表示相同的元素。实际上

$$a[i] \quad i[a] \quad *(a + i) \quad *(i + a) \quad p[i] \quad i[p] \quad *(p + i) \quad *(i + p)$$

这 8 个表达式表示的都是相同的元素。

*

看到代码清单 10C-1 的程序，几乎所有的人都会大吃一惊吧。

代码清单 10C-1   chap10/listC1001.c

```
/*
    下标运算符和指针运算符
*/
#include <stdio.h>
int main(void)
{
    int i, a[4];

    0[a] = a[1] = *(a + 2) = *(3 + a) = 7;

    for (i = 0; i < 4; i++)
        printf("a[%d] = %d\n", i, a[i]);

    return 0;
}
```

运 行 结 果
a[0] = 7
a[1] = 7
a[2] = 7
a[3] = 7

当然，我们最好不要使用 $i[a]$ 等容易出错的写法。

数组的传递

在函数间传递数组时，可以灵活应用指针和数组的相似性。下面让我们结合代码清单 10-11 来看一下。

代码清单 10-11

```
/*
    数组的传递
*/

#include <stdio.h>
/*--- 将数组 v 开头的 n 个元素赋给 val ---*/
void ary_set(int v[], int n, int val)
{
    int i ;

    for (i=0; i < n; i++)
        v[i] = val;
}

int main(void)
{
    int i;
    int a[] = {1, 2, 3, 4, 5};

    ary_set(a, 5, 99);

    for (i = 0; i < 5; i++)
        printf("a[%d] = %d\n", i, a[i]);

    return 0;
}
```

运 行 结 果

```
a[0] = 99
a[1] = 99
a[2] = 99
a[3] = 99
a[4] = 99
```

ary_set 函数按照图 10-15 **a** 的形式声明。

实际上，图 **a** 和图 **b** 都可以解释为图 **c**。

也就是说，形参 *v* 的类型不是数组，而是指针。即使像图 **b** 那样指定元素个数，该值也会被无视。

▶ 像图 **b** 这样声明时附带元素个数的函数，可以为其传递不同元素个数的数组。例如，将元素个数为 10 的数组 *d* 传递给图 **b** 的函数的函数调用表达式 *ary_set(d, 10, 99)*，在编译时并不会出错。

这就意味着，在传递数组时有必要将其元素个数作为别的参数来处理（该程序的情况下为 *n*）。

让我们来看一下程序中调用 *ary_set* 函数的蓝色

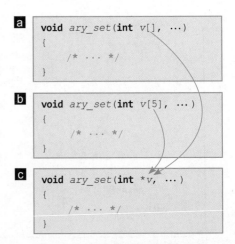

图 10-15　接收数组的形参的声明

底纹部分。单独出现的数组名是指向该数组起始元素的指针。第一个参数 *a* 是 **&***a***[0]**。

　　如图 10-16 所示，调用 *ary_set* 函数时，**int*** 型的形参 *v* 将使用实参 *a*，即 **&***a***[0]**（图中为 216 号）进行初始化。

▶　图中省略了数组 *a* 和指针 *v* 以外的变量和参数等。

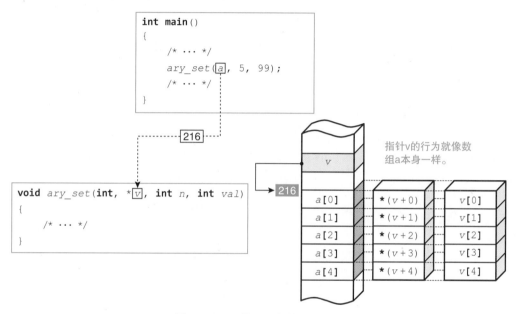

图 10-16　函数调用中数组的传递

　　由于指针 *v* 指向数组 *a* 的起始元素 *a***[0]**，因此在 *ary_set* 函数内，指针 *v* 的行为就像数组 *a* 其本身一样。

　　当然，如果改写所接收的数组元素的值，结果就会反映到调用方的数组元素的值上。

■ 注 意 ■

　　函数间数组的传递，是以指向第一个元素的指针的形式进行的。在被调用的函数中作为指针接收的数组，实际上就是调用方传递的数组。

这样我们就更深入地了解了第 6 章中一提而过的函数间数组的传递的相关内容了。

▶　这里有效利用了"指针和数组的密切关系"。

● 练习 10-4

　　编写如下 *set_idx* 函数，接收元素类型为 **int** 型、元素个数为 *n* 的数组，并为所有元素赋上和下标相同的值。

```
void set_idx(int *v, int n) { /* … */ }
```

● 练习 10-5

　　如果用 *ary_set*（**&***a*[2]，2，99）调用代码清单 10-11 中的 *ary_set* 函数会怎样呢？请试着执行一下并探讨其结果。

总结

- 地址表示对象在内存空间上的位置。
- 在 **Type** 型对象 x 前写上取址运算符 **&** 得到表达式 **&**x，该表达式会生成指向对象 x 的指针。生成的指针的类型为 **Type*** 型，值为 x 的地址。

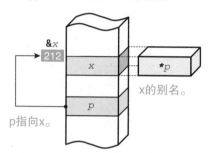

- **Type*** 型指针 p 的值为 **Type** 型对象 x 的地址时，可以写作"p 指向 x"。
- 原则上应该避免让 **Type*** 型指针 p 指向非 **Type** 型的对象。
- 在 **Type*** 型指针 p 前写上指针运算符 ***** 得到的表达式 *****p，表示指针 p 指向的 **Type** 型对象本身。也就是说，p 指向 x 时，*****p 是 x 的别名。
- 通过在指针前写上指针运算符 ***** 来访问该指针指向的对象，称为解引用。
- 如果被调用的函数的参数是指针类型，那么通过在该指针前写上指针运算符并进行解引用，就可以间接访问调用方的对象。
- 除一部分特殊情况之外，数组名都会被解释为指向该数组起始元素的指针。也就是说，如果 a 是数组，那么数组名 a 就是 **&**a[0]。
- 对指向数组内元素的指针 p 加上 / 减去整数 i 的表达式 p **+** i 和 p **-** i，分别是指向 p 所指元素后 / 前第 i 个元素的指针。
- 对指向数组内元素的指针 p 加上或减去整数 i 的表达式分别为 p **+** i 和 p **-** i，在这两个表达式前写上指针运算符得到的 ***（** p **+** i **）** 和 ***（** p **-** i **）**，分别与 p[i] 和 p[-i] 等价。
- **Type*** 型的指针 p 指向元素类型为 **Type** 的数组 a 的起始元素 a[0] 时，p 的行为和数组 a 本身一样。
- 不可将数组名作为赋值运算符的左操作数。

10

● 函数间数组的传递，是以指向第一个元素的指针形式进行的。在被调用的函数中作为指针接收的数组，实际上就是调用方传递的数组。

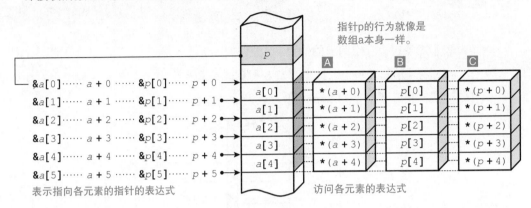

指针p的行为就像是数组a本身一样。

&a[0]······ a + 0 ······&p[0]······ p + 0
&a[1]······ a + 1 ······&p[1]······ p + 1
&a[2]······ a + 2 ······&p[2]······ p + 2
&a[3]······ a + 3 ······&p[3]······ p + 3
&a[4]······ a + 4 ······&p[4]······ p + 4
&a[5]······ a + 5 ······&p[5]······ p + 5
表示指向各元素的指针的表达式

访问各元素的表达式

● 不指向任何对象和函数的指针，称为空指针。表示空指针的空指针常量，在 <stddef.h> 头文件中以对象式宏 **NULL** 的形式定义。

● 算术类型和指针类型统称为标量型。

chap10/summary.c

```
#include <stdio.h>

#define NUMBER 5      /* 人数 */

/*--- 交换 px 和 py 所指对象的值 ---*/
void swap(int *px, int *py)
{
    int temp =*px;
    *px = *py;
    *Py = temp;
}

/*--- 冒泡排序法 ---*/
void bsort(int a[] ,int n)
{
    int i, j ;

    for (i = 0; i < n - 1 ; i++)
        for (j = n - 1; j > i; j--)
            if (a[j - 1] > a[j])
                swap(&a[j], &a[j-1]);
}

int main(void)
{
    int i;
    int point [NUMBER];    /* NUMBER 名学生的分数 */
```

运 行 结 果

请输入 5 人的分数。
1 号：79 ⏎
2 号：63 ⏎
3 号：75 ⏎
4 号：91 ⏎
5 号：54 ⏎
按升序排列。
1 号：54
2 号：63
3 号：75
4 号：79
5 号：91

chap10/summary.c

```
    printf(" 请输入 %d 人的分数。\n", NUMBER);
    for (i = 0; i < NUMBER; i++) {
        printf("%2d 号:", i + 1) ;
        scanf("%d",&point[i]) ;
    }

    bsort(point, NUMBER); /* 排序 */

    puts(" 按升序排列。");
    for (i = 0; i <NUMBER; i++)
        printf("%2d 号 :%d\n", i + 1, point[i]);

    return 0;
}
```

10

第 11 章
字符串和指针

　　我们在第 9 章和第 10 章分别学习了字符串和指针。这两者具有非常密切的关系。如果把这个关系理解透彻，便可游刃有余地处理字符串了。

　　本章就来学习字符串和指针的关系。

11-1　字符串和指针

字符串和指针有着密切的关系。本节我们就来学习字符串和指针的相似点和不同点。

用数组实现的字符串和用指针实现的字符串

请看代码清单 11-1 的程序。这里声明了两个字符串 *str* 和 *ptr*。*str* 和我们第 9 章中学习的字符串是同样的形式，*ptr* 这种形式则是第一次见到。

代码清单 11-1   chap11/list1101.c

```c
/*
    用数组实现的字符串和用指针实现的字符串
*/

#include <stdio.h>

int main(void)
{
    char  str[] = "ABC";        /* 用数组实现的字符串 */
    char  *ptr  = "123";        /* 用指针实现的字符串 */

    printf("str = \"%s\"\n", str);   /* str 是指向第一个字符的指针 */
    printf("ptr = \"%s\"\n", ptr);   /* ptr 是指向第一个字符的指针 */

    return 0;
}
```

运 行 结 果
str = "ABC"
ptr = "123"

本书中将 *str* 那样的字符串称为**用数组实现的字符串**，将 *ptr* 那样的字符串称为**用指针实现的字符串**（这只是一种粗略的分类方法）。

下面让我们结合图 11-1 来看一下这两种字符串的相似之处和不同之处。

■ 用数组实现的字符串 str（图 **a**）

str 是 **char**[4] 型的数组（元素类型为 **char** 型、元素个数为 4 的数组）。各元素从头开始依次用 **'A'**、**'B'**、**'C'**、**'\0'** 进行初始化。

char 数组占据的内存空间和数组的元素个数一致。这里是 4 字节，可以通过表达式 **sizeof** (*str*) 求得。

■ 用指针实现的数组 ptr（图 **b**）

ptr 是指向 **char** 型变量的指针变量，它的初始值为字符串字面量 **"123"**。对字符串字面量进行判定，可以得到指向该字符串字面量第一个字符的指针。所以 *ptr* 被初始化为指向保存在

内存中的字符串字面量 **"123"** 的第一个字符 **'1'** 的指针（图中为 216 号）。

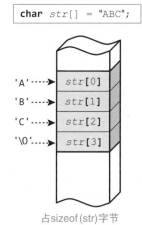

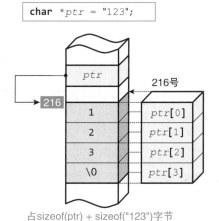

图 11-1 用数组实现的字符串和用指针实现的字符串

另外，一般情况下，我们把指针 p 指向字符串字面量 **"string"** 的首个字符 **'s'**，称为"指针 p 指向 **"string"**"。在该程序中，指针 p 指向 **"123"**。

▶ 由于指针指向的不是字符串字面量，而是字符串字面量的首个字符，因此该表述方法不太准确。不过这是经常使用的表述方法，所以有必要了解一下。

另外，指针 ptr 不可进行如下声明。

```
char *ptr = {'1', '2', '3', '\0'};    /* 错误 */
```

数组用的 {} 形式的初始值，不可用于单一的变量。

另外，从图中可知，指针 ptr 和字符串字面量 **"123"** 双方都占据了内存空间。

指针 ptr 占用的内存空间为 **sizeof**（ptr），即 **sizeof**（**char***）字节，其长度因编译器而异。另外，字符串字面量 **"123"** 占用 **sizeof**（**"123"**）字节，和字符个数 4（包含 **null** 在内）是一致的。

请注意，用指针实现的字符串比用数组实现的字符串需要更多的内存空间。

■ 注 意 ■

用指针实现的字符串是按照如下形式进行声明、初始化的。

```
char *p = "XYZ";
```

指针 p 和字符串字面量 **"XYZ"** 分别占用内存空间。

11

指针 p 是指向字符串首个字符的指针。另外，数组 str 也是指向首个字符的指针（因为数组名会被解释为指向起始元素的指针）。

综上，通过使用下标运算符 **[]**，可以访问字符串中的各个字符，这是二者的共同点。

▶　例如，str[0] 为 **'A'**，ptr[1] 为 **'2'**。

用数组实现的字符串和用指针实现的字符串的不同点

在了解了用数组实现的字符串和用指针实现的字符串的概况之后，接下来让我们一起来学习二者的不同之处。首先来看下面两个程序。

代码清单 11-2　　　　　　　chap11/list1102.c

```
/*
    用数组实现的字符串的改写
*/

#include <stdio.h>

int main(void)
{
    char s[] = "ABC";
    printf("s = \"%s\"\n", s);
    s = "DEF";   /* 出错 */
    printf("s = \"%s\"\n", s);
    return 0;
}
```

运行结果

出错，不可执行

代码清单 11-3　　　　　　　chap11/list1103.c

```
/*
    用指针实现的字符串的改写
*/

#include <stdio.h>

int main(void)
{
    char *p = "123";
    printf("p = \"%s\"\n", p);
    p = "456";   /* OK！*/
    printf("p = \"%s\"\n", p);
    return 0;
}
```

运行结果

p = "123"
p = "456"

首先来看代码清单 11-2 的程序。

该程序的目的是将 **"DEF"** 赋给初始值为 **"ABC"** 的数组，并显示赋值前后的字符串。

因为蓝色底纹部分在编译时会出现错误，所以程序无法执行。对数组不能进行赋值，这一点我们在第 5 章和第 10 章中已经学习过了。虽说左边的数组名会被解释为数组起始元素的地址，但依然不能改写其值。

▶　如果可以赋值，就会改变数组的地址（即数组在内存空间上移动了）。

对用指针实现的字符串进行同样的处理，程序如代码清单 11-3 所示。该程序在编译时不会发生错误，能够顺利执行。

让我们结合图 11-2 来看一下。

图 **a**　指针 p 的初始值为字符串字面量 **"123"**，所以指针 p 指向字符串字面量 **"123"** 的第一个字符 **'1'**。

图**b** 在代码清单 11-3 的灰色底纹部分处，将 **"456"** 赋给 *p*。这样一来，原本指向字符串字面量 **"123"** 的第一个字符 '1' 的 *p*，就变成指向别的字符串字面量 **"456"** 的第一个字符 '4' 了。

■ **注 意** ■

可以为指向字符串字面量（中的字符）的指针赋上指向别的字符串字面量（中的字符）的指针。赋值后，指针指向新的字符串字面量（中的字符）。

a 赋值前

```
char *p = "123";
```

p指向字符串字面量"123"的第一个字符'1'。

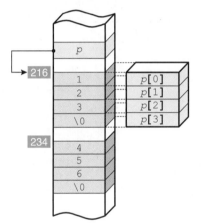

b 赋值后

```
p = "456";
```

p指向字符串字面量"456"的第一个字符'4'。

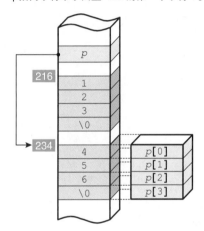

图 11-2　为指针赋上字符串字面量

注意不要误以为这里是完全复制了字符串，其实不过是指针的指向发生了变化而已。即

　　p 喜欢 "123" ♥　　　　赋值前

后来 *p* 见异思迁，变成

　　p 喜欢 "456" ♥　　　　赋值后

另外，因为不再有指针指向 **"123"**，所以 **"123"** 将不能被访问，也就是说变成了无法被清除的垃圾。

▶ 图**a**和图**b**中都既有 **"123"** 又有 **"456"**（二者都占用内存空间），是因为字符串字面量具有静态存储期。并不是说不需要的话就会自动被从内存空间清除。

● **练习 11-1**

将代码清单 11-3 中对 p 的赋值进行如下修改。

```
p = "456" + 1;
```

请编写程序确认运行结果，并对运行结果进行分析。

字符串数组

在此之前，我们学习了两种表示字符串的方法，即用数组实现字符串和用指针实现字符串。而字符串数组就是通过将字符串"数组化"来实现的。

让我们结合代码清单 11-4 来看一下。

代码清单 11-4   chap11/list1104.c

```c
/*
    字符串数组
*/

#include <stdio.h>

int main(void)
{
    int i;    ┌── 因为有 3 个初始值，所以元素个数为 3。
    char a[][5] = {"LISP", "C", "Ada"};
    char *p[] = {"PAUL", "X", "MAC"};

    for (i = 0; i < 3; i++)
        printf("a[%d] = \"%s\"\n", i, a[i]);

    for (i = 0; i < 3; i++)
        printf("p[%d] = \"%s\"\n", i, p[i]);

    return 0;
}
```

运 行 结 果
a[0] = "LISP"
a[1] = "C"
a[2] = "Ada"
p[0] = "PAUL"
p[1] = "X"
p[2] = "MAC"

数组 a 和 p 的结构和特征如图 11-3 所示。让我们参照着图 11-3 来比较一下这两个数组。

a **"用数组实现的字符串"的数组……二维数组**

数组 a 是 3 行 5 列的二维数组，占用的内存空间是 15 字节（行数 × 列数）。因为并非所有字符串的长度都是一致的，所以数组中会产生未使用的部分。例如，存储第二个字符 "C" 的 $a[1]$，就有 3 个字符的空间 $a[1][2]$ ～ $a[1][4]$ 没有被使用。

▶ 非常长和非常短的字符串同时存在的情况下，从空间的利用效率上来说，存在未使用的空间这一问题不容忽视。另外，这种形式的字符串数组，我们在第 9 章已经学习过了。

b **"用指针实现的字符串"的数组……指针数组**

指针 p 是元素类型为 **char*** 型、元素个数为 3 的数组。

数组各元素 $p[0]$、$p[1]$、$p[2]$ 的初始值分别是指向各字符串字面量的首字符 **"P"**、**"X"**、**"M"** 的指针。因此，除了数组 p 占用的 3 个 **sizeof**（**char***）长度的空间之外，还占用 3 个字符串字面量的空间。

字符串字面量 **"PAUL"** 中的字符，可以从头开始按顺序通过 $p[0][0]$、$p[0][1]$、…来访问。通过连续使用下标运算符 **[]**，可以像处理二维数组那样来处理指针数组。

▶ 一般情况下，指针 ptr 指向数组的起始元素时，数组内的各元素可以从头开始按顺序通过 $ptr[0]$、$ptr[1]$、…来访问。ptr 可以替换为 $p[0]$。

a **二维数组**

"用数组实现的字符串"的数组

char $a[\ ][5]$ = {"**LISP**", "**C**", "**Ada**"};

所有元素连续排列。

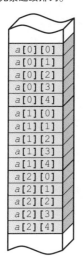

各构成元素的初始值为
字符串字面量中的字符
和null字符。

占用sizeof(a)字节。

b **指针数组**

"用指针实现的字符串"的数组

char $*p[\ ]$ = {"**PAUL**", "**X**", "**MAC**"};

无法保证字符串排列的顺序和连续性。

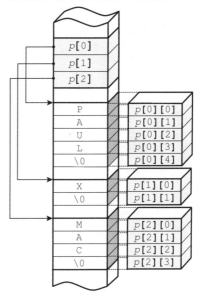

各元素被初始化为指向字符串
字面量的首个字符。

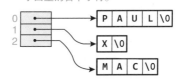

占用sizeof(p) + sizeof("PAUL") + sizeof("X")
   + sizeof("MAC")字节。

图 11-3　字符串数组的两种实现

这里以 $p[0]$ 为例进行了考察，$p[1]$ 和 $p[2]$ 的情况也是一样的。

▶ 因为无法保证初始值的字符串字面量是在连续的内存单元中保存的，所以在图 **b** 中，各字符串字面量并不是相邻的。在编写程序的时候，不能想当然地认为保存 "**PAUL**" 的内存空间后面一定紧接着保存了 "**X**"，保存 "**X**" 的内存空间后面一定紧接着保存了 "**MAC**"。否则，在有些编译器和运行环境中，这样的程序将不能运行。

● 练习 11-2

在代码清单 11-4 中，各数组的字符串个数 3 是作为常量嵌在程序（**for** 语句的控制表达式）中的。请编写一段程序，将其改写为通过计算求出。

11

11-2 通过指针操作字符串

本节我们来学习通过灵活应用指针来操作字符串的方法。

判断字符串长度

代码清单 9-8 中编写了求字符串长度的 *str_length* 函数。下面我们编写一个程序,不改变该函数的动作,只改变它的实现方法,如代码清单 11-5 所示。

代码清单 11-5   chap11/list1105.c

```
/*
    判断字符串的长度（使用指针遍历）
*/

#include <stdio.h>

/*--- 返回字符串 s 的长度 ---*/
int str_length (const char *s)
{
    int len = 0;

    while (*s++)
        len++;
    return len;
}

int main(void)
{
    char str[128];

    printf("请输入字符串：");
    scanf("%s", str);

    printf("字符串 \"%s\" 的长度是 %d。\n" , str, str_length (str));

    return 0;
}
```

运 行 结 果

请输入字符串：five ⏎
字符串 **"five"** 的长度为 4。

首先,函数形参的声明由使用 [] 变为了使用 *,但这些声明方式都是一样的,这一点我们在上一章中已经讲过了。这些只是表面上的改变,实质上并没有什么变化。

程序中发生实质性变化的是函数体。让我们结合图 11-4 来看一下。

如图 **a** 所示,函数开始执行时,*s* 指向所接收的字符串 *str* 的第一个字符 *str*[0],即 **"five"** 的第一个字符 **'f'**。

当 $*s$ 为 0（即 **null** 字符）时，**while** 语句将结束循环。因此，在遍历的过程中，只要还没有遇到 **null** 字符，指针 s 和变量 len 都会递增。

▶ 指针 s 在判断控制表达式时递增，变量 len 在循环体中递增。

关于指针的递增和递减，我们需要记住下面这一点。

■ 注 意 ■

　　指向数组元素的指针递增后将变为指向下一个元素，递减后将变为指向上一个元素。

指针的情况下，递增运算符 **++** 和递减运算符 **--** 也不会发挥什么特别的作用。不管 p 是否为指针，都有以下规则成立。

■ 注 意 ■

　　p**++** 即 $p = p + 1$，p**--** 即 $p = p - 1$。

前面已经提到，指针 p 指向数组内的元素时，$p + 1$ 指向数组中下一个元素。因此，执行 p**++** 后，p 将变为指向其后的一个元素。

▶ 递减也是如此。$p - 1$ 指向前一个元素。因此，执行 p**--** 后，p 将变为指向其前的一个元素。

s 最初指向的是 $str[0]$，即 **'f'**。如图 **b** 所示，递增后，s 变为指向 $str[1]$，即 **'i'**。

如图所示，随着遍历的进行，s 指向的字符在逐个向后推移。

如图 **e** 所示，当 $*s$ 为 **null** 字符时，**while** 语句的循环结束。

while 语句结束时，变量 len 的值为重复执行循环体的次数。该值和字符串的长度一致。

＊

这里的 str_length 函数中没有使用下标运算符 **[ ]**，

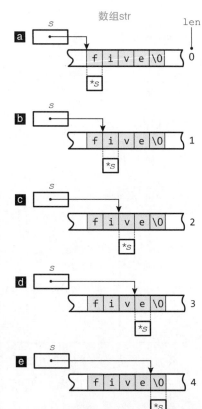

图 11-4　求字符串的长度

而是使用了指针运算符 ***** 和递增运算符 **++**。

在 C 语言编程中，这种技巧很常用，大家一定要好好理解。

字符串的复制

代码清单 11-6 所示为复制字符串的程序。

代码清单 11-6

```
/*
    复制字符串
*/

#include <stdio.h>

/*--- 将字符串 s 复制到 d---*/
char* str_copy(char *d, const char *s)
{
    char *t = d;

    while (*d++ = *s++)
        ;
    return t;
}

int main(void)
{
    char str[128] = "ABC";
    char tmp[128] ;

    printf("str = \"%s\"\n", str) ;

    printf(" 复制的是： ", tmp);
    scanf("%s", tmp) ;

    str_copy(str, tmp);

    puts(" 复制了。");
    printf("str = \"%s\"\n", str) ;

    return 0;
}
```

运 行 结 果

```
str = "ABC"
复制的是：WXYZ☐
复制了。
str = "WXYZ"
```

首先来看 *str_copy* 函数内实现字符串复制功能的 **while** 语句，控制表达式 ***d++ = *s++**
是比较复杂的。

后置递增运算符 **++** 在对操作数进行判定后会进行递增，因此控制表达式的判定和执行分
为以下两个阶段进行。

① 通过 *d = *s 进行赋值

首先进行的是 $*d = *s$ 的赋值。指针 s 指向的字符会被赋值给指针 d 指向的字符。

② 指针 d 和 s 递增

赋值结束后，d 和 s 递增。指针 d 和 s 分别指向了下一个字符。

函数开始执行时，如图 11-5 **ɑ** 所示，指针 s 指向字符串 tmp 的第一个字符，指针 d 指向字符串 str 的第一个字符。

根据 ① 处的赋值表达式 $*d = *s$ 的判定结果，决定是否继续执行 **while** 语句的循环。对赋值表达式进行判定后，将得到赋值后左操作数的类型和值。因此，只要赋给 $*d$ 的字符的值不是 0，即不是 **null** 字符，就会循环进行上述 ①、② 步的操作。

也就是说，复制按照下述方式进行。

> 只要 s 指向的字符不是 **null** 字符，就将 s 指向的字符赋给 d 指向的字符，然后使 d 和 s 递增，再处理下一个字符。

当赋给 $*d$ 的字符为 **null** 字符时，**while** 语句的循环就结束了，如图 **e** 所示。

▶ 在图 **e** 中，对赋值表达式 $*d = *s$ 进行判断后，会得到赋值后的 $*d$，即 **null** 字符。因为该值为 0，所以 **while** 语句结束。

另一方面，如果对指针 d 和 s 使用下标运算符，str_copy 函数的 **while** 语句就如下所示（假设 i 是 **int** 型变量）。

chap11/list1106a.c

```
/*--- 另一种解法 ---*/
while (d[i] = s[i])
    i++;
```

与"另一种解法"相比，该程序具有以下优点。

> Ⓐ 不需要用于下标的变量 i，可以节约少量内存。
>
> Ⓑ 运行效率有望更高。

我们来考虑一下Ⓑ。

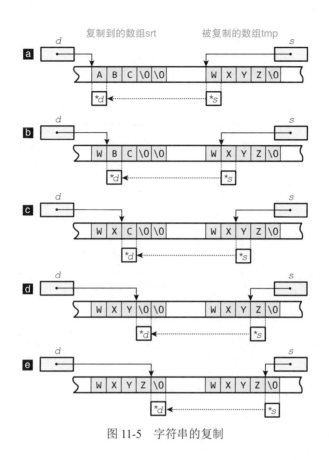

图 11-5　字符串的复制

■ **"另一种解法"的代码**

　　$d[i]$ 和 $s[i]$ 分别是 $*(d + i)$ 和 $*(s + i)$，即访问指针 d 和 s 所指向的字符之后第 i 个字符的表达式。为了访问指针所指元素后第 i 个字符，分别对指针 d 和 s 进行了两种运算——使用 **+** 运算符的加法运算和使用 ***** 运算符的解引用。

■ **该程序的代码**

　　每循环一次，指针 d 和 s 就会递增。但是，在对表达式 $*d$ 和 $*s$ 的判定中，虽然使用 ***** 运算符进行了解引用，但没有使用 **+** 运算符进行加法运算。因此，要执行的程序变小，程序的运行速度也有望提升。

＊

　　str_copy 函数的参数名 d 和 s，分别是 destination（目的地）和 source（出发地）的首字母。在 C 语言编程中，经常会使用这种极短的名称，有时需要多少了解一些英文。

▶　关于该函数的返回值，我们将结合下一节的程序来学习。

不正确的字符串复制

请看代码清单 11-7 所示的程序，这和前面的程序大致相同。*str_copy* 函数一样，**main** 函数有所不同。

代码清单 11-7

```
/*
    复制字符串（误例）
*/
#include <stdio.h>

/*--- 将字符串 s 复制到 d---*/
char *str_copy(char *d, const char *s)
{
    char *t = d;

    while (*d++ = *s++)
        ;
    return t;
}

int main(void)
{
    char *ptr = "1234";
    char tmp[128];

    printf("ptr = \"%s\"\n", ptr);

    printf("复制的是：", tmp);
    scanf("%s", tmp);

    str_copy(ptr, tmp);                 /* 将 tmp 复制到 ptr */

    puts("复制了。");
    printf("ptr = \"%s\"\n", ptr);      /* 显示复制后的 ptr */

    return 0;
}
```

> **运 行 结 果**
>
> 该程序无法正确运行。

▶ 该程序不能保证运行正确。

这个程序犯了以下两个错误。

■ 改写了字符串字面量

这个程序改写了指针 *ptr* 指向的字符串字面量的内容。但是，是否可以改写字符串字面量中的字符，是取决于编译器的。在不支持改写字符串字面量的编译器中，该程序不能正确运行。

■ 可能会写入非空的内存空间。

指针 *ptr* 指向了字符串字面量 **"1234"** 的第一个字符，该字符串字面量包括 **null** 在内长度为 5 位。如图 11-6 所示，向该内存空间复制包括 **null** 在内的 9 个字符 **"ABCDEFGH"**。

图 11-6　不正确的字符串复制

例如，即使字符串字面量 **"1234"** 的空间能够改写，也不能保证复制需要的内存空间是空着的，在该内存空间中可能保存着其他变量，甚至是系统的关键信息。

所以，这样复制的话可能会破坏其他变量的值，甚至可能导致程序运行异常。

■ **注 意** ■

不要改写字符串字面量，也不要对超过字符串字面量的内存空间进行写入操作。

返回指针的函数

str_copy 函数的返回值类型为指向 **char** 型变量的指针型，只要是用到这种数据类型的地方都能调用该函数。

函数的返回值是指针 *t*，它复制于传入的形参 *d*。这就意味着函数返回的是"指向复制后的字符串的第一个字符的指针"。

灵活应用该返回值，代码清单 11-6 中的

```
str_copy(str, tmp);              /* 将 tmp 复制到 str */
printf("str = \"%s\"\n", str);   /* 显示复制后的 str */
```

就可以改写为下面这样简短的形式。

```
printf("str = \"%s\"\n", str_copy(str, tmp));      /* 复制 + 显示 */
```

首先将字符串 *tmp* 复制到字符串 *str*，然后再将复制后的 *str* 显示出来。

▶　传入 *printf* 函数的正是"指向复制后的字符串的第一个字符的指针"。

● 练习 11-3

改写代码清单 11-6 的程序，将本文中学习的 *str_copy* 函数的调用作为 *printf* 函数的实参。

11-3 字符串处理库函数

字符串处理所需的库函数主要由 `<string.h>` 头文件提供。本节我们就来对一些常用的函数进行说明。

strlen 函数：求字符串的长度

strlen 函数是求字符串长度的函数，该函数返回不包含 **null** 字符在内的字符串长度。

strlen	
头文件	**#include** `<string.h>`
原　型	**size_t strlen**(const char *s)
说　明	求出 s 指向的字符串的长度（不包括 **null** 字符）。
返回值	返回 s 指向的字符串的长度。

chap11/list1108.c

代码清单 11-8

```
/*--- 返回字符串 s 的长度 ---*/
size_t strlen(const char *s)
{
    size_t  len = 0;

    while (*s++)
        len++;
    return len;
}
```

▶ 本节中不对代码进行详细说明，请大家自己去理解。

11

● 练习 11-4

　　不使用下标运算符，编写如下函数，显示字符串 s。

```
void put_string (const char *s) { /* … */ }
```

● 练习 11-5

　　不使用下标运算符，编写如下函数，返回字符串 s 中字符 c 的个数（若不存在，则为 0）。

```
int str_chnum(const char *s, int c) { /* … */ }
```

● 练习 11-6

不使用下标运算符，编写如下函数，若字符串 *s* 中含有字符 *c*（若含有多个，以先出现的为准），则返回指向该字符的指针，否则返回空指针。

```
char *str_chr(const char *s, int c) { /* … */ }
```

strcpy 函数、strncpy 函数：复制字符串

strcpy 函数、*strncpy* 函数是复制字符串的函数。使用后者还可以对要复制的字符数设限。

strcpy	
头文件	#include <string.h>
原　型	char *strcpy(char *s1, const char *s2);
说　明	将s2指向的字符串复制到s1指向的数组中。若s1和s2指向的内存空间重叠，则作未定义处理。
返回值	返回s1的值。

strncpy	
头文件	#include <string.h>
原　型	char *strncpy(char *s1, const char *s2, size_t n);
说　明	将s2指向的字符串复制到s1指向的数组中。若s2的长度大于等于n，则复制到第n个字符为止。否则用null字符填充剩余部分。若s1和s2指向的内存空间重叠，则作未定义处理。
返回值	返回s1的值。

代码清单 11-9

chap11/list1109.c

```c
/*--- 使用 strcpy 函数的例子 ---*/
char *strcpy(char *s1, const char *s2)
{
    char *tmp = s1;

    while (*s1++ = *s2++)
        ;
    return tmp;
}

/*--- 使用 strncpy 函数的例子 ---*/
char *strncpy(char *s1, const char *s2, size_t n)
{
    char *tmp = s1;

    while (n) {
        if (!(*s1++ = *s2++)) break;      /* 遇到'\0'就结束循环 */
        n--;
    }
    while (n--)
    *s1++ = '\0';          /* 用'\0'填充剩余部分 */
    return tmp;
}
```

11

strcat 函数、strncat 函数：连接字符串

　　strcat 函数、*strncat* 函数是在已有的字符串后连接别的字符串的函数。使用后者还可以对要连接的字符串个数设限。

strcat	
头文件	**#include** <string.h>
原　型	char *strcat(char *s1, const char *s2)
说　明	将s1指向的字符串连接到s1指向的数组末尾。若s1和s2指向的内存空间重叠，则作未定义处理。
返回值	返回s1的值。

strncat	
头文件	**#include** <string.h>
原　型	char *strncat(char *s1, const char *s2, size_t n)
说　明	将s2指向的字符串连接到s1指向的数组末尾。若s2的长度大于n则截断超出部分。若s1和s2指向的内存空间重叠，则作未定义处理。
返回值	返回s1的值。

代码清单 11-10   chap11/list1110.c

```c
/*--- 使用 strcat 函数的例子 ---*/
char *strcat(char *s1, const char *s2)
{
    char *tmp = s1;

    while (*s1)
        s1++;                      /* 前进到 s1 的末尾处 */
    while (*s1++ = *s2++)
        ;                          /* 循环复制直至遇到 s2 中的 '\0' */
    return tmp;
}

/*--- 使用 strncat 函数的例子 --- */
char *strncat(char *s1, const char *s2, size_t n)
{
    char *tmp = s1;

    while (*s1)
        s1++;                      /* 前进到 s1 的末尾处 */
    while (n--)
        if (!(*s1++ = *s2++)) break;   /* 遇到 '\0' 就结束循环 */
    *s1 = '\0';                    /* 在 s1 的末尾插入 '\0' */
    return tmp;
}
```

　▶　函数名中的 cat，不是指 "猫"，而是表示 "连接" 的单词 concatenate 的省略。

strcmp 函数、strncmp 函数：比较字符串的大小关系

　　strcmp 函数和 *strncmp* 函数是对两个字符串的大小关系进行比较的函数（专题 11-1）。

strcmp
头文件	**#include** <string.h>
原　型	**int** *strcmp*(**const char** *s1, **const char** *s2)
说　明	比较s1指向的字符串和s2指向的字符串的大小关系（从第一个字符开始逐一进行比较，当出现不同的字符时，便可确定这些字符的大小关系）。
返回值	若s1和s2相等，则返回0；若s1大于s2，则返回正整数值；若s1小于s2，则返回负整数值。

strncmp
头文件	**#include** <string.h>
原　型	**int** *strncmp*(**const char** *s1, **const char** *s2, **size_t** n)
说　明	比较s1指向的字符的数组和s2指向的字符的数组的前n个字符的大小关系。
返回值	若s1和s2相等，则返回0；若s1大于s2，则返回正整数值；若s1小于s2，则返回负整数值。

代码清单 11-11　　　　　　　　　　　　　　　　　　　　　　　　　chap11/list1111.c

```c
/*--- 使用 strcmp 函数的例子 ---*/
int strcmp(const char *s1, const char *s2)
{
    while (*s1 == *s2) {
        if (*s1 == '\0')
            return 0;           /* 相等 */
        s1++;
        s2++;
    }

    return (unsigned char)*s1 - (unsigned char)*s2;
}

/*--- 使用 strncmp 函数的例子 ---*/
int strncmp(const char *s1, const char *s2, size_t n)
{
    while (n && *s1 && *s2) {
        if (*s1 != *s2)              /* 不相等 */
            return (unsigned char)*s1 - (unsigned char)*s2;
        s1++;
        s2++;
        n--;
    }
    if (!n)  return 0;          /* 相等 */
    if (*s1) return 1;          /* s1 > s2 */

    return -1;                  /* s1 < s2 */
}
```

11

atoi 函数、atol 函数、atof 函数：转换字符串

有时我们需要将 **"123"**、**"51.7"** 这样的字符序列从数字字符串转换为整数 123 以及浮点数

51.7。为此，C 语言标准函数库提供了字符串转换函数。下面就来看看这些函数的说明。

atoi	
头文件	`#include <stdlib.h>`
原　型	`int atoi(const char *nptr)`
说　明	将*nptr*指向的字符串转换为**int**型表示。
返回值	返回转换后的值。结果值不能用**int**型表示时的处理未定义。

atol	
头文件	`#include <stdlib.h>`
原　型	`long atol(const char *nptr)`
说　明	将*nptr*指向的字符串转换为**long**型表示。
返回值	返回转换后的值。结果值不能用**long**型表示时的处理未定义。

atof	
头文件	`#include <stdlib.h>`
原　型	`double atof(const char *nptr)`
说　明	将*nptr*指向的字符串转换为**double**型表示。
返回值	返回转换后的值。结果值不能用**double**型表示时的处理未定义。

　　atoi 函数的运行情况如代码清单 11-12 所示。

代码清单 11-12   chap11/list1112.c

```
/*
      使用 atoi 函数的例子
*/

#include <stdio.h>
#include <stdlib.h>

int main(void)
{
    char str[128];

    printf("请输入字符串 :");
    scanf("%s", str) ;

    printf(" 转换为整数后为 %d。\n",atoi(str));

    return 0;
}
```

```
运 行 结 果
请输入字符串：123 ⏎
转换为整数后为123。
```

　　`<stdlib.h>` 的名称源于 standard library。它不同于"字符串"相关的 `<string.h>` 以及"输入输出"相关的 `<stdio.h>` 等其他头文件，从名称上看不出 `<stdlib.h>` 与什么有关。这也是因为 `<stdlib.h>` 集中将各种函数和宏定义归类于各个头文件之后，不属于任何分类。

● 练习 11-7

不使用下标运算符，实现代码清单 9-11 的 *str_toupper* 函数和 *str_tolower* 函数。

● 练习 11-8

编写如下函数，删除字符串 *str* 内的所有数字字符。

```
void del_digit(char *str)  { /* … */ }
```

例如，如果接收 "AB1C9"，就返回 "ABC"。注意不要使用下标运算符。

● 练习 11-9

使用本节中学习的库函数（*strlen* 函数、*strcpy* 函数、*strncpy* 函数、*strcat* 函数、*strncat* 函数、*strcmp* 函数、*strncmp* 函数）编写程序。

● 练习 11-10

编写如下函数，实现与库函数 *atoi*、*atol*、*atof* 相同的功能。

```
int     strtoi(const char *nptr) { /* … */ }
long    strtol(const char *nptr) { /* … */ }
double  strtof(const char *nptr) { /* … */ }
```

专题 11-1   字符串的大小关系

判断字符串大小的基准是什么呢？从常识来考虑，"AAA" 应该比 "ABC" 或 "XYZ" 小。像这样，如果是按照词典中的顺序排列的话，位置靠前的字符串就比较小，位置靠后的字符串则比较大，这是基本原则。

但是，如果作为判断对象的字符串都是由同一种字符构成的，比如大写字母、小写字母或数字等，问题还比较简单，否则将会更加复杂。例如，我们不能说 "abc" 和 "123" 谁大谁小。

因此，*strcmp* 函数和 *strncmp* 函数对字符串大小的判断，是基于字符编码进行的。字符编码表示字符的值，它依赖于该运行环境中所采用的字符编码体系。至于 "abc" 比 "ABC" 或 "123" 大还是小，要由运行环境而定。

换句话说，*strcmp* 函数和 *strncmp* 函数不能进行具有可移植性（不依赖于运行环境中采用的字符编码等）的字符串的比较。

在 *strncmp* 函数的说明中，我们没有使用"字符串"，而是用了"字符的数组"。这是因为开头 *n* 个字符内没有 **null** 字符也可以（不是字符串也可以）。

11

总结

- "用数组实现字符串"是一种表示字符串的方法。

        char *a*[] = **"CIA"**; /* 用数组实现的字符串 */

- "用指针实现字符串"也是一种表示字符串的方法。

        char **p* = **"FBI"**; /* 用指针实现的字符串 */

    因为字符串字面量会被解释为指向第一个字符的指针，所以指针 *p* 会被初始化为指向字符串字面量 **"FBI"** 的第一个字符 **'F'**。字符串字面量以及指向它的指针，二者都占用内存空间。

- 为指针 *p* 赋上指向别的字符串字面量（的第一个字符）的指针后，*p* 就会变为指向后来被赋上的字符串字面量（的第一个字符）。

- 表示字符串数组的一个方法是使用"用数组实现的字符串"的数组。

        char *a2*[][5] = {**"LISP"**,**"C"**,**"Ada"**}; /* 用数组实现的字符串的数组 */

    所有字符（二维数组的构成元素）都被保存在连续的内存空间中。

    数组 *a2* 所占用的内存空间大小可通过 **sizeof**（*a2*）求得，结果和二维数组的（行数 × 列数）一致。

- 表示字符串数组的另一个方法是使用"用指针实现的字符串"的数组。

        char **p2*[] = {**"PAUL"**,**"X"**,**"MAC"**}; /* 用指针实现的字符串的数组 */

    无法保证各字符串都被保存在连续的内存空间中。

    数组 *p2* 的大小是 **sizeof**（*p2*），即（**sizeof**（**char ***）× 元素个数）。除数组本身之外，各字符串字面量也占用内存空间。

- 指向数组元素的指针递增后将变为指向下一个元素，递减后将变为指向上一个元素。

- 因为无法保证字符串字面量被保存在能够改写的空间中，所以不要对该空间和其前后的空间进行写入操作。

- 应该灵活应用返回指向字符串的指针的函数的返回值。

- 字符串处理所需的库函数，主要由 <string.h> 头文件提供。

- *strlen* 函数是求字符串长度的函数，该函数返回不包含 **null** 字符在内的字符串长度。

- *strcpy* 函数是将字符串全部进行复制的函数。*strncpy* 函数则是在对字符个数加以限制的基础上复制字符串的。

- *strcat* 函数是在已有的字符串后连接别的字符串的函数。*strncat* 函数则是在对要连接的字符串个数加以限制的基础上连接字符串的。

- **strcmp** 函数是比较字符串的大小关系的函数。**strncmp** 函数则是在对字符个数加以限制的基础上比较字符数组的大小的。字符串 / 字符数组的大小关系依赖于字符编码。
- <stdlib.h> 中提供的 **atoi**、**atof**、**atol** 函数是转换字符串的函数。

chap11/summary.c

```
/*
    字符串和字符串数组
*/

#include <ctype.h>
#include <stdio.h>

/*--- 用 "" 将字符串 s 括起来显示并换行 ---*/
#define put_str_ln(s) (put_str(s), putchar('\n'))

/*--- 用 "" 将字符串 s 括起来显示 ---*/
void put_str(const char *s)
{
    putchar('\"');
    while (*s)
        putchar(*s++);
    putchar('\"');
}

/*--- 将字符串转换为大写并复制 ---*/
char *str_cpy_toupper(char *d, const char *s)
{
    char *tmp = d;

    while (*d++ = toupper(*s++))
        ;
    return tmp;
}

int main(void)
{
    int i;
    char s[128], t[128];           /* 用数组实现的字符串 */
    char a[] = "CIA";              /* 用数组实现的字符串 */
    char *p = "FBI";               /* 用指针实现的字符串 */
    char a2[][5] = {"LISP","C", "Ada"};     /* 用数组实现的字符串的数组 */
    char *p2[]   = {"PAUL","X", "MAC"};     /* 用指针实现的字符串的数组 */

    printf(" 字符串 s = "); scanf("%s", s);
    printf(" 转换为大写并复制到了数组 t。\n");
    printf(" 字符串 t = %s\n", str_cpy_toupper(t, s));

    printf("a = "); put_str_ln(a);
    printf("p = "); put_str_ln(p);

    for (i = 0; i < sizeof(a2) / sizeof(a2[0]); i++){
        printf("a2[%d] = ", i); put_str_ln(a2[i]);
    }

    for (i = 0; i < sizeof(p2) / sizeof(p2[0]); i++){
        printf("p2[%d] = ", i) ; put_str_ln(p2[i]);
    }
}
```

运 行 结 果

字符串 s = Five⏎
转换为大写并复制到了数组 t。
字符串 t = FIVE
a = "CIA"
p = "FBI"
a2[0] = "LISP"
a2[1] = "C"
a2[2] = "Ada"
p2[0] = "PAUL"
p2[1] = "X"
p2[2] = "MAC"

11

第 12 章
结构体

我们在前面 3 章学习了有关指针和字符串的内容。

本章中我们将学习结构体，它与指针一样都是 C 语言的难点。话虽如此，但只要理解了其必要性和本质，也就不会觉得有多难了。

12-1 结构体

同一种类型的数据的集合是数组，和数组不同，结构体是多种类型的数据的集合。本节我们就来学习结构体的相关内容。

数据关联性

首先来看代码清单 12-1 的程序。该程序的作用是将表示学生"姓名"的数组和"身高"的数组按照身高由低到高的顺序排列。

这两个数组在 **main** 函数中定义。**int** 型数组 *height* 表示身高，**char**[*NAME_LEN*] 型数组 *name* 表示姓名。

在 *sort* 函数中，形参 *num* 接收身高数组，*str* 接收姓名数组。因此，按照身高由低到高的顺序进行排序的冒泡排序法，需要基于数组 *num* 的元素的大小关系进行。在排序的过程中会交换两个元素的位置。不过在交换身高数组 *num* 的元素时，同时也会交换姓名数组 *str* 的元素（程序中蓝色底纹部分）。

这样一来，排序前为同一下标的两个元素（例如下标为 1 的身高 175 和姓名 "*Sanaka*"），在排序后也会存储在同一下标（下标 2）的元素中，如图 12-1 所示。

▶ 交换整数数值使用 *swap_int* 函数，交换字符串使用 *swap_str* 函数。如果不交换姓名数组的元素，只对身高进行排序，就会变得混乱。

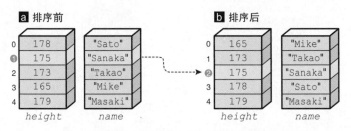

图 12-1 排序前后两个数组的状态

假设除了姓名和身高，还需要添加 **float** 型的体重和 **long** 型的奖学金数据，该怎么办呢？这时可以将每个项目定义为元素个数为 5 的数组。当然，还**必须添加用于交换 float 型和 long 型数据的函数**。而且除了身高和姓名之外，还**需要同时交换体重和奖学金数组的元素**，如果忘记交换，就会变得混乱。

代码清单 12-1 ──────────────────────   chap12/list1201.c

```
/*
     对 5 名学生的 "姓名和身高" 按身高进行升序排列
*/

#include <stdio.h>
#include <string.h>

#define NUMBER     5        /* 学生人数 */
#define NAME_LEN   64       /* 姓名的字符数 */

/*--- 交换 x 和 y 指向的整数值 ---*/
void swap_int (int *x, int *y)
{
    int temp = *x;
    *x = *y;
    *y = temp;
}

/*--- 交换 sx 和 sy 指向的字符串 ---*/
void swap_str(char *sx, char *sy)
{
    char temp [NAME_LEN];

    strcpy(temp, sx);
    strcpy(sx, sy) ;
    strcpy(sy, temp);
}

/*--- 基于 num 对数组 num 和 str 的前 n 个元素进行升序排列 ---*/
void sort(int num[] , char str[][NAME_LEN], int n)
{
    int i, j ;

    for (i = 0; i < n - 1; i++){
        for (j = n - 1; j > i; j-- ){
            if (num[j - 1] > num[j]){          ──────── 大小关系基于 num。
                swap_int(&num[j - 1], &num[j]);
                swap_str( str[j - 1], str[j]);  ──────── 不仅要交换 num，还要交换 str。
            }
        }
    }
}

int main(void)
{
    int  i;
    int  height[] = {178, 175, 173, 165, 179};
    char name[][NAME_LEN] = {"Sato", "Sanaka", "Takao", "Mike", "Masaki"};

    for (i = 0; i < NUMBER; i++)
        printf("%2d : %-8s%4d\n", i + 1, name[i] ,height[i]) ;

    sort(height, name, NUMBER);          /* 按照身高由低到高的顺序排列身高和姓名 */

    puts("\n 按身高进行升序排列。");
    for (i = 0; i < NUMBER; i++)
        printf("%2d : %-8s%4d\n", i + 1, name[i], height[i]);

    return 0;
}
```

运 行 结 果
1 : Sato   178
2 : Sanaka   175
3 : Takao   173
4 : Mike   165
5 : Masaki   179
按身高进行升序排列。
1 : Mike   165
2 : Takao   173
3 : Sanaka   175
4 : Sato   178
5 : Masaki   179

12

如果再进一步，添加上 8 位职员的数据和 12 个月的销售数据的话，又该怎么办呢？在只处理学生数组的情况下，我们还能够理解"*height*[1] 和 *name*[1] 是同一个学生的数据"这种关联性。但如果要同时处理多个数组，数组和下标的关联性就不那么容易理解了。

可见，无视数据的关联性，根据数据的集合分别创建数组的方法存在局限性。我们有必要将数据间的关联性嵌入到程序中。

结构体

请想象在现实世界中我们是如何处理名字和身高的。假设现在要汇总学生的体检信息。我们会为名字、身高、体重等分别建表吗？显然不会。通常是每人发一张"体检卡"，在卡片上面记录名字、身高等信息（图 12-2）。如果一个班有 50 名学生，那么 50 张"体检卡"即为一个集合。

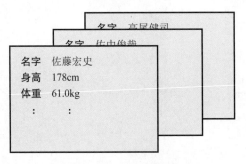

图 12-2　体检卡集合

在 C 语言中，像这种卡片形式的数据结构是通过**结构体**（structure）来实现的。

图 12-3 所示为对以下 4 个数据进行结构体的声明。

- **char**[64] 型的姓名
- **int** 型的身高
- **float** 型的体重
- **long** 型的奖学金

其中，结构体的名字 *student* 称为**结构名**（structure tag）。{} 中声明的 *name*、*height* 等称为**结构体成员**（member）。

```
/*--- 表示学生的结构体的声明 ---*/
           结构名
struct student {
    char   ─→name[64];   /* 名字 */
    int    ─→height;     /* 身高 */
    float  ─→weight;     /* 体重 */
    long   ─→schols;     /* 奖学金 */
};
      └─成员
```
图 12-3　结构体的声明

▶ 在第 8 章讲到**枚举型**的枚举名时也遇到过"tag"一词。与枚举型一样，在结构体声明的末尾也要加上分号。

这样一来，我们可以像下面这样对图 12-3 的声明进行简单的说明。

> 将 4 个数据集中起来生成 **struct** *student* 型。

也就是说，这是数据类型的声明，并不定义对象（变量）的实体。

如图 12-4 所示，只画出了卡片格式的框架。实际上要写入的卡片，还需要另外生成。

名 字	
身 高	
体 重	
奖学金	

图 12-4　结构体的框架

要保存名字、身高等数据，需要像下述语句那样声明和定义实体对象（变量）。

| **struct** *student sanaka;*　　　*/* 声明 **struct** *student* 型的变量 *sanaka*/*

▶ "*student*" 只是结构名。由两个单词构成的 "**struct** *student*" 是类型名。就如同枚举类型中 "**enum** 枚举名" 是类型名一样。

再来看一个比较简单的结构体。结构体的声明以及该类型对象的定义通常如图 12-5 所示。

如果进行了如图 **a** 所示的结构体的声明，类型名就是 "**struct** *xyz*"。

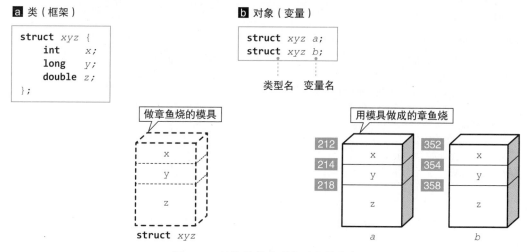

a 类（框架）

```
struct xyz {
    int    x;
    long   y;
    double z;
};
```

b 对象（变量）

```
struct xyz a;
struct xyz b;
```

类型名　变量名

做章鱼烧的模具

struct *xyz*

用模具做成的章鱼烧

图 12-5　结构体的声明和对象的定义

这就相当于做章鱼烧的模具。真正要吃的章鱼烧必须作为变量（对象）生成，即图 **b** 中的声明和定义。

各成员在内存空间上按照声明的顺序排列。本例中的顺序是 *x*、*y*、*z*。

▶ 也就是说，位于前面的成员的地址较小，位于后面的成员的地址较大。

在声明结构体的类型时，也可以同时定义该类型的对象。以图 12-5 为例，可以像右边这样声明和定义。

```
struct xyz {
    int    x;
    long   y;
    double z;
}a, b;
```

▶　也可以在声明中省略结构名。例如

```
struct {
    /* 中略 */
} a, b;
```

其中将 a 和 b 定义为此处声明的结构体类型的对象。但由于该结构体是匿名的，因此程序的其他地方就不能方便地声明相同类型的结构体。

结构体成员和 . 运算符

下面让我们使用结构体来编写一个程序。程序如代码清单 12-2 所示。

chap12/list1202.c

代码清单 12-2

```
/*
    用表示学生的结构体来显示佐中的信息
*/

#include <stdio.h>
#include <string.h>

#define NAME_LEN    64    /* 姓名的字符数 */

/*=== 表示学生的结构体 ===*/
struct student {
    char  name[NAME_LEN]; /* 姓名 */
    int   height;         /* 身高 */
    float weight;         /* 体重 */
    long  schols;         /* 奖学金 */
};

int main(void)
{
    struct student sanaka;

    strcpy(sanaka.name, "Sanaka"); /* 姓名 */
    sanaka.height = 175;           /* 身高 */
    sanaka.weight = 62.5;          /* 体重 */
    sanaka.schols = 73000;         /* 奖学金 */

    printf("姓名 = %s\n",   sanaka.name);
    printf("身高 = %d\n",   sanaka.height);
    printf("体重 = %.1f\n", sanaka.weight);
    printf("奖学金 = %ld\n", sanaka.schols);

    return 0;
}
```

—— 和图 12-3 一样。

运 行 结 果
姓名 = Sanaka
身高 = 175
体重 = 62.5
奖学金 = 73000

12

struct *student* 型的对象 *sanaka* 的情况如图 12-6 所示。访问结构体对象的各个成员时使用 **.运算符**（.operator），该运算符称为**句点运算符**（表 12-1）。

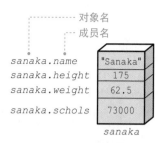

图 12-6 访问成员

■ 表 12-1 .运算符

.运算符	*a . b*	表示结构体 *a* 的成员 *b*

例如，访问对象 *sanaka* 的成员 *height* 的表达式如下所示。

```
sanaka.height      /* 对象名 . 成员名 */
```

sanaka.height 是 **int** 型对象，所以它和普通的 **int** 型变量一样可以进行赋值和取值操作。

成员的初始化

因为生成变量的时候要进行初始化，所以我们不为结构体的成员赋值，而是来进行初始化。程序如代码清单 12-3 所示。

▶ 该程序中的学生和上一个程序中的学生不是同一个。

代码清单 12-3   chap12/list1203.c

```c
/*
    用表示学生的结构体来显示高尾的信息
*/

#include <stdio.h>

#define NAME_LEN   64        /* 姓名的字符数 */

/*=== 表示学生的结构体 ===*/
struct student {
    char   name[NAME_LEN]; /* 姓名 */
    int    height;           /* 身高 */
    float  weight;           /* 体重 */
    long   schols;           /* 奖学金 */
};

int main(void)
{
    struct student takao = {"Takao", 173, 86.2};

    printf("姓名 = %s\n",    takao.name);
    printf("身高 = %d\n",    takao.height);
    printf("体重 = %.1f\n",  takao.weight);
    printf("奖学金 = %ld\n", takao.schols);

    return 0;
}
```

运 行 结 果
姓名 = Takao
身高 = 173
体重 = 86.2
奖学金 = 0

12

为结构体赋初始值的形式与数组相同。各个结构体成员的初始值依次排列在 {} 里面，并用逗号进行分割，如图 12-7 所示。

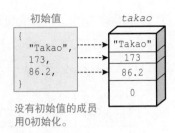

▶ 各成员的初始值的排列顺序和成员声明的顺序（这里是 *name*，*height*，*weight*，*schols*）一致。

再则，未赋初始值的元素被初始化为 0，这一点也和数组相同。在该程序中，未定义奖学金 *takao.schols* 的初始值，所以奖学金的值为 0，这从运行结果中也可以看出。

图 12-7　成员的初始化

■ 注 意 ■

结构体对象 *o* 中的成员 *m* 可以通过 *o.m* 来访问。

声明结构体时所赋的初始值的形式是，将各个结构体成员的初始值依次排列在 {} 里面，并用逗号分割。未赋初始值的成员被初始化为 0。

● 练习 12-1

在代码清单 12-3 的基础上，编写显示对象 *takao* 各成员地址的程序。

结构体成员和 –> 运算符

还记得第 10 章指针示例程序中的 *hiroko* 函数吗？那时提到洋子对恋人的要求比较高，她还拥有超能力，如果恋人的身高低于 180cm，就能将他变为 180cm。实际上洋子也不喜欢太胖的人，她还有一个超能力，那就是如果体重超过 80kg 就能将他变为 80kg。

下面我们就来改写 *hiroko* 函数，将其用于 **struct** *student*。程序如代码清单 12-4 所示。

因为 *hiroko* 函数需要改变学生的身高和体重，所以将指针作为参数接收。因此形参 *std* 就是指向 *student* 结构体的指针类型。

在该函数中，身高和体重分别通过以下表达式来访问。

```
(*std).height     /* std 指向的学生的身高 */
(*std).weight     /* std 指向的学生的体重 */
```

让我们结合图 12-8 来理解。

12

代码清单 12-4
chap12/list1204.c

```
/*
    拥有超能力的洋子
*/

#include <stdio.h>

#define NAME_LEN    64      /* 姓名的字符数 */
/*=== 表示学生的结构体 ===*/
struct student {
    char   name[NAME_LEN];   /* 姓名 */
    int    height;           /* 身高 */
    float  weight;           /* 体重 */
    long   schols;           /* 奖学金 */
};

/*--- 将 std 指向的学生的身高变为 180cm，体重变为 80kg ---*/
void hiroko(struct student *std)
{
    if ((*std).height < 180) (*std).height = 180;
    if ((*std).weight >  80) (*std).weight =  80;
}

int main(void)
{
    struct student sanaka = {"Sanaka", 175, 62.5, 73000};

    hiroko(&sanaka);

    printf("姓  名 = %s\n",    sanaka.name);
    printf("身  高 = %d\n",    sanaka.height);
    printf("体  重 = %.1f\n",  sanaka.weight);
    printf("奖学金 = %ld\n",   sanaka.schols);

    return 0;
}
```

```
运 行 结 果

姓名 = Sanaka
身高 = 180
体重 = 62.5
奖学金 = 73000
```

另一种解法
chap12/list1204a.c

```
if (std->height < 180) std->height = 180;
if (std->weight >  80) std->weight =  80;
```

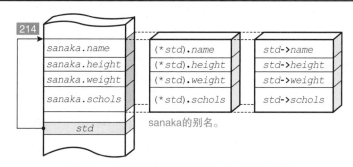

图 12-8　访问指针指向的结构体对象的成员

hiroko 函数的形参 *std* 接收的是指向保存有佐中数据的结构体对象 *sanaka* 的指针（图

中的地址为 214 号)。

在指针变量前加上指针运算符 *，就表示该指针指向的对象实体，即 *std 是 sanaka 的别名。所以，通过 (*std).height 和 (*std).weight 等表达式可以表示 std 指向的对象的成员。

▶ 不能用 *std.height 来表示 *std 的身高成员。因为 . 运算符的优先级比指针运算符 * 高，表达式会被解释成 *(std.height)，产生语法错误。

当然，(*std).height 和 (*std).weight 的写法比较麻烦，很容易漏写前面的括号。不过素以简洁著称的 C 语言可不会有此疏漏。

C 语言中提供了如表 12-2 所示的 -> 运算符（-> operator），使得能够通过简洁的表达式来访问指针指向的对象成员。

■ 表 12-2　-> 运算符

-> 运算符	a->b　用指针访问结构体 a 中的成员 b

-> 运算符形如箭头，因此通常称为**箭头运算符**。使用该运算符，std 所指的结构体对象的成员就可以用以下表达式来表示。

```
std->height    /* std 指向的学生的身高，即 (*std).height */
std->weight    /* std 指向的学生的体重，即 (*std).weight */
```

显然这种写法更为简洁。

■ 注　意 ■

　　在表示指针 p 指向的结构体成员 m 时，推荐使用 -> 运算符将 (*p).m 简写为 p->m。

另外，. 运算符和 -> 运算符统称为**访问运算符**（member-access operator）。

结构体和 typedef

12

我们在第 7 章中学习过 **typedef** 声明，它可以给原有的数据类型定义"同义词"，它的作用等同于数据类型名称。有效利用 **typedef** 声明，可以简化 **struct** student 这种冗长的写法。

改写后的程序见代码清单 12-5。

代码清单 12-5　　　　　　　　　　　　　　　　　　　　　　chap12/list1205.c

```c
/*
    拥有超能力的洋子（在结构体中引入 typedef 名）
*/

#include <stdio.h>
#define NAME_LEN  64        /* 姓名的字符数 */

/*=== 表示学生的结构体 ===*/
typedef struct student {
    char    name[NAME_LEN];   /* 姓名 */
    int     height;           /* 身高 */
    float   weight;           /* 体重 */
    long    schols;           /* 奖学金 */
} Student;

/*--- 将 std 指向的学生的身高变为180cm，体重变为80kg ---*/
void hiroko(Student *std)
{
    if (std->height < 180) std->height = 180;
    if (std->weight >  80) std->weight =  80;
}

int main(void)
{
    Student sanaka = {"Sanaka", 175, 62.5, 3000};

    hiroko(&sanaka);

    printf("姓名 = %s\n",    sanaka.name);
    printf("身高 = %d\n",    sanaka.height);
    printf("体重 = %.1f\n",  sanaka.weight);
    printf("奖学金 = %ld\n", sanaka.schols);

    return 0;
}
```

```
运 行 结 果
姓名 = Sanaka
身高 = 180
体重 = 62.5
奖学金 = 73000
```

如前所述，结构名是 *student*，"**struct** *student*"是类型名（图 12-9）。

在类型名"**struct** *student*"中，同义词"*Student*"被作为 **typedef** 名定义。因此，单独的"*Student*"也可以作为类型名发挥作用。

另外，如果类型名使用"*Student*"，不使用"**struct** *student*"的话，程序中灰底部分的结构名"*student*"就可以省略（该程序中可以省略）。

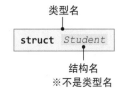

类型名
struct *Student*
结构名
※不是类型名

typedef名（类型名）
Student

图 12-9　结构名和类型名

12

■ 注意 ■

可以使用 **typedef** 声明为结构体赋上简洁的 **typedef** 名。

▶ 结构名和 **typedef** 的区别在于首字母是否大写。像这种容易出错的命名方法，笔者不建议大家使用（也就是说，该程序中的命名方法是不好的）。

结构体和程序

在表示人的身高时，通常使用 **int** 型或 **double** 型对象。这时，为了在程序世界中表示人的身高这一现实世界对象（物），需要将它对应至对象（变量）并为它定义一个名字 $height$（图 12-10）。

图 12-10 整型对象

如果程序中还需要"体重"，那么也同样需要进行对应，例如定义一个名为 $weight$ 的对象。

毋庸置疑，现实世界和程序世界显然是不同的。因此，我们所关注的"身高""体重"等属性，在程序中是用 $height$、$weight$ 等变量来实现的。

本章学习的结构体，不仅关注人的某一个属性，而且关注其他多个属性，即并非分别处理身高、体重等数据，而是将"身高的对象""体重的对象"等对象聚合为一个对象进行表示（图12-11）。

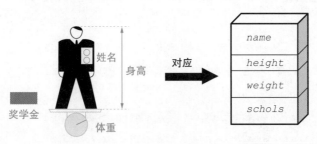

图 12-11 结构体对象

将现实世界与程序世界对应起来的时候，对应方法会因问题的类型和范围而各不相同，但是比较自然的做法是遵循"聚合应聚合的对象"这一方针。

使用结构体可以使程序变得简洁明了。

聚合类型

数组和结构体在处理多个对象的集合方面具有诸多相同点，它们统称为**聚合类型**（aggregate type）。

下面，我们来看看数组与结构体有哪些不同点。

■ 元素类型

数组用于高效地操作"相同类型"数据的集合。而结构体这种数据结构通常用于高效地操作"不同类型"数据的集合（当然，偶尔也会有成员类型全部相同的情况）。

■ 可否赋值

即便两个数组的元素个数相同，也不能相互赋值。

但是，相同类型的结构体可以相互赋值。如右图所示，y 中的所有成员都赋给了 x 中相应的成员。

```
int   a[6], b[6];
a = b;  /*错误 */

struct student x, y;
x = y;  /* OK */
```

返回结构体的函数

因为结构体可以进行赋值，所以可用作函数的返回值类型。让我们通过代码清单 12-6 的程序来确认一下。

▶　因为数组不可以进行赋值，所以不可用作函数的返回值类型。

xyz_of 函数将形参 *x*、*y*、*z* 接收到的值赋给 **struct** *xyz* 型的 *temp* 的各成员，并将该结构体的值原样返回。

在蓝色底纹部分处，如图 12-12 所示，*xyz_of* 函数返回的结构体的值被直接赋给了变量 *s*。

▶　我们知道，对函数调用表达式进行判断会得到函数的返回值。因此，对函数调用表达式 *xyz_of* (12,7654321,35.689) 进行判断后，所得到的返回值的类型为 **struct** *xyz* 型，值为三个成员 {12,7654321,35.689} 组成的值。

12

代码清单 12-6   chap12/list1206.c

```c
/*
     返回结构体的函数
*/

#include <stdio.h>

/*=== xyz 结构体 ===*/
struct xyz {
    int    x;
    long   y;
    double z;
};

/*--- 返回具有 {x,y,z} 的值的结构体 xyz---*/
struct xyz xyz_of(int x, long y, double z)
{
    struct xyz temp;

    temp.x = x;
    temp.y = y;
    temp.z = z;
    return temp;          ——— 原样返回结构体。
}
int main(void)
{
    struct xyz s = {0, 0, 0};

    s = xyz_of(12, 7654321, 35.689);

    printf("xyz.x = %d\n", s.x);
    printf("xyz.y = %ld\n", s.y);
    printf("xyz.z = %f\n", s.z);

    return 0;
}
```

运 行 结 果

```
xyz.x=12
xyz.y=7654321
xyz.z=35.689000
```

xyz_of函数返回的temp的所有成员
被赋给s的所有成员。

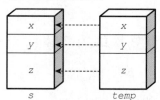

图 12-12   结构体的赋值

● 练习 12-2

　　代码清单 12-5 的程序中，结构体对象 *sanaka* 的各成员的值都有初始值。改写这
个程序，声明时不为其赋初始值，而且各成员的值从键盘输入。

● 练习 12-3

　　编写如下函数，从键盘输入 **int** 型、**long** 型和 **double** 型的值，将这些值作为
xyz 结构体的成员，返回该结构体的值。

　　　　　　struct *xyz scan_xyz()* {/*...*/}

命名空间

第 8 章中曾简单地介绍了**命名空间**（name space）。只要命名空间不同，就可以使用拼写相同的标识符（名字）。命名空间的分类有以下四种。

（1）标签（label）名

（2）小标签（tag）名

（3）成员名

（4）一般性标识符

在右图所示的程序中，x 分别用作小标签名、成员名、对象（变量）名、标签名。

```c
int main(void)
{
    struct x {           /* 小标签名 */
        int x;           /* 成员名 */
        int y;
    } x;                 /* 变量名 */
x:                       /* 标签名 */
    x.x = 1;             /* 变量名.成员名*/
    x.y = 5;             /* 变量名.成员名*/

    return 0;
}
```

像这样，只要不属于同一个命名空间，即使在同一有效范围内使用相同的名字，也不会产生任何问题。

结构体数组

先回到本章开头的问题，即用聚合了姓名、身高、体重、奖学金数据的结构体表示各位学生的信息。

要表示 5 名学生的信息，可以定义元素类型为结构体的数组，并将该数组按身高进行升序排列，程序如代码清单 12-7 所示。

▶ 该程序中，没有为结构体赋结构名，仅赋了 **typedef** 名。

swap_Student 函数直接交换指针 x 和指针 y 指向的 *Student* 类型的结构体对象的值。结构体的所有成员都会被交换。

这样就不需要分别编写交换身高的函数、交换姓名的函数……了。不过也产生了数组和下标的关联性不清晰的问题。

12

chap12/list1207.c

代码清单 12-7

```
/*
    将 5 名学生的身高按升序排列
*/

#include <stdio.h>
#include <string.h>

#define NUMBER    5           /* 学生人数 */
#define NAME_LEN  64          /* 姓名的字符数 */

/*=== 表示学生的结构体 ===*/
typedef struct {
    char    name[NAME_LEN];   /* 姓名 */
    int     height;           /* 身高 */
    float   weight;           /* 体重 */
    long    schols;           /* 奖学金 */
} Student;

/*--- 将 x 和 y 指向的学生进行交换 ---*/
void swap_Student(Student *x, Student *y)
{
    Student temp = *x;
    *x = *y;
    *y = temp;
}

/*--- 将学生数组 a 的前 n 个元素按身高进行升序排列 ---*/
void sort_by_heigit(Student a[], int n)
{
    int i, j;

    for (i = 0; i < n - 1; i++){
        for (j = n - 1; j > i ; j--)
            if (a[j - 1].height > a[j].height)
                swap_Student (&a[j - 1], &a[j]);
    }
}

int main(void)
{
    int i;
    Student std[]={
        {"Sato",   178, 61.2, 80000},    /* 佐藤 */
        {"Sanaka", 175, 62.5, 73000},    /* 佐中 */
        {"Takao",  173, 86.2, 0},        /* 高尾 */
        {"Mike",   165, 72.3, 70000},    /* 平木 */
        {"Masaki", 179, 77.5, 70000},    /* 真崎 */
    };

    for (i = 0; i < NUMBER; i++)
        printf("%-8s %6d%6.1f%7ld\n",
            std[i].name, std[i].height, std[i].weight, std[i].schols);

    sort_by_height(std, NUMBER); /* 按身高进行升序排列 */

    puts("\n 按身高排序。");
    for (i = 0; i < NUMBER; i++)
        printf("%-8s %6d%6.1f%7ld\n",
            std[i].name, std[i].height, std[i].weight, std[i].schols);

    return 0;
}
```

运 行 结 果			
Sato	178	61.2	80000
Sanaka	175	62.5	73000
Takao	173	86.5	0
Mike	165	72.3	70000
Masaki	179	77.5	70000

按身高排序。
Mike	165	72.3	70000
Takao	173	86.5	0
Sanaka	175	62.5	73000
Sato	178	61.2	80000
Masaki	179	77.5	70000

temp 的所有成员的初始值为所对应的 x 的所有成员的值。 —— 一次性交换姓名、身高、体重、奖学金等所有成员。

基于 height 判断大小关系。

交换姓名、身高、体重、奖学金。

派生类型

"结构体"聚合了各种类型的对象。这里创建了结构体集合的"数组"。像这样，在 C 语言中可以组合各种方法创建出无穷的数据类型。

通过这种方式创建的数据类型称为**派生类型**（derived type）。能够通过派生创建的类型如下（可以自由组合）。

数组类型（array type）

将某一种元素类型对象的集合分配在连续的内存单元中（第 5 章）。

结构体类型（structure type）

按成员的声明顺序分配内存单元。各成员的数据类型可以不同（本章）。

共用体类型（union type）

不同的成员可以放入同一段内存单元，使之相互重叠。

函数类型（function type）

由 1 个返回类型和 0 个以上的形参及其数据类型构成（第 6 章）。

指针类型（pointer type）

创建为指向对象或函数的数据类型（第 10 章）。

▶ 有关共用体和指向函数的指针的知识，超过了本书的范围，就不详细展开了。

● 练习 12-4

对代码清单 12-7 的程序进行改写。

● 不将姓名、身高等数据作为初始值，而是从键盘输入。

● 可以选择按身高进行升序排列，或者按照姓名的顺序排列。

12

12-2 作为成员的结构体

结构体的成员不仅可以是 **int** 型和 **double** 型等基本类型，还可以是数组或结构体。本节我们就来学习作为结构体的成员的结构体。

表示坐标的结构体

代码清单 12-8 所示的程序定义了由 X 坐标和 Y 坐标定位的点的结构体，并使用该结构体计算两点之间的距离。

chap12/list1208.c

代码清单 12-8

```
/*
     计算两点之间的距离
*/

#include <math.h>
#include <stdio.h>

#define sqr(n)   ((n) * (n))        /*计算平方 */

/*=== 表示点的坐标的结构体 ===*/
typedef struct {
    double x;      /* X 坐标 */
    double y;      /* Y 坐标 */
} Point;

/*--- 返回点 pa 和点 pb 之间的距离 ---*/
double distance_of (Point pa, Point pb)
{
    return sqrt(sqr(pa.x - pb.x) + sqr(pa.y - pb.y));
}

int main(void)
{

    Point crnt, dest;

    printf(" 当前地点的 X 坐标：");  scanf("%lf", &crnt.x);
    printf("           Y 坐标：");  scanf("%lf", &crnt.y);
    printf(" 目的地的 X 坐标：");    scanf("%lf", &dest.x);
    printf("           Y 坐标：");  scanf("%lf", &dest.y);

    printf(" 到目的地的距离为 %.2f。\n" , distance_of (crnt, dest));

    return 0;
}
```

运行结果

当前地点的 X 坐标：0.0 ⏎
Y 坐标：0.0 ⏎
目的地的 X 坐标：12.0 ⏎
Y 坐标：6.0 ⏎
到目的地的距离为 **13.42**。

12

这里没有为表示点的坐标的结构体赋结构名，仅为其赋了 **typedef** 名 *Point*。如图 12-13**a** 所示，该结构体由 **double** 型的成员 *x* 和 *y* 构成。

distance_of 函数是求 *pa* 和 *pb* 这两点之间的距离的函数。

▶　关于求两点间的距离的方法，我们已经在代码清单 7-10 中学习过了。

在 **main** 函数中，读取当前地址 *crnt* 和目的地 *dest* 的值，并显示其距离。

具有结构体成员的结构体

下面我们来考虑表示汽车的结构体。该结构体的成员有两个——当前位置的坐标和剩余燃料。坐标直接使用 *Point*。这样一来，汽车就可以像图**b**那样声明。

▶　该结构体也只被赋予了 **typedef** 名。

a 表示点的坐标的结构体

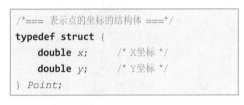

```
/*=== 表示点的坐标的结构体 ===*/
typedef struct {
    double x;      /* X坐标 */
    double y;      /* Y坐标 */
} Point;
```

成员有两个。
构成成员有两个。

b 表示汽车的结构体

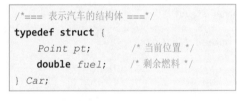

```
/*=== 表示汽车的结构体 ===*/
typedef struct {
    Point pt;       /* 当前位置 */
    double fuel;     /* 剩余燃料 */
} Car;
```

成员有两个。

构成成员有3个。

图 12-13　访问指针指向的结构体对象成员

虽说 *Car* 的成员有两个，但表示坐标的成员 *pt* 本身也是有着两个成员的 *Point* 型的结构体。因此，成员总共有 3 个。

本书中将无法再进行分解的成员称为**构成成员**。即

- 成员：*pt* 和 *fuel* 两个
- 构成成员：*pt.x*、*pt.y* 和 *fuel* 共 3 个

下面来看一下按如下方式声明的 *Car* 型的对象。

```
Car c;                    /* Car型的对象 c */
```

对象 *c* 的成员可以通过 *c.pt* 和 *c.fuel* 来访问。另外，访问 *c.pt* 中的构成成员的表达式是使用了两个句点运算符的 *c.pt.x* 和 *c.pt.y*。

12

　　使用汽车 *Car* 的程序如代码清单 12-9 所示。该程序是以对话的形式移动汽车的程序。因为这里将燃料消耗设为了 1，所以每移动 1 个距离，燃料就减少 1。

代码清单 12-9   chap12/list1209.c

```
/*
    汽车行驶
*/

#include <math.h>
#include <stdio.h>

#define sqr(n) ((n) * (n))

/*=== 表示点的坐标的结构体 ===*/
typedef struct {
    double x; /* X 坐标 */
    double y; /* Y 坐标 */
} Point;

/*=== 表示汽车的结构体 ===*/
typedef struct {
    Point pt;      /* 当前位置 */
    double fuel;  /* 剩余燃料 */
} Car;

/*--- 返回点 pa 和点 pb 之间的距离 ---*/
double distance_of(Point pa, Point pb)
{
    return sqrt(sqr(pa.x - pb.x) + sqr(pa.y - pb.y));
}

/*--- 显示汽车的当前位置和剩余燃料 ---*/
void put_info(Car c)
{
    printf(" 当前位置 : (%.2f, %.2f)\n", c.pt.x, c.pt.y);
    printf(" 剩余燃料 :%.2f 升 \n", c.fuel);
}

/* --- 使 c 指向的汽车向目标坐标 dest 行驶 ---*/
int move(Car *c, Point dest)
{
    double d = distance_of(c->pt, dest);      /* 行驶距离 */        ←1
    if (d > c->fuel)                          /* 行驶距离超过了燃料 */
        return 0;                             /* 无法行驶 */         ←2
    c->pt = dest;              /* 更新当前位置（向 dest 移动）*/      ←3
    c->fuel -= d;             /* 更新燃料（减去行驶距离 d 所消耗的燃料）*/ ←4
    return 1;                                 /* 成功行驶 */
}
```

运 行 结 果

当前位置 : (0.00,0.00)
剩余燃料 : 90.00 升
开动汽车吗【Yes…1 / No…0】: 1 ⏎
目的地的 X 坐标: 15.0 ⏎
　　　　 Y 坐标: 20.0 ⏎
当前位置 : (15.00,20.00)
剩余燃料 : 65.00 升
开动汽车吗【Yes…1 / No…0】: 1 ⏎
目的地的 X 坐标: 55.5 ⏎
　　　　 Y 坐标: 33.3 ⏎
当前位置 : (55.50,33.30)
剩余燃料 : 22.37 升
开动汽车吗【Yes…1 / No…0】: 1 ⏎
目的地的 X 坐标: 100 ⏎
　　　　 Y 坐标: 100 ⏎
☯燃料不足无法行驶。
当前位置 : (55.50,33.30)
剩余燃料 : 22.37 升
开动汽车吗【Yes…1 / No…0】: 0 ⏎

12

```
int main(void)
{                                        ┌─ double 型成员 fuel 的初始值。
    Car mycar = {{0.0, 0.0}, 90.0};
    while (1) {            └─ Point 型成员 pt 的初始值。
        int select;
        Point dest;                    /* 目的地的坐标 */
        put_info(mycar);               /* 显示当前位置和剩余燃料 */
        printf(" 开动汽车吗 [Yes---1/No---0] : ") ;
        scanf("%d", &select);
        if (select != 1) break;
        printf(" 目的地的 X 坐标 : ");    scanf("%lf", &dest.x);
        printf("          Y 坐标 :");    scanf("%lf", &dest.y);
        if (!move(&mycar, dest))
            puts("\a 燃料不足无法行驶。");
    }
    return 0;
}
```

▶　函数式宏 *sqr* 和结构体 *Point* 以及函数 *distance_of* 都和之前的程序一样。

使汽车行驶的 *move* 函数接收两个参数。第一个参数 *c* 是指向 *Point* 型的汽车对象（这里是 **main** 函数定义的对象 *mycar*）的指针，*dest* 是目的地的点的坐标。

行驶处理按如下方式进行。

1 求到目的地的距离

调用 *distance_of* 函数，求出当前位置 *c->pt* 和目的地 *dest* 之间的距离。使用该距离的值初始化变量 *d*。

▶　如图 12-14 所示，*c->pt* 是 **main** 函数中定义的 *mycar.pt* 的别名。

2 检查剩余燃料

如果行驶距离 *d* 大于剩余燃料，则无法行驶。这时将暂停处理，并返回 0。

3 更新当前位置

更新汽车当前所处的位置。具体来说，就是把 *c->pt* 修改成和 *dest* 相同的值。

4 更新燃料

随着汽车的行驶，燃料会相应地减少。用 *c->fuel* 减去 *d* 即可。

12

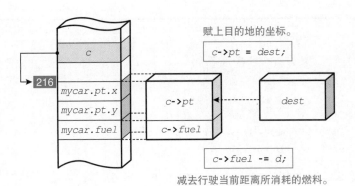

图 12-14 使用 move 函数更新汽车成员的值

在 **main** 函数中，以对话的形式重复进行以下处理：显示当前位置和剩余燃料，读取目的地的坐标，开动汽车。

● 练习 12-5

改写代码清单 12-9 的程序，使其能够选择两种方法——输入目的地坐标的方法以及输入 X 方向和 Y 方向的行驶距离的方法。

例如：假设当前值为 {5.0，3.0}，想要移动至 {7.5，8.9}。输入坐标时输入 7.5 和 8.9，输入行驶距离时则输入 2.5 和 5.9。

12

总结

- 对基本类型加以组合创建的数据类型称为派生类型，派生类型有以下 5 种。

  - 数组类型   **Type** *a1* [*n*];

  - 结构体类型   **struct** { Type *m1*; Type *m2*; /*···*/ } *a2*;

  - 共用体类型   **union** { Type *m1*; Type *m2*; /*···*/ } *a3*;

  - 函数类型   **Type** *a4*(Type *p1*, Type *p2*, /*···*/) { /*···*/ }

  - 指针类型   **Type** *a5;

- 将多个数据的集合对应到程序中时，最好在将其聚合后再对应。结构体表示任意类型的数据的集合，最适合用来实现这种结构的数据。

- 构成结构体的元素称为成员。结构体的成员也可以是结构体。而不能继续分解的成员，称为构成成员。

- 结构体成员在内存空间上的排列顺序和成员声明的顺序一样。

- 如果给结构体赋结构名，则由两个单词构成的"**struct** 结构名"为类型名。没有赋结构名的情况下，在结构体声明之外的地方就无法定义该结构体类型的对象。

- 如果为结构体赋 **typedef** 名，则 **typedef** 名就可以作为类型名使用。

- 结构体对象声明时的初始值的形式是，各成员的初始值依次排列在 {} 中，并用逗号进行分隔。没有初始值的成员会被初始化为 0。

- 访问结构体对象 *o* 中的成员 *m* 的表达式是 *o.m*。访问结构体成员的 . 运算符称为句点运算符。

- 访问指针 *p* 所指的结构体成员 *m* 的表达式是 (*p).*m* 或 *p->m*。访问结构体成员的 -> 运算符又称为箭头运算符。

- 数组和结构体在处理多个对象的集合方面具有诸多相同点，它们统称为聚合类型。

- 数组即使元素个数相同，也不能进行赋值。与之相对，结构体只要是同一类型，就可以进行赋值。经过结构体对象的赋值，赋值前的对象的所有成员就会被复制到赋值目标对象的所有成员。

- 函数不能返回数组，但是能返回结构体。

- 命名空间可分为标签名、小标签名、成员名、一般性标识符 4 类。

12

chap12/summary.c

```
/*
    表示日期的结构体和表示人的结构体
*/

#include <stdio.h>

#define NAME_LEN    128      /* 姓名的字符数 */

/*=== 表示日期的结构体 ===*/
struct Date {
    int y;              /* 年 */
    int m;              /* 月 */
    int d;              /* 日 */
};

/*=== 表示人的结构体 ===*/
typedef struct {
    char name[NAME_LEN];      /* 姓名 */
    struct Date birthday;      /* 生日 */
} Human ;

/*--- 显示指针 h 所指向的人的姓名和生日 ---*/
void print_Human(const Human *h)
{
    printf("%s (%04d 年 %02d 月 %02d 日生 ) \n" ,
            h->name, h->birthday.y, h->birthday.m, h->birthday.d);
}

int main(void)
{
    int i ;
    struct Date today;      /* 今天的日期 */

    Human member[] = {
        {"古贺政男 ", {1904, 11, 18}},
        {"柴田望洋 ", {1963, 11, 18}},
        {"冈田准一 ", {1980, 11, 18}},
    };

    printf(" 请输入今天的日期。\n")
    printf(" 年 :"); scanf("%d", &today.y);
    printf(" 月 :"): scanf("%d", &today.m);
    printf(" 日 :"); scanf("%d", &today.d);

    printf(" 今天是 %d 年 %d 月 %d 日。\n", today.y, today.m, today.d);

    printf("--- 会员一览表 ---\n");
    for (i = 0; i < sizeof(member) / sizeof(member[0]); i++)
        print_Human(&member[i]) ;

    return 0;
}
```

运 行 结 果

请输入今天的日期。
年 : 2017 ↵
月 : 9 ↵
日 : 11 ↵
今天是 2017 年 9 月 11 日。
--- 会员一览表 ---
古贺政男 （1904 年 11 月 18 日生）
柴田望洋 （1963 年 11 月 18 日生）
冈田准一 （1980 年 11 月 18 日生）

第 13 章
文件处理

　　好不容易在程序中完成了计算和字符串处理等操作，但随着程序运行结束，运行结果也跟着消失了，这样岂不可惜？

　　本章中就来学习与数据持久化保存相关的文件处理的基础知识。

13-1　文件与流

针对文件、画面、键盘等的数据的输入输出操作，都是通过流进行的。我们可以将流想象成流淌着字符的河。

文件与流

程序的处理结果或计算结果会随着程序运行结束而消失。因此要将程序运行结束后仍需保存的数值和字符串等数据保存在**文件**（file）中。

针对文件、键盘、显示器、打印机等外部设备的数据读写操作都是通过**流**（stream）进行的。我们可以将流想象成流淌着字符的河。

由此可见，在前几章的学习中所有用到 *printf* 函数或 *scanf* 函数的程序都使用了流。

图 13-1 是流和输入输出的示意图。*printf* 函数将字符 'A'、'B'、'C' 输出到连接显示器的流。

而从键盘输入的字符会进入流中，*scanf* 函数会将它们取出来，并将它们的值保存至变量 *x*。

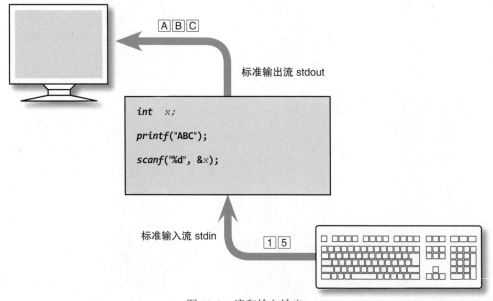

图 13-1　流和输入输出

标准流

我们之所以能够如此简单方便地执行使用了流的输入输出操作，是因为 C 语言程序在启动时已经将**标准流**（standard stream）准备好了。

标准流有以下三种。

■ **stdin** —— **标准输入流**（standard input stream）

用于读取普通输入的流。在大多数环境中为从键盘输入。*scanf* 与 *getchar* 等函数会从这个流中读取字符。

■ **stdout** —— **标准输出流**（standard output stream）

用于写入普通输出的流。在大多数环境中为输出至显示器界面。*printf*、*puts* 与 *putchar* 等函数会向这个流写入字符。

■ **stderr** —— **标准错误流**（standard error stream）

用于写出错误的流。在大多数环境中为输出至显示器界面。

FILE 型

表示标准流的 stdin、stdout、stderr 都是指向 **FILE** 型的指针型。**FILE** 型是在 <stdio.h> 头文件中定义的，该数据类型用于记录控制流所需要的信息，其中包含以下数据。

■ **文件位置指示符**（file position indicator）

记录当前访问地址。

■ **错误指示符**（error indicator）

记录是否发生了读取错误或写入错误。

■ **文件结束指示符**（end-of-file indicator）

记录是否已到达文件末尾。

通过流进行的输入输出都是根据上述信息执行操作的。而且这些信息也会随着操作结果更新。**FILE** 型的具体实现方法因编译器而异，一般多以结构体的形式实现。

13

打开文件

大家在使用纸质笔记本时通常都是先打开，然后再翻页阅读或在适当的地方书写。

程序中的文件处理过程也同样如此。首先打开文件并定位到文件开头，然后找到要读取或写入的目标位置进行读写操作，最后将文件关闭。

打开文件的操作称为**打开**（open）。函数库中的 *fopen* 函数用于打开文件，请看下一页中的函数说明。

■ **注 意** ■

使用文件时，需要事先用 *fopen* 函数打开文件。

该函数需要两个参数。第 1 个参数是要打开的文件名，第 2 个参数是文件类型及打开模式。以图 13-2 为例，使用 **"r"** 模式打开文件 **"abc.txt"**。

▶　文件类型有两种，即文本文件和二进制文件。本节先学习文本文件，下一节再学习二进制文件。

fopen 函数会为要打开的文件新建一个流，然后返回一个指向 **FILE** 型对象的指针，该 **FILE** 型对象中保存了控制这个流所需要的信息。

文件一旦打开后，就可以通过 **FILE *** 型指针对流进行操作。

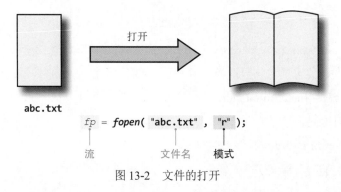

图 13-2　文件的打开

▶　和程序启动时便准备好的标准流不同，要打开文件时必须先在程序中定义 **FILE *** 型的指针变量。然后将 *fopen* 函数返回的指针赋于该变量，就可以通过该指针变量对文件进行操作了。

变量可以任意命名，这里我们将它命名为 *fp*。*fp* 不是流的实体，而是指向流的指针，严格来讲应称之为"指针 *fp* 所指向的流"，本书为简单起见称为"流 *fp*"。

13

fopen	
头文件	`#include <stdio.h>`
原　型	`FILE *fopen(const char *filename, const char *mode);`
说　明	打开文件名为*filename*所指字符串的文件，并将该文件与流相关联。 实参*mode*指向的字符串，以下述字符序列中的某一项开头。 **r**　　以只读模式打开文本文件。 **w**　　以只写模式建立文本文件，若文件存在则文件长度清为0。 **a**　　以追加模式（从文件末尾处开始的只写模式）打开或建立文本文件。 **rb**　以只读模式打开二进制文件。 **wb**　以只写模式建立二进制文件，若文件存在则文件长度清为0。 **ab**　以追加模式（从文件末尾处开始的只写模式）打开或建立二进制文件。 **r+**　以更新（读写）模式打开文本文件。 **w+**　以更新模式建立文本文件，若文件存在则文件长度清为0。 **a+**　以追加模式（从文件末尾处开始写入的更新模式）打开或建立文本文件。 **r+b**或**rb+**　以更新（读写）模式打开二进制文件。 **w+b**或**wb+**　以更新模式建立二进制文件，若文件存在则文件长度清为0。 **a+b**或**ab+**　以追加模式（从文件末尾处开始写入的更新模式）打开或建立二进制文件。 　　以读取模式（*mode*以字符'**r**'开头）打开文件时，如果该文件不存在或者没有读取权限，则文件打开失败。 　　对于以追加模式（*mode*以字符'**a**'开头）打开的文件，打开后的写入操作都是从文件末尾处开始的。此时**fseek**函数的调用会被忽略。在有些用null字符填充二进制文件的编译器中，以追加模式（*mode*以字符'**a**'开头，并且第2或第3个字符是'**b**'）打开二进制文件时，会将流的文件位置指示符设为超过文件中数据末尾的位置。 　　对于以更新模式（*mode*的第2或第3个字符为'**+**'）打开的文件相关联的流，可以进行输入和输出操作。但若要在输出操作之后进行输入操作，就必须在这两个操作之间调用文件定位函数（*fseek*、*fsetpos*或*rewind*）。除非输入操作检查到文件末尾，其他情况下若要在输入操作之后进行输出操作，也必须在这两个操作之间调用文件定位函数。有些编译器会将以更新模式打开（或建立）文本文件改为以相同模式打开（或建立）二进制文件，这不会影响操作。 　　当能够识别到打开的流没有关联通信设备时，该流为全缓冲。打开时会清空流的错误指示符和文件结束指示符。
返回值	返回一个指向对象的指针，该对象用于控制打开的流。打开操作失败时，返回空指针。

13

打开文件时可以指定以下四种模式。

- **只读模式** —— 只从文件输入。
- **只写模式** —— 只向文件输出。
- **更新模式** —— 既从文件输入，也向文件输出。
- **追加模式** —— 从文件末尾处开始向文件输出。

关闭文件

当我们读完一本书时会将它合上，文件也同样如此。在文件使用结束后，就要断开文件与流的关联将流关闭。这个操作就称为**关闭**（close）文件。

以下是用于关闭文件的 **fclose** 函数说明[①]。

fclose	
头文件	**#include** <stdio.h>
原　型	**int fclose**(**FILE** *stream);
说　明	刷新 stream 所指向的流，然后关闭与该流相关联的文件。流中留在缓冲区里面尚未写入的数据会被传递到宿主环境[①]，由宿主环境将这些数据写入文件。而缓冲区里面尚未读取的数据将被丢弃。然后断开流与文件的关联。如果存在系统自动分配的与该流相关联的缓冲区，则会释放该缓冲区。
返回值	若成功地关闭流，则返回0。检查到错误时返回**EOF**。

图 13-3 为关闭文件的示意图。只要将打开文件时 **fopen** 函数返回的指针传给 **fclose** 函数即可。

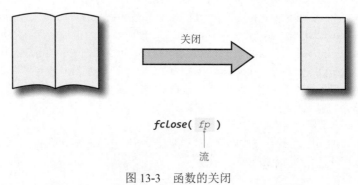

图 13-3　函数的关闭

13

---

① 即可使程序正常运行的计算机环境。

打开与关闭文件示例

代码清单 13-1 中的程序演示了如何通过调用 ***fopen*** 函数和 ***fclose*** 函数来打开和关闭文件。

代码清单 13-1   chap13/list1301.c

```
/*
    打开与关闭文件
*/

#include <stdio.h>

int main(void)
{
    FILE  *fp;

    fp = fopen("abc", "r");                        /* 打开文件 */

    if (fp == NULL)
        printf("\a 无法打开文件 \"abc\"。\n");
    else {
        printf("\a 成功打开了文件 \"abc\"。\n");
        fclose(fp);                                /* 关闭文件 */
    }

    return 0;
}
```

运 行 结 果
♪无法打开文件 "abc"。

这个程序所做的工作是先以只读模式 **"r"** 打开名为 **"abc"** 的文件，然后将它关闭。

当文件打开失败，***fopen*** 函数返回 **NULL** 时，会显示"无法打开文件 "abc""。否则则证明文件可以正常打开，所以显示"成功打开文件 "abc""，并关闭文件。

▶   该程序也可判断 **"abc"** 文件是否存在。

● **练习 13-1**

代码清单 13-1 中的程序只能打开名为 **"abc"** 的文件。请将程序改为从键盘读入文件名，如果存在该名称的文件，就显示"该文件存在。"，否则就显示"该文件不存在。"。

● **练习 13-2**

编写程序，从键盘读入文件名，消去该名称的文件的内容。
※ 以只写模式打开文件即可(用只写模式 **"w"** 打开文件后，文件的内容就被消除了)。

13

文件数据汇总

代码清单 13-2 所示的程序会将保存在文件中的姓名、身高、体重（个人信息）逐条读入并显示出来，最后还会显示平均身高和平均体重。

个人信息保存在如图 13-4 所示的 **"hw.dat"** 文件中。

▶ 请在编辑器中输入图 13-4 的数据，将文件命名为 **"hw.dat"** 并保存至程序所在目录。

```
Aiba   160 59.3
Kurata 162 51.6
Masaki 182 76.5
Tanaka 170 60.7
Tsuji  175 83.9
Washio 175 72.5
```

图 13-4 "hw.dat" 文件

变量 *ninzu* 保存人数（读入了几个人的数据），变量 *hsum* 和 *wsum* 分别保存身高总和和体重总和。这些变量都初始化为 0 或 0.0。

FILE* 型指针 *fp* 的声明以及打开与关闭文件的所有程序结构都和上一页的程序相同。

要从文件读取数据就需要使用 ***fscanf*** 函数了。***fscanf*** 函数可以对任意流执行与 ***scanf*** 函数相同的输入操作。它比 ***scanf*** 函数多了 1 个参数，具体函数说明如下。

fscanf	
头文件	**#include** <stdio.h>
原　型	**int *fscanf*(FILE** *stream, **const char** *format, **...**);
说　明	从 *stream* 指向的流（而不是从标准输入流）中读取数据。除此以外，与 *scanf* 函数完全相同。
返回值	若没有执行任何转换就发生了输入错误，则返回宏定义 EOF 的值。否则，返回成功赋值的输入项数。若在输入中发生匹配错误，则返回的输入项数会少于转换说明符对应的实参个数，甚至为 0。

函数的用法很简单。例如，要从流 *fp* 中读取十进制的整数值并保存至变量 *x*，只需使用下述语句调用函数即可。

> ***fscanf***(*fp*, **"%d"**, &*x*);　　　　/* 只比 *scanf* 函数多了 1 个参数！ */

与 ***scanf*** 函数相比，仅增加了第一个参数，即输入流。

*

本程序中的蓝色底纹部分通过下述语句读取个人信息。

> ***fscanf***(*fp*, **"%s%lf%lf"**, *name*, &*height*, &*weight*);

意思是从流 *fp* 中读取 1 个字符串和 2 个 **double** 型实数，分别将它们保存至 *name*、*height* 和 *weight* 中。

13

chap13/list1302.c

代码清单 13-2

```c
/*
    读入身高和体重，计算并显示它们的平均值
*/

#include <stdio.h>

int main(void)
{
    FILE        *fp;
    int         ninzu = 0;              /* 人数 */
    char        name[100];             /* 姓名 */
    double      height, weight;        /* 身高，体重 */
    double      hsum = 0.0;            /* 身高合计 */
    double      wsum = 0.0;            /* 体重合计 */

    if ((fp = fopen("hw.dat", "r")) == NULL)       /* 打开文件 */
        printf("\a文件打开失败。\n");
    else {
        while (fscanf(fp, "%s%lf%lf", name, &height, &weight) == 3) {
            printf("%-10s %5.1f %5.1f\n", name, height, weight);
            ninzu++;
            hsum += height;
            wsum += weight;
        }
        printf("----------------------\n");
        printf("平均        %5.1f %5.1f\n", hsum / ninzu, wsum / ninzu);
        fclose(fp);                                 /* 关闭文件 */
    }

    return 0;
}
```

运 行 示 例		
Aiba	160.0	59.3
Kurata	162.0	51.6
Masaki	182.0	76.5
Tanaka	170.0	60.7
Tsuji	175.0	83.9
Washio	175.0	72.5

平均	170.7	67.4

请大家一定要记住下面这条规则。

■ **注 意** ■

scanf 函数和 *fscanf* 函数会返回读取到的项目数。

该程序中，当正常读取到姓名、身高、体重项目返回 3 时，就会继续 **while** 语句循环直至读取不到个人信息（已读取完所有信息，或因出错而不能进行读取）。

在这个 **while** 语句中，首先会显示读取到的个人信息，然后让变量 *ninzu* 自增，最后将读取到的身高和体重累加到 *hsum* 和 *wsum*。

当读取不到三个项目时，**while** 语句就会结束循环，这时再显示身高和体重的平均值。

● **练习 13-3**

改写代码清单 13-2 中的程序，将从文件读入的个人信息按身高排序后显示。

13

写入日期和时间

大家已经掌握了如何从文件读取，那么本节就来看看如何写入。

printf 函数是向标准输出流进行输出的函数，而向任意流执行同样操作的就是 *fprintf* 函数，它的说明如下。

fprintf
头文件　**#include** <stdio.h>
原　型　**int** *fprintf*(**FILE** **stream*, **const char** **format*,...);
说　明　向*stream*指向的流（而不是标准输出流）写入数据。除此以外，与*printf*函数完全相同。
返回值　返回发送的字符数。当发生输出错误时，返回负值。

fprintf 函数的用法也很简单。例如，要向流 *fp* 写入整数 *x* 的十进制数值，只需使用下述语句调用函数即可。

```
fprintf(fp, "%d", x);          /* 只比 printf 函数多了 1 个参数！ */
```

与 *printf* 函数相比，仅增加了第一个参数，即输出流。

*

下面让我们看看如何将程序运行时的日期和时间写入文件。请看代码清单 13-3 所示的程序。

▶　仅通过调用标准库函数，也可以获得当前日期和时间。具体做法请参考专题 13-1。

FILE* 型指针 *fp* 的声明以及打开与关闭文件等程序结构都与之前的程序相同。唯一不同的一点是本程序是以只写模式 **"w"** 打开文件的。

▶　由于是以只写模式打开文件，所以要注意此时如果存在同名文件，就会清空文件原来的内容，只保存由本程序写入的内容。

其中，蓝色底纹部分是负责将日期和时间写入文件的代码。

公历年、月、日、时、分、秒是以十进制数写入的，所以程序运行以后 **"dt_dat"** 文件的内容如图 13-5 所示。

年、月、日、时、分、秒之间用空格隔开。

┌─────────────────────────┐
│　2004 7 10 13 21 5　│
└─────────────────────────┘

图 13-5　"dt_dat" 文件

▶　图中显示的数值仅供参考。实际写入文件的内容为程序运行时的日期和时间。

13

```
/*
    向文件写出程序运行时的日期和时间
*/
#include <time.h>
#include <stdio.h>

int main(void)
{
    FILE *fp;
    time_t current = time(NULL);                  /* 当前日历时间 */
    struct tm *timer = localtime(&current);       /* 分解时间（当地时间）*/

    if ((fp = fopen("dt_dat", "w")) == NULL)      /* 打开文件 */
        printf("\a 文件打开失败。\n");
    else {
        printf(" 写出当前日期和时间。\n");
        fprintf(fp, "%d %d %d %d %d %d\n",
            timer->tm_year + 1900, timer->tm_mon + 1, timer->tm_mday,
            timer->tm_hour,        timer->tm_min,     timer->tm_sec );
        fclose(fp);                                /* 关闭文件 */
    }

    return 0;
}
```

chap13/list1303.c

代码清单 13-3

运 行 结 果

写出当前日期和时间。

在前面我们提到过标准输入流 *stdin* 和标准输出流 *stdout* 都是指向 **FILE** 的指针型。因此这些变量会直接传递给 *fscanf* 函数和 *fprintf* 函数的第一个参数。

因此，下面两条语句的功能相同，都是从标准输入流读取整数值，并保存至变量 x。

> *scanf*("%d", &x);
> *fscanf*(stdin, "%d", &x);   /* 等同于 *scanf*("%d", &x); */

同样，下面两条语句的功能也相同，它们都向标准输出流写入整数 x 的十进制数值。

> *printf*("%d", x);
> *fprintf*(stdout, "%d", x);   /* 等同于 *printf*("%d", x); */

这样看来，*scanf* 函数也可以说是输入源被限定为标准输入流的 *fsacnf* 函数，*printf* 函数则是输出目标被限定为标准输出流的 *fprintf* 函数。

▶ 也就是说，*fsacnf* 函数的功能限定版是 *scanf* 函数，*fprintf* 函数的功能限定版是 *printf* 函数。

● **练习 13-4**

请采用代码清单 13-2 的文件写入形式，编写一个从键盘读取姓名、身高和体重，并将这些数据写入文件的程序。

专题 13-1 获取当前日期和时间

仅通过调用标准库函数，也可以获取当前（执行程序时）日期和时间。下面让我们结合代码清单 13C-1 的程序来学习其方法。

代码清单 13C-1

```
/*
    显示当前日期和时间
*/

#include <time.h>
#include <stdio.h>

int main()
{
    time_t    current = time(NULL);              /* 当前日历时间 */      ——1
    struct tm *timer = localtime(&current) ;     /* 分解时间（当地时间）*/ ——2

    char *wday_name[] = {"日","一","二","三","四","五","六"};

    printf("当前日期和时间为 %d 年 %d 月 %d 日（%s）%d 时 %d 分 %d 秒。\n",
        timer->tm_year + 1900,       /* 年（加 1900 后求出）*/
        timer->tm_mon + 1,           /* 月（加 1 后求出）*/
        timer->tm_mday,              /* 日 */
        wday_name[timer->tm_wday],   /* 星期（0-6）*/                      ——3
        timer->tm_hour,              /* 时 */
        timer->tm_min,               /* 分 */
        timer->tm_sec                /* 秒 */
        );
    return 0;
}
```

运行结果

当前日期和时间为 2017 年 11 月 18 日（六）21 时 17 分 32 秒。

■ **time_t 类型：日历时间**

time_t 数据类型表示**日历时间**（calendar time），其实体是可以进行 **long** 型、**double** 型等数据类型的加减乘除运算的算术类型。至于它会成为哪种数据类型的同义词因运行环境而异，因此其在 <time.h> 头文件中定义。下面是一个定义示例。

```
typedef unsigned long time_t;      /* 定义示例：因运行环境而异 */
```

不仅仅是类型，日历时间的具体数值也依赖于运行环境。

很多运行环境中都将 **time_t** 型作为 **unsigned int** 型或 **unsigned long** 型的同义词，将从 1970 年 1 月 1 日 0 时 0 分 0 秒起至今经过的秒数作为具体数值。

■ **time 函数：获取当前日历时间**

time 函数可以获取当前日历时间。该函数不仅会将所求得的日历时间作为返回值返回，还会将其保存在参数指向的对象中。

因此，在如右所示的三种调用方式下，当前时间都被存储在了变量 *current* 中。上面的程序为 B。

```
A  time(&current);
B  current = time(NULL);
C  current = time(&current);
```

13

■ tm 结构体：分解时间

表示日历时间的 **time_t** 型，是算术类型的数值，对计算机来说计算起来比较容易，但是对我们人类来说却不是那么直观。为此，C 语言中还提供了另外一种表示时间的方法，即称为**分解时间**（broken-down time）的结构体数据类型 **tm**。

如下所示为结构体 **tm** 的定义示例。与年、月、日、星期等日期和时间相关的元素是其成员。各成员表示的值都记录在了注释中。

tm 结构体

```
struct tm {        /* 定义示例：因运行环境而异 */
    int tm_sec;    /* 秒（0 ～ 61）*/
    int tm_min;    /* 分（0 ～ 59）*/
    int tm_hour;   /* 时（0 ～ 23）*/
    int tm_mday;   /* 日（1 ～ 31）*/
    int tm_mon;    /* 从 1 月起至今经过的月数（0 ～ 11）*/
    int tm_year;   /* 从 1900 年起至今经过的年数 */
    int tm_wday;   /* 星期：星期日 ～ 星期六（0 ～ 6）*/
    int tm_yday;   /* 从 1 月 1 日起至今经过的天数（0 ～ 365）*/
    int tm_isdst;  /* 夏时令 */
};
```

这只是一个定义示例，成员的声明顺序等细微之处还要依赖于运行环境。

■ 成员 tm_sec 的取值范围是 0~61，而非 0~59。这是因为考虑到了闰秒。

■ 如果采用的是夏时令，则成员 tm_isdst 的值为正；如果没有采用夏时令，则值为 0；如果不清楚是否为夏时令，则值为负（夏时令是指在夏季将时间提前一小时）。

■ localtime 函数：从日历时间转换为分解时间

localtime 函数可以将日历时间转换为分解时间。

该函数的行为如图 13C-1 所示。基于单一的算术类型的值，计算并设定结构体各成员的值。

如 *localtime* 这个名称所示，转换得到的是当地时间。

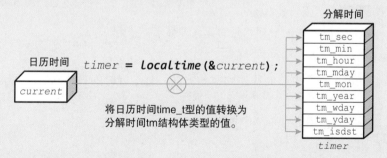

图 13C-1　使用 localtime 函数将日历时间转换为分解时间

13

下面让我们来看一下整个程序。

① 使用 *time* 函数获取 **time_t** 型的当前日历时间。

② 将其值转换为 **tm** 结构体类型的分解时间。

③ 用公历表示分解时间。这时，tm_year 加 1900，tm_mon 加 1。由于星期日到星期六分别对应 0 到 6，因此利用数组 *wday_name* 将表示星期的 tm_day 转换为字符串 " 日 "、" 月 "、……。

获取上一次运行时的信息

我们将刚才的程序改得更实用一些，请看代码清单 13-4 中的程序。运行后会得到图 13-6 所示的结果。

a **程序第一次运行时的运行结果**

运行结果
本程序第一次运行。

b **程序自第二次起运行时的运行结果**

运行结果
上一次运行是在2017年12月24日13时25分37秒。

图 13-6　代码清单 13-4 的运行结果

如果程序是第一次运行，就会显示表明是第一次运行的消息。如果程序运行了两次以上，就会显示上一次运行时的日期和时间。

本程序中定义的 *get_data* 函数和 *put_data* 函数的功能如下所示。

■ **get_data 函数**

在程序开头调用。根据 **"datetime.dat"** 文件是否打开成功，执行下述分支处理。

● **打开失败时**

判断为程序第一次运行，显示 "本程序第一次运行。"。

● **打开成功时**

将程序上一次运行时写入的日期和时间读入并显示。

■ **put_data 函数**

在程序最后调用。用与先前的程序同样的方法，将运行时的日期和时间写入 **"datetime. dat"** 文件。

13

● **练习 13-5**

在代码清单 13-4 的程序中加上表示当前 "心情" 的字符串。即在显示上一次的运行时间（和上一次的心情）之后提示输入 "当前的心情："，从键盘读入字符串再写入文件。例如，如果输入 "极好！！"，那么程序在下一次运行时就应显示 "上一次运行是在 XXXX 年 XX 月 XX 日 XX 时 XX 分 XX 秒，心情极好！！"。

代码清单 13-4   chap13/list1304.c

```c
/*
    显示程序上一次运行时的日期和时间
*/

#include <time.h>
#include <stdio.h>

char data_file[] = "datetime.dat";                        /* 文件名 */

/*--- 取得并显示上一次运行时的日期和时间 ---*/
void get_data(void)
{
    FILE *fp;

    if ((fp = fopen(data_file, "r")) == NULL)             /* 打开文件 */
        printf("本程序第一次运行。\n");
    else {
        int year, month, day, h, m, s;

        fscanf(fp, "%d%d%d%d%d%d", &year, &month, &day, &h, &m, &s);
        printf("上一次运行是在%d年%d月%d日%d时%d分%d秒。\n",
                                    year, month, day, h, m, s);
        fclose(fp);                                       /* 关闭文件 */
    }
}

/*--- 写入本次运行时的日期和时间 ---*/
void put_data(void)
{
    FILE *fp;
    time_t current = time(NULL);                          /* 当前日历时间 */
    struct tm *timer = localtime(&current);               /* 分解时间 */

    if ((fp = fopen(data_file, "w")) == NULL)             /* 打开文件 */
        printf("\a文件打开失败。\n");
    else {
        fprintf(fp, "%d %d %d %d %d %d\n",
                timer->tm_year + 1900, timer->tm_mon + 1, timer->tm_mday,
                timer->tm_hour,        timer->tm_min,     timer->tm_sec);
        fclose(fp);                                       /* 关闭文件 */
    }
}

int main(void)
{
    get_data();                    /* 取得并显示上一次运行时的日期和时间 */

    put_data();                    /* 写入本次运行时的日期和时间 */

    return 0;
}
```

13

显示文件内容

在第 8 章中，我们编写了将从键盘输入的字符复制到显示器界面的程序（代码清单 8-8）。
这里我们再来看一下，如代码清单 13-5 所示。

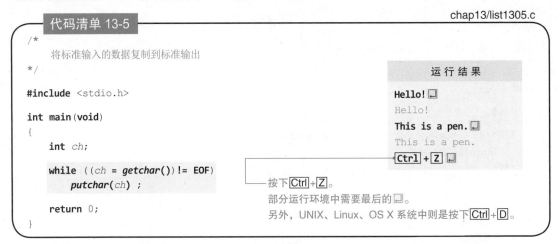

chap13/list1305.c

代码清单 13-5

```
/*
    将标准输入的数据复制到标准输出
*/
#include <stdio.h>

int main(void)
{
    int ch;

    while ((ch = getchar()) != EOF)
        putchar(ch) ;

    return 0;
}
```

运 行 结 果

Hello! ⏎
Hello!
This is a pen. ⏎
This is a pen.
Ctrl + Z ⏎

按下 Ctrl + Z 。
部分运行环境中需要最后的 ⏎ 。
另外，UNIX、Linux、OS X 系统中则是按下 Ctrl + D 。

如果程序不从标准输入流读取数据，而是从任意文件读取，那就变成更实用的查看文件内
容（在界面上显示）的程序了。请看代码清单 13-6。

程序首先提示输入文件名，将文件名读入字符串 *fname*。如果文件打开失败，就会显示
"文件打开失败。"，这和之前的程序相同。

两个程序中的 **while** 语句如出一辙。区别仅在于将 *getchar()* 的调用改成了 *fgetc(fp)*。
fgetc 函数说明如下。

fgetc	
头文件	**#include** <stdio.h>
原　型	**int** *fgetc*(FILE *stream);
说　明	从 *stream* 指向的输入流（若存在）中读取 **unsigned char** 型的下一个字符的值，并将它转换为 **int** 型。然后，若定义了流的文件位置指示符，则将其向前移动。
返回值	返回 *stream* 所指输入流中的下一个字符。若在流中检查到文件末尾，则设置该流的文件结束指示符并返回 **EOF**。如果发生读取错误，就设置该流的错误指示符并返回 **EOF**。

13

与 *getchar* 函数相比，仅增加了一个参数，即输入流。

当从文件正常读取到字符时，就会进入 **while** 循环语句，通过下述语句将读取到的字符
ch 显示界面上。

　　　putchar(*ch*);

当达到文件末尾（后面没有字符）或者有错误发生时，就会结束 **while** 语句循环并关闭文件，

程序结束运行。

代码清单 13-6

chap13/list1306.c

```
/*
    显示文件内容
*/
#include <stdio.h>

int main(void)
{
    int ch;
    FILE *fp;
    char fname[FILENAME_MAX];            /* 文件名 */

    printf("文件名: ");
    scanf("%s", fname);

    if ((fp = fopen(fname, "r")) == NULL)        /* 打开文件 */
        printf("\a文件打开失败。\n");
    else {
        while ((ch = fgetc(fp)) != EOF)
            putchar(ch);
        fclose(fp);                              /* 关闭文件 */
    }

    return 0;
}
```

```
                    运 行 结 果
文件名: list1306.c ⏎
/*
    显示文件内容
*/
#include <stdio.h>

…以下省略…
```

另外，在本程序中，存储文件名的数组 *fname* 的元素个数是 **FILENAME_MAX**。在 <stdio.h> 头文件中定义的该对象式宏，表示以下数值（标准 C 语言中的定义）。

在该运行环境中保证能够打开文件，保持这样的文件名的最大长度所需的数组元素个数。

如下所示为一个定义示例。

FILENAME.MAX

```
#define FILENAME_MAX 1024; /* 定义示例：值因运行环境而异 */
```

13

● 练习 13-6

编写程序实现从键盘读入文件名，计算该文件的行数（换行符的个数）并显示在界面上。

● 练习 13-7

编写程序实现从键盘读入文件名，计算该文件的字符数并显示在界面上。

文件的复制

如果将从文件读取到的字符输出到任意文件，而不是输出到标准输出流，那就变成更为实用的文件复制程序了。

请看代码清单 13-7 所示的程序。

▶   这里省略了运行结果。

代码清单 13-7   chap13/list1307.c

```
/*
   复制文件
*/

#include <stdio.h>

int main(void)
{
    int    ch;
    FILE   *sfp;                        /* 原文件 */
    FILE   *dfp;                        /* 目标文件 */
    char   sname[FILENAME_MAX];         /* 原文件名 */
    char   dname[FILENAME_MAX];         /* 目标文件名 */

    printf("打开原文件: ");        scanf("%s", sname);
    printf("打开目标文件: ");      scanf("%s", dname);

    if ((sfp = fopen(sname, "r")) == NULL)              /* 打开原文件 */
        printf("\a原文件打开失败。\n");
    else {
        if ((dfp = fopen(dname, "w")) == NULL)          /* 打开目标文件 */
            printf("\a目标文件打开失败。\n");
        else {
            while ((ch = fgetc(sfp)) != EOF)
                fputc(ch, dfp);
            fclose(dfp);                                /* 关闭目标文件 */
        }
        fclose(sfp);                                    /* 关闭原文件 */
    }

    return 0;
}
```

13

这个程序涉及两个文件的操作，较之前面的程序稍显复杂。

程序首先会询问需要复制的"原文件"和"目标文件"的文件名，并将它们读入字符串 *sname* 和 *dname*。

▶   各数组的元素个数都是 **FILENAME_MAX**。在声明存储文件名的字符数组时，原则上要使用该宏。

然后以**只读模式**打开原文件，并将指向与该文件相关联的流的指针赋给 *sfp*。

如果文件打开成功，就以**只写模式**打开目标文件，并将指向该文件相关联的流的指针赋给 *dfp*。

如果两个文件都打开成功，就运行蓝色底纹处的 **while** 语句。

while 语句和前面的程序类似，只是将 *putchar*(*ch*) 改成了 *fputc*(*ch, dfp*)。*fputc* 函数的说明如下。

fputc	
头文件	#include <stdio.h>
原　型	int *fputc*(int *c*, FILE **stream*);
说　明	将*c*指定的字符转换为**unsigned char**型后写入*stream*指向的输入流。此时如果定义了流的文件位置指示符，就会向指示符指向的位置写入字符，并将文件位置指示符适当地向前移动。在不支持文件定位或者以追加模式打开流的情况下，总是以向输出流的末尾追加字符的方式进行字符输出。
返回值	返回写入的字符。如果发生写入错误，就设置该流的错误指示符并返回**EOF**。

与 *putchar* 函数相比，仅增加了第二个参数，即输出流。

*

当从文件读入字符时，会进入 **while** 循环语句，通过 *fputc*(*ch,dfp*) 将读入的字符 *ch* 输出至流 *dfp*。

当遇到文件末尾（后面没有字符）或者有错误发生时，就会结束循环并关闭文件，程序结束运行。

至此，文件复制完成。

● 练习 13-8

　　请参考代码清单 13-7 编写一个程序，在界面上显示文件内容的同时执行复制操作（即同时输出到目标文件和界面）。

● 练习 13-9

　　请参考代码清单 13-7 编写一个程序，将所有英文小写字母转换为大写字母的同时执行复制操作。

● 练习 13-10

　　请参考代码清单 13-7 编写一个程序，将所有英文大写字母转换为小写字母的同时执行复制操作。

13

13-2　文本和二进制

至今为止的程序，都是进行"文本文件"的读写。本节我们来学习"二进制文件"的读写。

在文本文件中保存实数

请看代码清单 13-8 所示的程序。程序先将初始化为圆周率 3.14159265358979323846 的变量 *pi* 的值写出至 **"PI.txt"** 文件，然后再进行读取和显示。

代码清单 13-8   chap13/list1308.c

```
/*
    将圆周率的值写入文本文件，再进行读取
*/
#include <stdio.h>

int main(void)
{
    FILE    *fp;
    double  pi = 3.14159265358979323846;

    printf("从变量pi得到的圆周率为%23.21f。\n", pi);

    /* 写入操作 */
    if ((fp = fopen("PI.txt", "w")) == NULL)         /* 打开文件 */
        printf("\a文件打开失败。\n");
    else {
        fprintf(fp, "%f", pi);                       /* 从pi写入 */
        fclose(fp);                                  /* 关闭文件 */
    }

    /* 读取操作 */
    if ((fp = fopen("PI.txt", "r")) == NULL)         /* 打开文件 */
        printf("\a文件打开失败。\n");
    else {
        fscanf(fp, "%lf", &pi);                      /* 读取至pi */
        printf("从文件读取的圆周率为%23.21f。\n", pi);
        fclose(fp);                                  /* 关闭文件 */
    }

    return 0;
}
```

运行结果示例

从变量 pi 得到的圆周率为 3.14159265358979310000。
从文件读取的圆周率为 3.14159299999999999900。

浮点数的精度是有限的，因此变量 *pi* 的值并非为初始值。从文件中读取的圆周率的值，精度还会更低。

如图 13-7 所示，这个程序建立的 **"PI.txt"** 文件的内容是 3.141593。这是因为调用 *fprintf* 函数时未指定精度，浮点数默认只输出小数点后 6 位数字。

▶ 当然，*printf* 函数同样如此。

```
3.141593
```

图 13-7　"PI.txt" 文件内容

我们无法通过这个数据恢复丢失的部分。

▶ *fscanf* 函数将从文件读取到的 3.141593 保存至变量 *pi*。由于 **double** 型并不能毫无误差地显示实数的所有位数，所以在 *printf* 函数中指定显示小数点后 21 位时，无法保证恰好显示 3.141593000000000000000。

要做到不丢失任何一位数据，就必须写入所有位数。所以我们要注意向文件写入时的精度（位数），写出的字符数（位数）可能会相应地增大。

文本文件和二进制文件

我们用二进制文件来解决这个问题。首先要明确文本文件和二进制文件的区别。

■ 文本文件

在文本文件中，数据是以字符序列的形式表示的。例如，整数 357 是 '3'、'5'、'7' 三个字符的序列。若使用 *printf* 函数和 *fprintf* 函数将值写入控制台界面或文件，则会占去 3 个字节。同理，如果是数值 2057 的话，就会写出 '2'、'0'、'5'、'7' 四个字符。

如果字符编码是 ASCII 码，那么这些数值数据就会由图 13-8(a) 所示的二进制位构成。

由此可见，文本文件的字符数取决于数值位数。

■ 二进制文件

在二进制文件中，数据是以二进制位串的形式表示的。具体位数虽因编译器而异，但 **int** 型整数的长度必定为 **sizeof**(**int**) 的值。

如果是用 2 个字节（16 位）表示 **int** 型整数的环境，那么整数 357 和 2057 就将由图 13-8(b) 所示的二进制位构成。

由此可见，二进制文件的字符数（字节数）不依赖于数值位数。

13

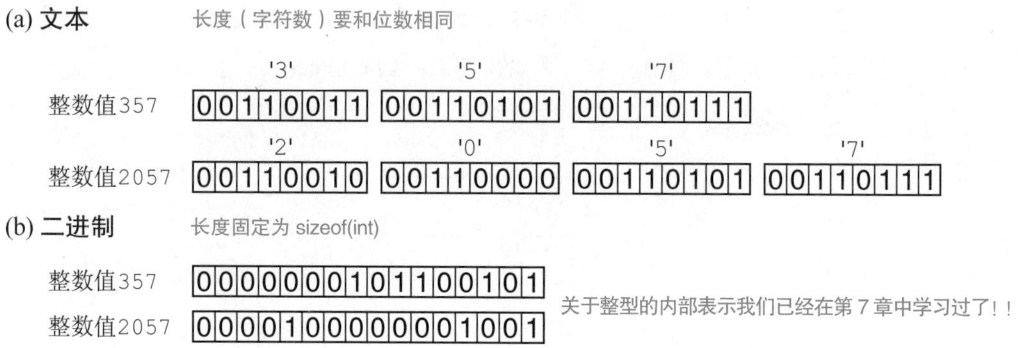

(a) 文本   长度（字符数）要和位数相同

整数值357

'3'	'5'	'7'
00110011	00110101	00110111

整数值2057

'2'	'0'	'5'	'7'
00110010	00110000	00110101	00110111

(b) 二进制   长度固定为 sizeof(int)

整数值357   `00000001 01100101`

整数值2057   `00001000 00001001`   关于整型的内部表示我们已经在第 7 章中学习过了！！

图 13-8 文本和二进制

在二进制文件中保存实数

代码清单 13-9 所示的程序改用二进制模式对圆周率的值进行读写。

fwrite 函数和 *fread* 函数分别用于数据的写入和读取。以下是函数说明。

fwrite	
头文件	`#include` <stdio.h>
原　型	**size_t** *fwrite*(**const void** *ptr, **size_t** size, **size_t** nmemb, **FILE** *stream);
说　明	从ptr指向的数组中将最多nmemb个长度为size的元素写入stream指向的流中。若定义了流的文件位置指示符，则以成功写入的字符数为单位向前移动。当发生错误时，该流的文件位置指示符的值不可预测。
返回值	返回成功写入的元素个数。仅当发生写入错误时，元素个数会少于nmemb。

fread	
头文件	`#include` <stdio.h>
原　型	**size_t** *fread*(**const void** *ptr, **size_t** size, **size_t** nmemb, **FILE** *stream);
说　明	从stream指向的流中最多读取nmemb个长度为size的元素到ptr指向的数组。若定义了流的文件位置指示符，则以成功读取的字符数为单位向前移动。当发生错误时，该流的文件位置指示符的值不可预测。只读取到某一元素的部分内容时，值不可预测。
返回值	返回成功读取的元素个数。当发生读取错误或达到文件末尾时，元素个数会少于nmemb。若size或nmemb为0，则返回0。这时数组内容和流的状态都不发生变化。

13

这两个函数会接收 4 个参数。第一个参数是指向读写数据的首地址的指针，第二个参数是数据的长度，第三个参数是数据的个数，第四个参数是指向读写对象的流的指针。

在本程序中，向文件写入的函数是：

```
    fwrite(&pi, sizeof(double), 1, fp);          /* 从 pi 写入 */
```

从文件读取的函数是：

```
    fread(&pi, sizeof(double), 1, fp);           /* 读取至 pi */
```

第二个参数 **sizeof**(**double**) 指定了 **double** 型的长度，第三个参数指定了要读写的变量个数为 1 个。

▶ **sizeof**（**数据类型名称**）是取得该数据类型长度的运算符。

这两个函数是为一次完成对数组元素（不是单独的变量）的读写而设计的。如果读写对象不是数组，而是单独的变量，那么函数的调用方式将和读写数组的典型调用方式有所不同。表 13-1 中对这两者进行了对比。

代码清单 13-9 chap13/list1309.c

```
/*
    将圆周率的值写入二进制文件再进行读取
*/

#include <stdio.h>

int main(void)
{
    FILE    *fp;
    double  pi = 3.14159265358979323846;

    printf("从变量pi得到的圆周率为%23.21f。\n", pi);

    /* 写入操作 */
    if ((fp = fopen("PI.bin", "wb")) == NULL)       /* 打开文件 */
        printf("\a 文件打开失败。\n");
    else {
        fwrite(&pi, sizeof(double), 1, fp);         /* 从 pi 写入 */
        fclose(fp);
    }                                               /* 关闭文件 */

    /* 读取操作 */
    if ((fp = fopen("PI.bin", "rb")) == NULL)       /* 打开文件 */
        printf("\a 文件打开失败。\n");
    else {
        fread(&pi, sizeof(double), 1, fp);          /* 读取至 pi */
        printf(" 从文件读取的圆周率为 %23.21f。\n", pi);
        fclose(fp);                                 /* 关闭文件 */
    }

    return 0;
}
```

运行结果示例

从变量 pi 得到的圆周率为 3.141592653589793100000。
从文件读取的圆周率为 3.141592653589793100000。

13

■ 表 13-1　**fwrite** 函数和 **fread** 函数的典型用例

	int 型 *x* 的读写	int[*n*] 型数组 *a* 的读写
写入操作	*fwrite*(&*x*, **sizeof**(int), 1, *fp*);	*fwrite*(*a*, **sizeof**(int), 10, *fp*);
读取操作	*fread*(&*x*, **sizeof**(int), 1, *fp*);	*fread*(*a*, **sizeof**(int), 10, *fp*);

另外，该程序中对内存空间中存储的 **double** 型变量的所有位直接进行了读写。像对文本文件进行读写的程序一样，精度不会被限定在 6 位。

● **练习 13-11**

编写一个程序，读取含有 10 个 **double** 型元素的数组的所有元素值。

● **练习 13-12**

改写代码清单 13-4 的程序，将日期和时间作为 **struct tm** 型的值直接向二进制文件进行读写操作。

显示文件自身

代码清单 13-6 所示的"查看文件内容"的程序是以文本文件为对象的。因此，如果用这个程序查看包含非打印字符的二进制文件，那么输出内容看起来就会比较混乱，不能正确显示。

▶ 有可能出现乱码，或者输出了警告、换行符等。

代码清单 13-10 所示的程序分别用"字符"和"字符编码（十六进制）"显示了以二进制文件类型打开的文件内容。

在显示"字符"时，使用了 *isprint* 函数对字符进行判断，如果是打印字符就显示该字符，如果不是打印字符就用 '.' 代替（蓝色底纹处）。

isprint 函数的说明如下所示。

isprint	
头文件	**#include** <ctype.h>
原　型	**int** *isprint*(**int** c);
说　明	判断字符 c 是否为可打印字符（含空格）。
返回值	若判断成功则返回 0 以外的值（真），否则返回 0。

13

代码清单 13-10

```c
/*
    用字符和字符编码显示文件内容
*/

#include <ctype.h>
#include <stdio.h>

int main(void)
{
    int n;
    unsigned long count = 0;
    unsigned char buf[16];
    FILE *fp;
    char fname[FILENAME_MAX];            /* 文件名 */

    printf("文件名：");
    scanf("%s", fname);

    if ((fp = fopen(fname, "rb")) == NULL)           /* 打开文件 */
        printf("\a文件打开失败。\n");
    else {
        while ((n = fread(buf, 1, 16, fp)) > 0) {
            int i;

            printf("%08lX ", count);                 /* 地址 */

            for (i = 0; i < n; i++)                   /* 十六进制数 */
                printf("%02X ", (unsigned)buf[i]);

            if (n < 16)
                for (i = n; i < 16; i++)
                printf("   ");

            for (i = 0; i < n; i++)                   /* 字符 */
                putchar(isprint(buf[i]) ? buf[i] : '.');

            putchar('\n');

            count += 16;
        }
        fclose(fp);                                  /* 关闭文件 */
    }

    return 0;
}
```

像该程序这样，将文件和内存的内容一下子显示出来的程序，一般称为 dump **程序**。

▶ dump 的原意是自动倾卸车一下子把货物全部卸下。

运行该程序，显示代码清单 13-10 的源文件的内容，结果如图 13-9 所示。

▶ 图中显示的运行结果仅供参考。实际运行结果取决于程序运行环境所使用的字符编码。

13

文件名：`list1310.c`⏎

```
00000000 2F 2A 0D 0A 09 83 74 83 40 83 43 83 8B 82 CC 83 /*....t.@.C....
00000010 5F 83 93 83 76 81 69 83 74 83 40 83 43 83 8B 82 -...V.i.t.@.c...
00000020 CC 92 86 90 67 82 F0 95 B6 8E 9A 82 C6 83 52 81 ....g.........R.
00000030 5B 83 68 82 C5 95 5C 8E AC 82 B7 82 E9 81 6A 0D [.h...\.......j.
00000040 0A 2A 2F 0D 0A 0D 0A 23 69 6E 63 6C 75 64 65 20 .*/....#include
00000050 3C 63 74 79 70 65 2E 68 3E 0D 0A 23 69 6E 63 6C <ctype.h>..#incl
00000060 75 64 65 20 3C 73 74 64 69 6F 2E 68 3E 0D 0A 0D ude<stdio.h>...
00000070 0A 69 6E 74 20 6D 61 69 6E 28 76 6F 69 64 29 0D .int.main(void).
00000080 0A 7B 0D 0A 09 69 6E 74 20 6E 3B 0D 0A 09 75 6E .{...int n;...un
00000090 73 69 67 6E 65 64 20 6C 6F 6E 67 20 63 6F 75 6E signed long coun
000000A0 74 20 3D 20 30 30 0D 0A 09 75 6E 73 69 67 6E 65 t - 0;...unsigne
000000B0 64 20 63 68 61 72 20 62 75 66 5B 31 36 5D 3B 0D d char buf[16];
000000C0 0A 09 46 49 4C 45 20 2A 66 70 3B 0D 0A 09 63 68 ..FILE *fp;...ch
000000D0 61 72 20 66 6E 61 6D 65 5B 46 49 4C 45 4E 41 4D ar fnmae[FILENAM
000000E0 45 5F 4D 41 58 5D 3B 09 09 09 2F 2A 20 83 74 83 E_MAX];.../*.t.
```
（以下省略）

图 13-9 代码清单 13-10 的运行结果示例

● 练习 13-13

改写代码清单 13-7 的程序，将文件作为二进制文件进行复制。注意读写时使用 *fread* 函数和 *fwrite* 函数。

13

13-3　printf函数与scanf函数

本节我们来详细介绍 ***printf*** 函数和 ***scanf*** 函数。

printf 函数：带格式输出

printf 函数的说明如下所示。

printf	
头文件	`#include` `<stdio.h>`
原　型	`int` ***`printf`***`(const char *`*format*`, ...);`

■　功能

printf 函数会将 `format` 后面的实参转换为指定的字符序列输出形式，再将它发送至标准输出流。这个转换是根据 `format` 所指的格式控制字符串中的命令进行的。格式控制字符串中可以不包含任何命令，也可以包含多个命令。

实参个数比格式控制字符串少时的操作未定义。实参个数比格式控制字符串多时，多余的实参将被忽略。

命令可分为下述两类：

◆ % 以外的字符，不作转换按原样复制到输出流。

◆ 转换说明，对后面给出的 0 个以上的实参作格式转换。

% 后会依次出现下面的（a）~（e）。

（a）转换标志（可省略）

使用标志字符 -、+、空格、#、0 可以修饰转换说明的含义。可指定 0 个以上（包括 0）的标志，顺序任意。

-	将转换结果在字段宽度范围内**左对齐**。未指定时右对齐。
+	总是在要转换的带符号数值之前加上**正号**或**负号**。未指定时只对负值加负号。
空格	若带符号的转换结果不以符号开头或者字符数为0，则在数值前加上**空格**。 　▶　若同时指定了空格标志和 + 标志，则空格标志无效。

13

（续）

#	为以下数值表示形式（基数等）作格式转换。 ・ o 转换——第一个数字为 0（增加精度）。 ・ x、X 转换——在数值之前加上前缀 0x（或 0X）。数值为 0 时不加前缀。 ・ e、E、f、g、G 转换——无论小数点之后是否有数字，都加上小数点（一般只在小数点后有数字的情况下才加）。 ・ g、G 转换——保留转换结果末尾的 0。 ・ 其他转换操作未定义。
0	・ d、i、o、u、x、X、e、E、f、g、G 转换——在字段宽度范围的左侧使用 0 而非空格进行填充（符号和基数位于 0 的前面）。 ・ 其他转换操作未定义。 　　▶　若同时指定 0 标志和 - 标志，则 0 标志无效。 　　▶　若在 d、i、o、u、x、X 转换中指定了精度，则 0 标志无效。

（b）最小字段宽度（可省略）

可以用 "*" 或十进制整数表示。

若转换结果的字符数小于指定的最小字段宽度，则在左侧（指定 - 标志时在右侧）补空格（若未指定 0 标志），直到填满字段宽度。

（c）精度（可省略）

可以用小数点（.）后的星号（*）或十进制整数表示。省略十进制整数时精度为 0。对于各种转换的说明如下：

- d、i、o、u、x、X 转换——最小输出位数。
- e、E、f 转换——小数点之后的输出位数。
- g、G 转换——最大有效位数。
- s 转换——最大字符数。

　　▶　当用星号指定字段宽度、精度时，需要有相应的 int 型实参（定义在要转换的实参之前）。当指定了字段宽度的实参为负数时，则字段宽度解释为前置 - 标志的正数。当指定了精度的实参为负数时，则精度解释为未指定。

（d）转换修饰符（可省略）

可以用 h、l、L 表示。

h	・ d、i、o、u、x、X 转换——表示实参的数据类型为 **short** 型或 **unsigned short** 型（实参会根据数据类型自动提升规则转换成高精度的数值进行计算。计算完成后再将值转回 **short** 型或 **unsigned short** 型进行显示）。 ・ n 转换——表示实参的数据类型为指向 **short** 型的指针。
l	・ d、i、o、u、x、X 转换——表示实参的数据类型为 **long** 型或 **unsigned long** 型。 ・ n 转换——表示实参的数据类型为指向 **long** 型的指针。
L	・ e、E、f、g、G 转换——表示实参的数据类型为 **long double** 型。

▶ 转换修饰符与上述以外的其他转换说明符一起使用时的操作未定义。

（e）转换说明符（可省略）

可以用 **d、i、o、u、x、X、f、e、E、g、G、c、s、p、n、%** 表示。

d、i	将 **int** 型的实参转换为 [-]*dddd* 形式的带符号十进制数进行输出。 精度指定了应输出的数字的最少个数。若转换结果的数字个数（位数）小于指定的精度，则在前面补 0 直到满足精度要求。省略时的精度默认为 1。精度为 0 且参数为 0 时，转换结果的位数为 0（**null** 字符串）。
o、u、 x、X	将 **unsigned** 型的实参转换为 *dddd* 形式的无符号八进制数（**o**）、无符号十进制数（**u**）、无符号十六进制数（**x** 或 **X**）。在 **x** 转换中，使用字符 abcdef。在 **X** 转换中，使用字符 ABCDEF。 精度指定了应输出的最少位数。若转换结果的位数小于指定的精度，则在前面补 0 直到满足精度要求。省略时的精度默认为 1。精度为 0 且参数为 0 时，转换结果的位数为 0（**null** 字符串）。
f	将 **double** 型的实参转换为 [-]*ddd.ddd* 形式的十进制数进行输出。 此时小数点之后的位数等于指定的精度。省略时的精度默认为 6。如果精度为 0 且未指定 # 标志，则不会输出小数点。小数点之前至少有 1 个数字时才会输出小数点。 该转换会根据位数适当地四舍五入。
e、E	将 **double** 型的实参转换为 [-]*d.ddde ± dd* 形式的十进制数进行输出。 此时小数点之前输出 1 位（实参为 0 时除外，不为 0 的）数字，小数点之后输出与指定精度相同位数的数字。省略时的精度默认为 6。如果精度为 0 且未指定 # 标志，则不会输出小数点。该转换会根据位数适当地四舍五入。指定 **E** 转换时，指数前的字符是 **E** 而不是 **e**。 指数总是至少显示 2 位。值为 0 时，指数的值为 0。
g、G	根据指定了有效位数的精度，将 **double** 型的实参转换为 **f** 形式或 **e** 形式（指定 **G** 转换时为 **E** 形式）。 精度为 0 时，解释为 1。 使用哪种形式取决于待转换的值。若转换结果中的指数小于 −4 或大于等于精度，则使用 **e** 形式（或 **E** 形式）。无论使用哪种形式，都会去掉转换结果小数部分缀尾的 0。只有当小数点后还有数字的情况下，才会输出小数点。
c	将 **int** 型的实参转换为 **unsigned char** 型之后，再输出转换后的字符。
s	实参必须为指向字符型数组的指针。输出数组中 **null** 之前的字符。当指定了精度时，不会输出超出精度范围的字符。当精度未指定或精度大于数组长度时，数组必须包含 **null** 字符。
p	实参必须为指向 **void** 的指针。用编译器所定义的格式将该指针的值转换为可显示的字符序列。
n	实参必须为指向整数的指针。这个整数保存了到调用该 *printf* 函数为止发送至输出流的字符数。不进行实参的转换。
%	输出 **%**。无实参。转换说明必须写作 **%%**。

13

指定无效的转换说明符时的操作未定义。

当实参为共用体或聚合体，抑或是指向这两者的指针时（除了 **%s** 转换时的字符型数组和 **%p** 转换时的指针），操作未定义。

字段宽度未指定或比转换结果的长度小时，不会截断转换结果。即当转换结果的字符数大于字段宽度时，将宽度扩大至正好能容纳转换结果。

■　返回值

printf 函数会返回输出的字符数。发生输出错误时，返回负值。

printf 函数的第一个参数接收的是指定格式所需的字符串。因此，第一个参数 *format* 的类型会被声明为 **const char ***。

另外，第二个参数之后的参数类型和个数是可变的。声明中的···是表示接收个数可变的参数的**省略符号**（ellipsis）。因此，在函数调用方，可以传递任意个数的任意类型的参数。

▶　省略符号，和···中可以加入空格，但···必须连续。

实际的程序中经常会使用标志字符 0。例如，在表示年、月时，在只有一位的数值的左侧加上 0，就可以以"两位"的形式显示该数。如下所示。

> *printf*("%02d 月 %2d 日");

这样就可以输出"05 月 12 日""11 月 08 日"等结果。

当输出成功时，*printf* 函数会返回输出的字符数；当输出错误时，则会返回负值。比如下面这个函数调用，只要没有发生输出错误，就会返回 3。

> *w = printf*("%3d", *x*);

灵活应用这一点，可以对下述显示结果进行判断。

> *w = printf*("%3d", *x*);
>
> **if** (*w* < 0)
>
> 　　/* 输出错误 */
>
> **else if** (*w* == 3)
>
> 　　/* 输出 3 位 */
>
> **else**
>
> 　　/* 输出 4 位以上（*x* 为四位以上）*/

scanf 函数：带格式的输入

与进行输出的 **printf** 函数相对的，是进行输入的 **scanf** 函数。该函数的说明如下所示。

scanf	
头文件	`#include` `<stdio.h>`
原　型	`int scanf(const char *format, ...);`

■ **功能**

scanf 函数的功能是对来自于标准输入流的输入数据作格式转换，并将转换结果保存至 `format` 后面的实参所指向的对象。`format` 指向的字符串为格式控制字符串，它指定了可输入的字符串及其赋值时转换方法。格式控制字符串中可以不包含任何命令，也可包含多个命令。

实参个数比格式控制字符串少时的操作未定义。

实参个数比格式控制字符串多时，多余的实参将被忽略。

命令可分为下述三类：

◆ 1 个以上的空白字符。

◆ (**%** 和空白字符以外的) 字符。

◆ 转换说明。

% 后面依次是下述的 (a) ~ (d)。

（a）赋值屏蔽字符 * (可省略)

用 "*" 表示。

（b）最大字段宽度 (可省略)

用 0 以外的十进制整数表示。

（c）转换修饰符 (可省略)

表示保存转换结果的对象的长度。可以用 h、l、L 表示。

h	· d、i、n 转换——表示实参为指向 **short** 型的指针，而不是指向 **int** 型的指针。 · o、u、x 转换——表示实参为指向 **unsigned short** 型的指针，而不是指向 **unsigned** 型的指针。
l	· d、i、n 转换——表示实参为指向 **long** 型的指针，而不是指向 **int** 型的指针。 · o、u、x 转换——表示实参为指向 **unsigned long** 型的指针，而不是指向 **unsigned** 型的指针。 · e、f、g 转换——表示实参为指向 **double** 型的指针，而不是指向 **float** 型的指针。
L	· e、f、g 转换——表示实参为指向 **long double** 型的指针，而不是指向 **float** 型的指针。

13

▶　转换修饰符与上述以外的其他转换说明符一起使用时的操作未定义。

scanf 函数会依次执行格式控制字符串中的各项命令。命令执行失败时，*scanf* 函数会返回主调函数。以下两个原因会导致命令执行失败。

● **输入错误**——由于获取不到输入字符而导致。

● **匹配错误**——由于不恰当的输入而导致。

由空白字符构成的命令会读取输入的空白字符，直至出现第一个非空白字符（该字符不会被读取，保留在流中）或者不能继续读取为止。命令通常会从流中读取下一个字符。当输入字符与构成命令的字符不匹配时，这项命令失败并且该输入字符及其后面的字符都不会被读取，仍然保留在流中。

转换说明的命令根据各个转换说明符相应的规则定义输入匹配项的集合。转换说明按下述步骤执行。

若转换说明中不包含 [、c、n 指定符，则在读取时会跳过空白字符串。若转换说明中不包含 n 指定符，则会从流中读取输入项。输入项为输入字符串中最长的匹配项。但如果最长的匹配项的长度超过了指定的字段宽度，就截取匹配项中与字符宽度相等的前几个字符作为输入项。即使在输入项后面还有字符也不会被读取，该字符及其后面的字符都将保留在流中。当输入项的长度为 0 时，命令执行失败，此时状态为匹配错误。而因某些错误导致不能在流中进行输入，则为输入错误。

除非使用 % 指定符，其他情况下转换说明都会根据转换说明符将输入项（或 %n 指定时的输入字符数）转换为合适的数据类型。当输入项不为匹配项时，命令执行失败，此时状态为匹配错误。如果没有指定输入屏蔽字符 *，那就会将转换结果赋于 *format* 之后还未赋值的第一个实参指向的对象中。该对象的数据类型不正确或不能在内存单元中表示转换结果时的操作未定义。

（d）转换说明符（可省略）

可以用 d、i、o、u、x、X、e、E、f、g、G、s、[、c、p、n、% 表示。

d	可省略符号十进制整数。实参必须为指向整数的指针。
i	可省略符号的整数。实参必须为指向整数的指针。
o	可省略符号的八进制整数。实参必须为指向无符号整数的指针。
u	可省略符号的十进制整数。实参必须为指向无符号整数的指针。
x、X	可省略符号的十六进制整数。实参必须为指向无符号整数的指针。
e、E、f、g、G	可省略符号的浮点数。实参必须为指向浮点数的指针。

（续）

s	非空白字符序列。实参必须为指向字符型数组第一个字符的指针。该数组的长度须足够容纳所有字符序列以及**null**字符。该转换会自动添加一个表示字符串末尾的**null**字符。
[	**扫描字符集**（scanset）元素的非空序列。实参必须为指向字符型数组第一个字符的指针。该数组的长度须足够容纳所有字符序列以及**null**字符。该转换会自动添加一个表示字符串末尾的**null**字符。 转换说明符为左方括号与右方括号]之间的格式控制字符串中的所有字符序列。当紧跟在左方括号后面的字符不是折音符^时，扫描字符集由左右方括号之间的**扫描列表**（scanlist）构成。当紧跟在左方括号后面的字符是^时，扫描集为未出现在^与右方括号之间的扫描列表中的所有字符。当转换说明符以[]或字符开始时，第一个右方括号为扫描列表中的一个字符元素，而第二个出现的右方括号才是转换说明的结束符。当转换说明符不以[]和[^]开始时，第一个出现的右方括号就是转换规范的结束符。当扫描列表中含有连字符-，并且既非第一个字符（如果以^开头，则为第二个字符）也非最后一个字符时，其定义因编译器而异。
c	字符宽度（命令中没有指定字段宽度时默认为1）中指定长度的字符序列。该指定符对应的实参必须为指向字符型数组的第一个字符的指针。该数组的长度须能足够容纳接收到的字符序列。该转换不会添加**null**字符。
p	编译器定义的字符序列的集合。该集合与*printf*函数中的%p转换所生成的字符序列集合相同。该指定符对应的实参必须为指向**void**的指针的指针。对输入项的解释根据编译器而定。如果输入项为同一程序中已转换过的值，那么转换结果的指针值与转换前的值相等。其他情况时的**%p**转换操作未定义。
n	不读取输入。该指定符对应的实参必须为指向整数的指针。这个整数保存了到调用*scanf*函数为止从输入流读取到的字符数。执行%n命令并不会增加*scanf*函数结束时返回的输入项数。
%	匹配一个**%**。不会执行转换和赋值操作。转换说明必须写作**%%**。

指定无效的转换说明符时的操作未定义。

如果在输入中检测到文件末尾就结束转换操作。如果在检测到文件末尾之前，未读取到任何1个字符匹配当前命令，那么就视该命令在执行中发生输入错误，结束转换操作。如果在检测到文件末尾之前，至少读取到1个字符匹配当前命令，那么只要该命令不发生匹配错误，后续命令（若存在）就会因发生输入错误而结束操作。

若因输入字符与命令不匹配使得转换操作结束，那么这个不匹配的输入字符就不会被读取，仍然保留在流中。只要输入中后续的空白字符（包括换行符）与命令不匹配，就会保留在流中不被读取。除非使用 %n 命令，通常字符命令以及包含赋值屏蔽的转换规范都无法直接判断执行

13

是否成功。

■　**返回值**

　　如果不作任何转换就发生了输入错误，*scanf* 函数会返回宏定义 **EOF** 的值。否则，*scanf* 函数会返回成功赋值的输入项数。如果输入时发生了匹配错误，那么这个项数就会比转换说明符对应的实参个数少，甚至为 0。

　　请注意对 **double** 型和 **float** 型的值进行读写所需的格式字符串的区别。二者通过 *printf* 函数进行显示所用的格式字符串都是 `"%f"`，而通过 *scanf* 函数进行输入的格式字符串则根据类型的不同而不同（表 13-2）。

■　表 13-2　**double** 型和 **float** 型的读写

	double 型	float 型
printf 函数	*printf*(`"%f"`, *x*)	*printf*(`"%f"`, *x*)
scanf 函数	*scanf*(`"%lf"`, &*x*)	*scanf*(`"%f"`, &*x*)

scanf 函数返回所读取的项目数。灵活利用该返回值，可以像下面这样对读取结果进行判断。

```
    if (scanf("%d%d", &x, &y) == 2)
        /* 成功读取 x 和 y */
    else
        /* 读取失败 */
```

另外，如果一项也没有读取，则返回 **EOF**。

▶　关于宏 **EOF**，我们在第 8 章已经学习了。

总结

- 应该将程序运行结束后仍需保存的数值和字符串等数据保存在文件中。

- 针对文件、键盘、显示器、打印机等的数据读写操作都是通过流进行的。我们可以将流想象成流淌着字符的河。

- C 语言程序在启动时准备好了以下 3 种类型的标准流。

    - 标准输入流   stdin

    - 标准输出流   stdout

    - 标准错误流   stderr

- 记录控制流所需的信息的数据类型是 **FILE** 型，该数据类型是在 <stdio.h> 头文件中定义的。

- 打开文件的操作称为打开。函数库中的 *fopen* 函数用于打开文件。

- 使用 *fopen* 函数成功打开文件后，返回指向 **FILE** 型对象的指针，该对象用于控制与所打开的文件相关联的流；打开操作失败时，返回空指针。

- 打开文件时可以指定以下四种模式。

    - 只读模式……只从文件输入。

    - 只写模式……只向文件输出。

    - 更新模式……既从文件输入，也向文件输出。

    - 追加模式……从文件末尾处开始向文件输出。

- 在文件使用结束后，会断开文件与流的关联，将流关闭。这个操作称为关闭。用于关闭文件的函数是 *fclose* 函数。

- *fscanf* 函数可以对任意流执行与 *scanf* 函数相同的输入操作。二者都返回成功读取的项数。

- *fprintf* 函数可以对任意流执行与 *printf* 函数相同的输出操作。

- *fgetc* 函数是从任意流读取数据的函数。

- *fputc* 函数是向任意流写入数据的函数。

- 文本文件的字符数取决于数值位数。

- 二进制文件直接对内存空间上的位进行读写操作。**Type** 型数据的读写通过 **sizeof**(Type)

13

进行，因此字符数不依赖于数值位数。

- 二进制文件中可以在不遗失精度的情况下对浮点数进行书写操作。

- 对二进制文件进行写入使用 *fwrite* 函数，读取使用 *fread* 函数。

	读取	写入
1个字符	c = **fgetc**(*stream*)	**fputc**(c, *stream*)
整型	**fscanf**(*stream*, "格式字符串", ...)	**fprintf**(*stream*, "格式字符串", ...)
二进制	**fread**(*ptr*, *size*, *nmemb*, *stream*)	**fwrite**(*ptr*, *size*, *nmemb*, *stream*)

- 判断任意字符是否为可打印字符的函数是 *isprint* 函数，该函数在 <ctype.h> 头文件中定义。

- <time.h> 头文件中定义了获取日期和时间所需的各种数据类型和函数。

chap13/summary.c

```
/*
    将标准输入的数据写入文件
*/

#include <stdio.h>
int main(void)
{
    int ch;
    FILE *fp;                         /* 目标文件指针 */
    char fname[FILENAME_MAX];         /* 目标文件名 */

    printf(" 目标文件名：");
    scanf("%s\n", fname);

    if ((fp = fopen(fname, "w")) == NULL)  /* 打开目标文件 */
        printf("\a 无法打开目标文件。\n");
    else {
        while ((ch = fgetc(stdin)) != EOF)
            fputc(ch , fp);
        fclose(fp);                   /* 关闭目标文件 */
    }

    return 0;
}
```

运 行 结 果

目标文件名：abc.txt ⏎
Hello! ⏎
This is a pen. ⏎
Ctrl + Z ⏎

13

附录
C 语言简介

本篇将对 C 语言的历史背景作一个简单介绍。

C 语言的历史

C 语言的前身是 Martin Richards 开发的 **BCPL 语言**。1970 年 Ken Thompson 对 **BCPL 语言**进行了改进，发明了 **B 语言**。

1972 年 Dennis M.Ritchie 又在 **B 语言**的基础上开发出了 **C 语言**。

当时，Ritchie 和 Ken Thompson 等人一同致力于小型机操作系统 UNIX 的开发。UNIX 操作系统最初是用汇编语言开发的，之后用 C 语言进行了重写。

C 语言是为了移植早期的 UNIX 而开发出来的，所以从某种意义上说 "C 语言是 UNIX 的副产品"。

不只是 UNIX 本身，就连运行在 UNIX 系统上的许多应用程序也是接二连三地使用 C 语言开发出来的。

因此，C 语言首先普遍应用于 UNIX 世界，接着又凭借其势不可挡的魅力在大型计算机和个人计算机领域得到了广泛普及。

▶　而且 C 语言对 C++ 和 Java 等后来产生的很多编程语言也都产生了直接或间接的影响。

K&R——C 语言的圣经

Ritchie 与 Brian W.Kernighan 合著了一本 C 语言教材：

> ***The C Programming Language***, Prentice-Hall, 1978（中文版名为《C 程序设计语言》）

这是 C 语言设计者亲自撰写的书，被众人奉为 C 语言的 "圣经"，热心的读者们还结合两位作者的姓氏首字母 "K&R"，将其作为书的昵称。

在 *K&R* 的附录部分收录了 C 语言规范的参考手册（Reference Manual）。这个语言规范被认为是 C 语言的标准。

C 语言标准规范

K&R 的参考手册中规定的 C 语言规范还存在着不少未完全明确的部分。而且，随着 C 语言的普及，衍生出了许多 "方言"，这些各自拥有扩展功能的 C 语言随处可见。

原本 C 语言的优势就在于**可移植性强**，能方便地将一种计算机平台上开发的 C 语言程序移植到另一种平台上运行。但是由于这些方言的影响，可移植性逐渐下降。

这时制定 C 语言国际标准的活动便应运而生。由于关系到全球 C 语言标准的统一，此项工作是在非常严谨的过程中展开的。

国际标准化组织 ISO（International Organization for Standardization）和美国国家标准学会 ANSI（American National Standards Institute）通力合作完成了这项艰巨的工作。

1989 年 12 月，首先制定了下述美国国家标准 [1]。

ANSI X3.159-1989

American National Standard for Information Systems - Programming Language-C

1990 年 12 月，制定了下述国际标准 [2]。

INTERNATIONAL STANDARD ISO/IEC 9899 : 1990(E) Programming Languages-C

这两个标准体裁各异，但内容完全一致。

1993 年，日本也制定出了相同内容的标准 [3]。

JIS X3010-1993 程序设计语言 C

*

也许是因为 ANSI 标准比 ISO 标准制定得早，加上 ANSI 在日本的知名度较高，很多人将遵循标准规范的 C 语言叫作"ANSI C"。

但是 ANSI 是美国标准，在 ISO 国际标准和 JIS 日本标准中有着同样的规范，因此应该将它称为"标准 C"，而不是 ANSI C。

此后对标准 C 的规范进行了修订，加入了可变长数组、**long long int** 型，取消了不写函数返回类型默认就是 **int** 型的规定，扩充了数学函数库（其中包括增加对复数运算的支持）等。修订后的标准为 ISO、ANSI、JIS 的"第 2 版"。由于该标准制定于 1999 年，所以称为"C99"。

但目前几乎没有一个编译器完全支持新标准，该标准没有得到广泛应用（有望在将来逐步推广）。

---

[1] 该标准制定于1989年，所以也称为"C89"标准。

[2] 该标准制定于1990年，所以也称为"C90"标准。

[3] 1994年12月，中国发布了程序设计语言C的国家标准（标准编号：GB/T 15272-1994）采用的即是上述"C90"标准。

结语

本书中，我们循序渐进，首先在第一章中学习了仅进行简单的计算和输入输出的程序，后来又慢慢了解了指针、结构体、文件处理相关的知识。

在这样渐进式的学习过程中，我们也发现了很多东西。比如

"**main** 函数原来是这个意思啊！"

"原来如此。还有这样的功能呢！"

"使用这个功能，可以编写出更好的程序。"

当然，类似这样的情况也不仅发生在 C 语言的学习过程中。所有的道路都是如此。无论是哪一条路，我们都不可能在详细了解这条路所有的情况后才开始行走。

因此，我们在执笔过程中，也尽量做到使读者既能从整体上把握 C 语言的概况，又能逐渐地深入理解 C 语言。所以在刚开始的时候，可能故意略去了一些难点和细节，而后才进行了详细的讲解。

*

到目前为止，笔者已经向无数的学生和程序员讲解过编程、编程语言的相关知识。从这一经历中，笔者感到，每个人的学习目的、学习速度、理解能力等都是各不相同的。甚至可以说有 100 个学生，就需要 100 种讲法。

例如，就拿学习目的来说，有"我是信息专业的学生，不得不学习""我是出于兴趣学习的""虽然我的专业不是编程，但是为了拿到学分而必须学""我将来想成为一名专业的游戏开发人员"等。

针对如此广泛的读者层，本书尽量做到既不过于简单，又不会太难。即便如此，可能还会有读者认为本书太过简单，反之也可能有读者认为本书太难。

或许本书也可以只讲 C 语言中比较容易的内容，让读者误以为自己已经理解了。但本书并没有采取这样的诡计。这是因为，我们知道有很多人，他们只学习了简单的内容，到真正自己去编写程序时却什么也做不成，甚至也看不懂专业人士编写的高质量的程序。我们不希望我们的读者变成这样。

这里介绍几个注意事项，为读者阅读本书提供参考。

▶　读者读过本书后，可能会有以下感想。

"这些知识（如结构图、专业术语的英文表示）我完全不需要。""类似的程序太多了。""为什么要讲这么细节的东西呢？""章节构成好奇怪啊！""实际的软件开发中是不会写这样的程序的"……

如前所述，本书是以广泛的读者层为对象编写的。以下几条可能能够回答上述问题。

■ 关于程序的编译方法

至今，有很多读者都提出了这样一条建议——"我想了解一下程序的编译方法，我觉得这是在开始学习阶段最重要的一部分内容"。

目前，世界上已经出现了多种类型的操作系统、运行环境、开发环境。举例来说，有MS-Windows的Visual Studio、Mac OS的Xcode，以及能够在多个操作系统上使用的Eclipse等（有些老师会使用在MS-Windows上运行的免费编译器来讲课，或者使用大型计算机来讲课）。

即使我们专门抽出一些章节来讲特定操作系统、特定运行环境中的编译方法，对于使用别的系统和环境的读者来说，这些也毫无益处。而且随着时间的流逝，这些信息还会过时。

因此本书中没有讲编译方法，请读者自行参考自己所使用的运行环境的参考指南和帮助文档。

■ 关于专业术语

本书中所使用的专业术语，原则上都是以标准C语言为准的。另外，在出现专业术语时，我们都使用了特殊的格式，并在括号中加上了英文表示方法。

如果是信息专业的学生，还需要读英文的原版图书。本书中出现的专业术语，都是最基础的内容，所以都要牢记（研究生更是如此）。

■ 关于结构图

如果是信息专业的学生，在学习编程语言后，还必须能够看懂结构图，参加编译相关的专业课程。本书中出现的这种程度的结构图，必须能够迅速理解并掌握。

■ 关于实数（浮点数）的运算和类型转换

本书中在第2章就介绍了浮点数类型的 **double** 类型和类型转换的相关内容。另外在之后的章节中，还详细介绍了浮点数的精度、函数之间的数组传递等内容。

大学时学习C语言的，更多的都是非信息专业（例如机械、电气等工科、理科、经济专业等）的学生。信息专业只不过是众多专业中的一个而已。

而对非信息专业的（老师和学生）要求是，说得极端一些，就是"不用管结构图和语法上的细节，只要能够进行数值计算就可以了"。

我们在本书比较靠前的章节中讲浮点数、类型转换、数组的传递等，就是出于这个原因。

► 但是，本书中所讲解的内容，还不足以进行真正意义上的数值计算。

■ 关于章节构成

本书前半部分每一章的内容都比较多。理解能力比较强的读者，可能会觉得前面讲得比较啰嗦，迟迟不能进入下一章节，并觉得后面章节的内容不够丰富。

但之所以这样设置章节内容，是因为笔者从多年的教学经验中发现，选择语句（第 3 章）和循环语句（第 4 章）是很多学生的难点。

有些学生甚至不能在前几章的程序的基础上，添加几个字符或几行代码编写出一个新的程序。而据我所知，这样的学生也不在少数。

书中之所以出现了很多相似的程序，就是出于这个原因。

■ 关于练习题

不仅仅是编程语言方面，每当被要求做练习题时，好像很多学生都"不去做而只等着老师公布答案"或者"在网上找相似的问题的答案"（个人感觉这种现象最近几年尤为明显）。

本书中的练习题，是笔者根据自身多年的教学和编程经验编写的，目的就是让读者掌握真正的"编程能力"。

► 以练习 4-18 为例。在实际的程序中，几乎不会像右边这样将符号 5 个一行显示出来吧。但是，如果是"编写一个程序，将数组中的姓名显示出来，注意每行显示 5 个姓名"的话，这种程度的问题就一下子解开了。

显示多少个 ＊：12 ⏎
＊＊＊＊＊
＊＊＊＊＊
＊＊

可能会感觉这是为了进行练习而硬生生地编写出来的练习题，但确实是有根有据的。

关于练习题，希望大家能自己思考并找出答案。

► 出于兴趣而学习的读者，我能够理解你们"想知道答案"的心情。但是，如果是信息专业的大学生、研究生的话，我还是希望你们能够自己来解答这些问题，以增强自己的实力。

参考文献

1) Brian W. Kernighan and Dennis M. Ritchie

   The C Programming Language Second Edition，Prentice Hall，1988

2) American National Standards Institute

   ANSI/ISO 9899-1990 American National Standard for Programming Languages - C，1992

3) 日本工業規格

   JIS X3010-1993，プログラミング言語C，1993

4) 平林 雅英

   ANSI C/C++辞典，共立出版社，1996

5) 柴田 望洋

   秘伝C言語問答ポインタ編，ソフトバンク，1991

6) 柴田 望洋

   Dr.望洋のプログラミング道場，ソフトバンク，1993

7) 柴田 望洋

   プログラミング講義C++，ソフトバンク，1996

版 权 声 明